长江中下游分汊河段系统治理技术

Systematic Regulation Techniques on Bifurcated Reaches in the Middle and Lower Yangtze River

刘万利 朱玉德 张明进 王建军 刘晓菲 / 著

内 容 提 要

本书完整归纳总结了长江中下游分汊河段系统治理技术。书中着重揭示了长江中下游典型分汊河段河床演变宏观规律，阐明了分汊河段航道治理思路和原则，提出了三峡水库蓄水后设计水位计算方法，对长江河工模型和数学模型进行了阐述，介绍了并行计算方法和三维可视化技术。

本书可供从事航道整治、河床演变分析、河流模拟、工程规划与设计等方面工作的科技人员参考使用，也可供高等院校相关专业的师生作为参考用书。

图书在版编目(CIP)数据

长江中下游分汊河段系统治理技术/刘万利等著.—北京：人民交通出版社股份有限公司，2015.3

ISBN 978-7-114-12110-4

Ⅰ.①长… Ⅱ.①刘… Ⅲ.①长江中下游—河道整治 Ⅳ.①TV882.2

中国版本图书馆 CIP 数据核字(2015)第 045972 号

书　　名： 长江中下游分汊河段系统治理技术
著 作 者： 刘万利　朱玉德　张明进　王建军　刘晓菲
责任编辑： 杜　琛
出版发行： 人民交通出版社股份有限公司
地　　址： (100011) 北京市朝阳区安定门外外馆斜街 3 号
网　　址： http：//www.ccpress.com.cn
销售电话： (010) 59757973
总 经 销： 人民交通出版社股份有限公司发行部
经　　销： 各地新华书店
印　　刷： 北京市密东印刷有限公司
开　　本： 787×1092　1/16
印　　张： 10.25
插　　页： 2
字　　数： 260 千
版　　次： 2015 年 5 月　第 1 版
印　　次： 2015 年 5 月　第 1 次印刷
书　　号： ISBN 978-7-114-12110-4
定　　价： 45.00 元

前　言

长江源远流长，水量充沛，终年不冻，水运条件优越，素有“黄金水道”的称誉。长江也是贯通我国东西的水上运输主通道，在我国经济发展和西部大开发中具有十分重要的地位和作用。但由于历史的原因，长江航道落后现状与沿江经济发展需求极不适应，为此交通运输部将加快长江航道的治理建设列为内河建设的重点，陆续开展了长江航道系统整治工作。

长江航道尤其是中下游航道影响因素十分复杂，涉及面广，技术难度大，很多有关航道整治的关键技术目前还未臻完善，如长河段的河床演变宏观分析、上下河段航道整治工程的相互影响、航道整治目标河型、治理时机选择及系统治理思路研究等。为更好地攻克这些技术难题，“长江长河段系统治理技术研究”项目得以开展，该项目着眼于航道系统治理技术问题的研究，旨在推动长江中下游航道整治技术及航道整治学科的发展。

本书是在西部交通建设科技项目——“长江长河段系统治理技术研究”的研究成果基础上，对分汊河段系统治理技术进行的归纳和总结，主要内容包括：

(1)揭示了长江中下游典型分汊河段河床演变宏观规律，分析了分汊河段内上下水道间的联动效应及主支汊易位的原因，在此基础上提出了通航汊道的选汊原则。

(2)通过对弯曲分汊河段的洲头分流特点的研究，提出了分流面的概念。通过数值模拟计算，对分汊河段洲头分流面进行了研究，并提出了分汊河段洲头整治工程的布局原则。

(3)通过分汊河段的水沙运动、河床演变分析，建立了航道整治目标河型的概念——历史上特别是近期出现过的、洲滩布局合理、航道水深条件较好、中枯水流向基本一致、深泓微弯的河型。分析认为，对于长江中下游这种冲积性河流航道整治来说，存在着“有利时机”。对于“有利时机”的认识、把握和选择，更应该关注的是洲滩的合理布局，而不应拘泥于浅滩的水深大小，即重视对“目标河型”的认识、把握和选择。在此基础上提出了典型分汊河段的治理时机。

(4)基于航道整治目标河型的研究，提出了工程区的概念，进而提出了分汊河段的合理的工程区布局及系统的治理思路。

(5)在对设计水位确定方法综合比较的基础上，提出了三峡水库蓄水后非平衡条件下坝下游长河段设计水位计算方法。

(6)提出了河流模拟技术及三维可视化技术，采用 MPI 方法对平面二维水沙数学模型进行并行程序的开发，提出了一种新的并行求解代数方程组的算法。利用立体成像原理，在流场中放置示踪粒子，实现了对三维流场的拉格朗日法仿真模拟，解决了二维显示设备上进行三维显示的瓶颈问题。

康苏海、平克军、刘鹏飞、杨云平、李少希等参与了本书相关研究、资料整理和绘图工作，李旺生研究员给予了技术上的指导，本书凝聚了他们的汗水和智慧，是大家共同劳动的结晶。交通运输部天津水运工程科学研究所及内河港航研究中心的领导及全体同事在本书的编写和出版工作中给予了大力支持、关怀和资助！

在研究过程中，长江航道局、武汉大学给予了大力支持和协助，同时行业内有关专家也给予热情帮助与指导，在此，谨向所有给予支持与帮助的各级领导和专家表示衷心的感谢！

由于作者水平有限，书中难免有疏漏和不妥之处，敬请读者批评指正。

作　者

2014 年 6 月于天津滨海新区

目 录

第 5 章　河工模型 · 117

第 6 章　数学模型 · 137

第 1 章 | 概论

1.1 现状述评

1.1.1 长江中下游航道现状[1]

目前，长江航道承载能力与流域经济发展要求不协调，远不能满足经济发展的需求，与发达国家航道利用程度相比也还存在较大的差距。而且，长江中下游航道自上而下的众多滩险亦限制了航运的进一步发展。

长江中游[2]（图 1.1），宜昌至湖口 900km，属平原河流，河道蜿蜒曲折，局部河段主流摆动频繁，滩槽演变剧烈，有近 20 处碍航浅滩，遇特殊水文年时极易发生碍航、断航情况，历来是长江防洪的重要险段和航道建设、维护的重点与难点；三峡水库运行后，清水下泄又进一步加剧了中游河势及航道变化的复杂程度。目前已实施的航道治理工程以控导为主，可初步缓解长江中游的碍航问题，但仍需要进一步实施航道整治工程才能从根本上解决中游碍航的问题。目前，宜昌至武汉 624km 航道可通航 1000～5000 吨级内河船舶组成的船队，武汉至湖口 276km 可通航 5000 吨级海船。

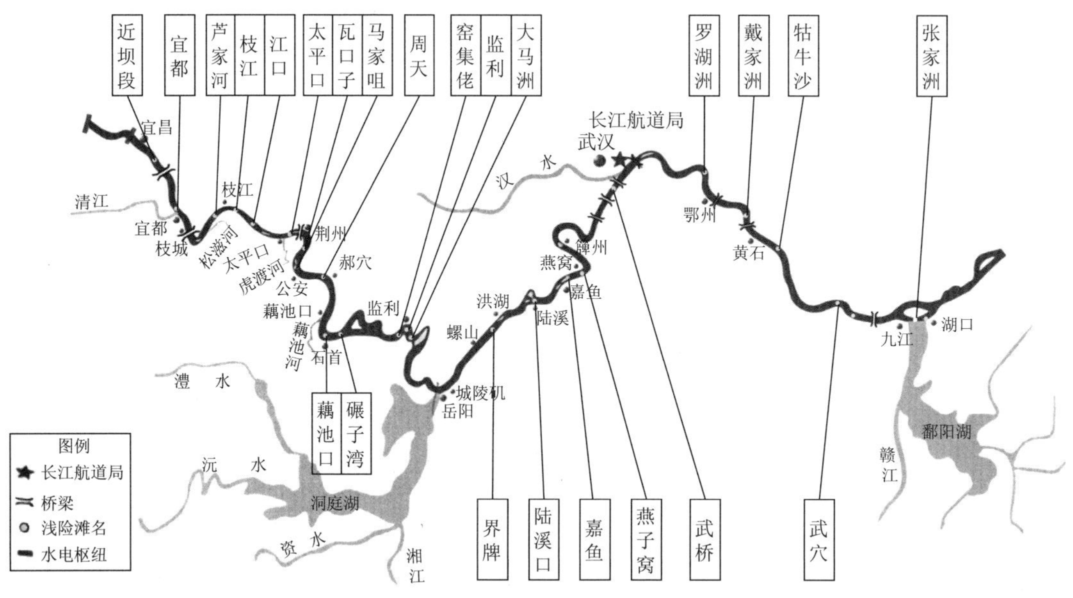

图 1.1 长江中游重点碍航水道分布图

长江下游（图 1.2），湖口至长江口 864km，水流平缓，河道开阔，航行条件较为优越。湖口至南京 432km，可通航 5000 吨级至万吨级海船；南京至长江口 432km，通过长江口深水航道治理一、二、三期工程和深水航道向上延伸工程，南京至太仓段 289km 航道水深已经达到 10.5m，可通航 3 万吨级海船，太仓至长江口段 143km 航道水深达 12.5m，可全天候双向通航 5 万吨级海船。尽管如此，在下游局部河段也存在滩槽演变剧烈且航道条件较差等情况。

航道整治工程[3]是长江航道建设和维护的重要手段，国家对长江航道的治理给予了高度重视。20 世纪 90 年代以前，长江中下游航道主要利用自然水深通航，在局部河段需年年“战枯水”，采取维护措施，保障航道畅通。90 年代后，部分工程的实施有效缓解了中下游航道年年“战枯水”的紧张局面。进入“十一五”后，经过近年来大规模建设，长江中下游航道通

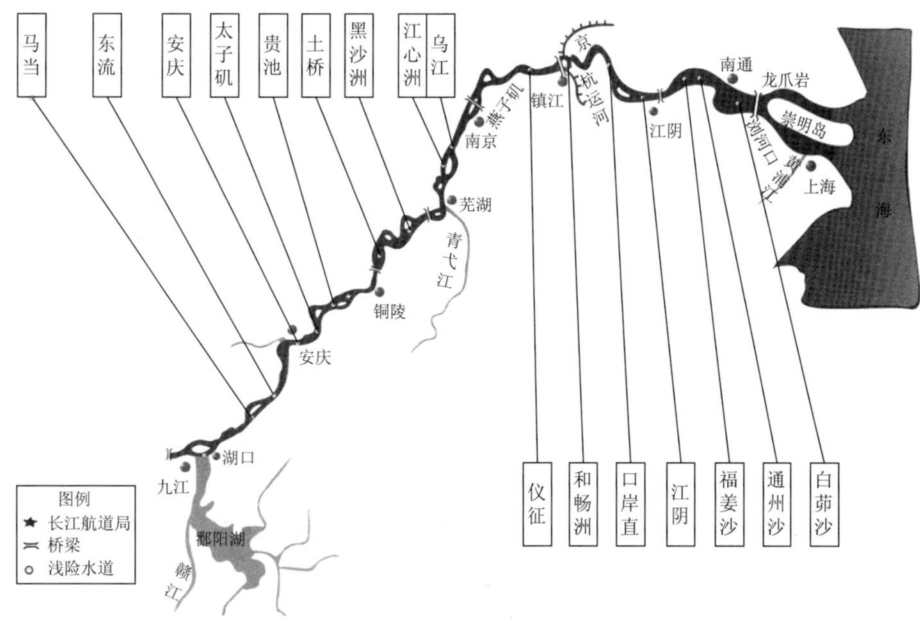

图 1.2　长江下游重点碍航水道分布图

航条件明显改善。多年以来，长江干线航道建设取得了较为显著的成绩，积累了不少成功的经验（如表 1.1），有效缓解了中下游航道年年“战枯水”紧张局面。

长江中下游航道治理部分研究成果　　表 1.1

序号	项目名称	项目来源	完成年度	承担单位
1	三峡工程下游河道演变及重点河段整治研究	交通部	1995～1997	交通部天津水运工程科学研究所（以下简称“交通部天科所”）
2	宜昌至杨家脑河段综合治理措施研究	中国长江三峡集团公司	2000～2005	长江航道局
3	长江中上游重点清淤工程关键技术研究（一期）	交通部	2001～2002	长江航道局
4	长江中游典型浅滩演变规律与整治措施研究	交通部	2002～2003	长江航道局
5	长江航道整治建筑物稳定关键技术研究	交通部	2004～2005	长江航道局
6	长江中游严重碍航河段——监利河段航道治理技术研究	交通部	2006～2008	长江航道规划设计研究院
7	长江航道整治边滩守护及护底工程关键技术研究	交通部	2006～2008	长江航道规划设计研究院
8	三峡工程蓄水运用对荆江（大布街—城陵矶）和洞庭湖湖区港口航道影响及对策研究	交通部	2006～2008	交通部天科所
9	长江中游心滩守护工程关键技术研究	交通部	2007～2009	长江航道规划设计研究院
10	长江中游航道整治参数关键技术研究	交通部	2007～2009	长江航道局
11	三峡工程坝下及中游航道演变规律研究	交通部	2007～2009	长江航道局
12	长江长河段系统治理技术研究	交通运输部	2008～2011	交通运输部天科所
13	复杂条件下长江中游航道系统整治技术研究	交通运输部	2009～2011	长江航道规划设计研究院
14	强冲刷条件下航道整治控导技术研究	交通运输部	2009～2012	交通运输部天科所

虽然长江航道治理[4]取得了巨大成绩，但目前航道整治研究和建设中仍存在一些问题，同时由于航道整治工程造价大，一旦整治不当，效果将会适得其反，甚至造成难以挽回的后果。

1.1.2 分汊河段研究现状

分汊河段[5]是世界各国冲积平原河流中一种常见的河型。例如密西西比河、尼日尔河、伏尔加河、多瑙河、莱茵河以及我国的松花江、珠江、长江等。在我国，以长江中下游尤为明显。

长江中下游自宜昌至河口段共有分汊河段55个，其中宜昌至城陵矶段有11个，城陵矶至河口段有44个。分汊河段的汊道总长约1080km，约占全部河长的57%。该长河段内汊道按平面形态特点可分为顺直型、微弯型和鹅头型三种[6]。宜昌至城陵矶河段多为顺直型和微弯型汊道，仅下荆江的监利乌龟洲汊道属鹅头型汊道。城陵矶至河口段有顺直型分汊段16段，微弯型分汊段18段，鹅头型分汊段10段。

分汊河段主流摆动频繁，河势变化剧烈，碍航现象突出，其基本演变特征表现为：主支汊周期性兴衰交替，但演变周期差异较大，有的汊道演变周期较短（15～20年），而有的汊道演变周期较长（100年以上）。这主要与分汊河段上游有无节点控制及上游顺直段的河势是否稳定有密切关系。伴随着分汊河段主支汊易位，航道也随之调整，从而对航线布局及岸线利用等产生较大影响，对沿江经济发展有重大影响[7]。因此，研究分汊河段的整治技术是非常必要的。

关于汊道的整治，目前国内外采取的措施主要为两大类：一类是固定汊道，稳定或调整各汊道的分流比；另一类是塞支强干。其目的均是为了满足航运的要求。各国因国情不同，采取的整治措施和手段也有差别。西方一些国家是以发展航运为主，采取的措施以增加航道水深为目标，例如堵塞支汊，或用大量的丁坝群将水流调整至主通航汊道。我国河流因防洪的要求，多采取稳定汊道的整治措施[8]。对长江中下游这样的大型平原河流的治理，特别是对在大型水利枢纽下游的碍航严重的弯曲分汊浅滩的演变规律和整治措施的研究正在进行中，尚未有成熟的经验。

浅滩整治多是因为浅滩碍航而开展，传统的航道整治理论也是依据浅滩碍航而形成的[9-11]。由于长江中游的浅滩存在"好—坏"转换现象（即一段时间内某甲滩航道条件较好，但在下一个时段该甲滩航道条件又变坏），同时，由于长江航道整治工程实施的外部环境复杂，"治好"是目前实际中已经开展的滩段航道整治的一种有效的甚至是优先的选择，这与传统航道整治理论有背离，或者说，现有的较为成熟的航道整治理论就不太适用于长江中下游的浅滩治理。

同时，"治坏"上也存在传统航道整治理论的不适用。如，对于碍航浅滩整治，一般必须采取束水攻沙工程，由于外部条件的限制，工程多分期实施：如何分期？一期工程的目标如何定位？一期工程采取何种布局能够为下期工程的实施创造有利的条件？这些都是传统航道整治理论所未加涉及的。

1.1.3 关于设计水位

航道治理过程中，设计水位、关键整治参数等是关系到整治工程成功的重要因素，这些均是建立在浅滩演变规律分析及航道整治工程实践基础之上的。

目前，通航设计水位是建立在河床基本处于冲淤平衡状态，即河床形态基本不变或定床的条件基础之上，利用水位反映水深，采用具有代表性的长系列水文资料由统计方法确定，经过一段时间后进行校核修正。1971年前，由于天然情况下长江中游河床演变缓慢，一般10～20年对航行基面进行一次修正校核，但1960～1970年，下荆江人工裁弯使荆江河段水位降低明显，分河段对航行基面进行了修正，该设计水位于1971年1月正式启用，即通常所说的71基面。由于1971年以后下荆江进一步受到人工裁弯及自然裁弯的影响，荆江河段水位变化明显，于是在1981年7月再次修正了汉口—宜昌设计水位，即通常所说的82基面。

三峡水库蓄水运用后，下游河床始终处于变化状态，属于非平衡状态，原有理论和方法难以完全适用，而此种条件下确定设计水位的相关研究却较少，且现有研究成果尚未在航道整治研究中得以应用。因此，对非平衡状态下河段设计水位进行深入研究是十分必要的，也是非常急迫的。2009年，武汉大学结合上游水利枢纽运行情况和南水北调工程，对宜昌至汉口河段设计水位进行了深入研究。该研究在总结三峡工程蓄水前设计水位影响因素、变化原因的基础上，针对蓄水后年内出库流量过程被调节、坝下游河床持续冲刷等特点，确定了三峡水库蓄水后20年内宜昌至汉口河段内主要测站的设计水位，分析了设计水位随时间的变化规律。2011年，武汉大学针对荆江河段设计水位开展了专题研究，在已有研究成果的基础上，补充分析了三峡175m蓄水后2009～2010年的枯水位变化情况，通过综合连续多年水位资料直接计算设计水位、数值模拟计算设计流量来推求设计水位这两种设计水位计算方法的结果，并参考三峡蓄水后河床冲淤与枯水位的实际变化，对荆江河段设计水位进行了修正。上述研究的重点集中在长江中游荆江河段，对于汉口以下河段设计水位的修订研究相对较少，亟待进一步的深入研究。

1.1.4　关于河流模拟技术

1.1.4.1　河工模型

(1)长江河工模型的发展

河工模型就是仿照水道原体实物，按照相似准则将原型缩制成模型进行试验研究。如想了解原体的实际现象和性质，就可以用模型重演与原体相似的自然情况进行观测和分析研究，然后按照一定的相似准则引申到原型，从而做出判断，这就是河工模型试验的基本任务[12]。

长江作为世界第三大河和中国最大的河流，开展河工模型试验始于1935年，由中央水工试验所先后进行了长江下游马当河段整治模型试验、镇江水道整治模型试验。1944～1945年，又进行了长江上游干流的箐箕背和小南海两滩险河段整治工程的模型试验。新中国成立后，随着长江水利工程建设事业的发展，为做好长江流域的规划设计提供科学依据，河工模型试验研究得以继续进行。1950年，长江水利委员会与武汉大学合作，开展了荆江分洪工程河工模型试验，进行冲刷试验研究。20世纪50年代，长江科学院围绕防洪、航运、水电开发及河道综合整治研究工作，先后建造了三斗坪至城陵矶河段变态模型、三斗坪至宜昌河段正态模型、下荆江系统裁弯模型等。20世纪60年代，结合重点河段防洪与整治，开展了荆江河段、荆北放淤工程，下荆江裁弯工程及汉江裁弯工程等模型试验；结合三峡工程开展了库尾大规模试验；为研究荆江蜿蜒形河流的演变规律和成因，开展了自然河工模型试验。20世纪70年代，随着葛洲坝水利工程的兴建，为解决枢纽布置、泥沙处理、航道整治、泥沙过机等问题，国内科研院所和高校共建了 4 座坝区模型、1 座库尾模型等。20 世纪 80 年代以来，围绕三峡工程论证与建设，提出了许多新的泥沙问题。国内科研院所和高校以不同的比尺、不同的模型沙，分别做了 3 座枢纽模型、9 座库尾模型和几座坝下游不同河段的模型，获得了大量的科研成果，保证了三峡工程建设的需要[13-18]。

综上所述，长江的河工模型试验工作经历了从一般的河道整治试验到大型的综合利用水利枢纽泥沙研究和复杂的河口研究，从比较简单的清水定床模型试验到难度较大的浑水全沙模型试验的过程。它的主要成就在于首先从河流的基本现象出发，在宏观上运用地质、地貌、地理学和水文学知识，对于不同特性的河段从河型成因、水流泥沙运动特点等方面入手，用水力学、流体力学、河流动力学以及河床演变学的理论知识分析研究不同类型的工程泥沙问题，使河工模型的模拟在理论上和应用方面都取得了较大的进展。河工模型为各项工程的建设提供了大量的依据，保证了各项工程的顺利实施，促进了长江流域经济的发展。

(2)长江河工模型存在的问题

近几十年，随着长江大规模开发治理、桥梁港口的兴建，河工模型研究工作更加蓬勃发展，试验研究提供的试验成果，往往成为规划、设计的依据，在项目立项、实施过程中作用越来越突出。但也应清醒地认识到，尽管河床演变学科、航道整治理论、物理模型目前均取得了较大的进展，但随着长江水利建设事业的进一步发展，目前模型相似理论和试验技术方面仍存在许多问题值得进一步深入研究。主要包括：

①河工模型的变态问题。主要包括几何变态和时间变态。目前，变态河工模型相似在理论上只能做到近似相似，因此，模型试验成果也只能是一种近似的预测，与天然河流或多或少存在一些偏离。

②河床阻力相似。在河工模型设计及试验中，流态及流速分布相似是河工模型泥沙运动相似的前提，而阻力相似又是保证流速及流速分布相似的重要因素。

③模型选沙问题。为保证河工模型的试验成果与天然情况相似，模型沙的选择以满足泥沙运动相似为主要条件，是河工模型试验中的一项关键技术，直接关系到模型泥沙运动和河床变形的相似性及试验预报精度，关系到模型试验的结果。

(3)长江河工模型的特点和分类[12]

①通过半个世纪以来河流泥沙研究的实践，长江河工模型具有以下几个特点：

a. 长江从源头至河口，河道特性变化很大，不同的河道特性要求不同的河工模型。长江上游为山区性河流，两岸为基岩或阶地，河床多为基岩、卵石、中粗砂；中下游为冲积平原河道，两岸多为第四纪沉积物及突出江边的山体或人工控制的节点，河床多为疏松的中细砂；大通以下为受潮汐影响的感潮河段和潮流河段。同时，河工模型的选择还需满足防洪和国民经济各部门对开发利用长江水资源的不同要求。因此，长江河工模型类型较多，它们各自发挥不同的作用。

b. 长江为"黄金水道"，两岸经济发达，河工模型试验的成果，往往成为规划、设计的依据，所以要求河工模型定性准确，而且定量上也力求误差最小。

c. 长江上修建了葛洲坝工程、三峡工程等多个大型水利工程，模型试验的预报期往往长达数十年，相应的试验周期很长，对模型的设计、制作、试验的要求较高。因此，要求模型沙性能稳定，且能较好地反映河床演变过程。

d. 河工模型由于场地条件及试验条件限制，往往需要数学模型计算提供控制条件，以扩大河工模型研究范围。

②根据河道演变及整治研究的问题性质不同，河工模型有以下不同的类型：

a. 按几何尺寸一致性，可分为正态模型和变态模型。

b. 按模型河床可动性，可分为定床模型、动床模型和动床动岸模型。

c. 按模型所取的河道范围，可分为整体模型、局部或半江模型和断面（水槽）模型。

d. 按模型试验中的动力因素不同，可分为水库模型、河道模型、潮汐河口模型和港湾模型。

e. 按设计模型基本原理，还可分为缩尺模型和自然模型。

③目前，长江上常用的河工模型有以下四种类型：

a. 研究工程河段水流运动的定床模型（包括单一河段和分汊河段）。

b. 研究河床演变的动床模型（包括建筑物修建后的河床演变）。

c. 研究河床局部冲淤变化的断面水槽模型（包括研究冲刷深度系列模型及结构稳定性的概化水槽试验）。

d. 研究潮汐影响的河口潮流模型（主要用于下游感潮河段研究）。

1.1.4.2　数学模型

(1)泥沙数学模型研究综述

①一维泥沙数学模型

我国的泥沙数值模型研究时间较早。针对长河段长时期的地形演变研究，多采用一维模型，常研究来流来沙条件、冲刷基点情况发生的较大变化，目前理论发展及实际操作均较成熟。

20 世纪 60 年代初期，许协庆、朱鹏程利用一维模型，研究河道中悬沙运动导致的地形演变；窦国仁首次把不平衡输沙概念引入内陆河流及海岸地形变化中，韩其为、林秉南等随后对该不平衡输沙模型进行验证。

目前，全球已有很多成熟的一维模型，各模型水流挟沙力、阻力、推（悬）移质输移等辅助方程或补充关系式表达不同。HEc-6 模型[19]和芦田和男[20]的实际水流挟沙力，是通过床沙不同组分间的预估水流挟沙力加权平均值得到。韩其为模型认为，水流挟沙力的分组由实际输移的泥沙级配决定，悬沙和床沙的交换过程直接看作模拟时段内的地形冲淤变化结果。假定输沙平衡时，李义天模型采用分组水流挟沙力，地形冲淤变化利用非饱和输沙模式计算，调整级配作为下一步计算依据。一维泥沙模型只能研究断面间的地形冲淤，不能解决床面上各种成型滩体的不断运动变化。

②二维泥沙数学模型

二维泥沙模型分饱和输沙和非饱和输沙两种。饱和输沙模型主要应用在国外，但是，为了取得更为合理、准确的计算结果，我国专家多建立非饱和模型。在运算中，耦合解是由水流和泥沙方程直接联立求得。非耦合解则是两个子模块交替进行，中间变量是水流模块先算出的相关水力要素，最后推求河床冲淤变化，该解法适用于无剧烈变化的河床变形情况。陆永军在计算分组挟沙力时采取了韩其为在一维模型中采取的方式。乐培九、张华庆[21-25]提出了同理的非均匀沙不平衡输沙水流挟沙力公式。窦国仁充分考虑了不同级配粒径间的相互影响，确定以悬沙含沙量级配作为水流分组挟沙率级配。河道弯道阻力分布、水深关系、平面位置变化等均是河床阻力系数的影响因素。推移质输沙率、床沙交换层厚度均是准确计算河床冲淤变化的核心问题，并且由于上述两种问题计算方法多种多样，因此要采用长系列水文年资料予以验证，才能保证结果合理、精确。

③存在的问题

a. 基本理论的完善。加强泥沙基本规律、理论的研究，在如何定义边界摩阻、紊动黏性因子、悬沙扩散因子、底部泥沙交换厚度等关键点，应该不断完善，充分考虑悬移质和推移质的共同作用。

b. 量测技术的提高和实测资料的系统化、公开化、共享化。

c. 河流三维泥沙数学模型的开发。由于受到泥沙理论发展的制约，且实际可供验证的水文资料稀缺，因此三维泥沙数学模型发展速度相对较慢，但是发展前景广阔。

(2)可视化技术发展

以流场可视化为例，最初采用欧拉法表达二维流场，这比起仅依赖于表格数据对比而认识流场的方式有很大进步；20 世纪 90 年代，随着计算机图形学的发展，二维计算机动画制作技术被应用于流场可视化领域，基于拉格朗日法的流场显示方式更符合人们对流场的认识习惯，二维流场可视化技术得到迅猛发展。二维可视化技术的发展，是从对二维流场的动画仿真开始的。采用 GDI＋图形技术可以实现二维图像制作，完成二维可视化的技术实现。

随着技术进步，利用最先进的图形处理技术，二维可视化技术水平不断提高，内容不断丰富，可以用来解决水运工程领域、数值模拟领域中几乎所有的二维可视化问题。

20 世纪末，开始发展一种基于纹理的二维矢量场可视化技术，它以纹理图像方式显示流场，是一种全局的可视化方式，可以描述流场细节[26]。纹理法主要包括点噪声法（Spot Noise）、线积分卷积法（Line Integral Convolution，LIC）和一些扩展技术、基于图像的流场可视化法（Image Based Flow Visualization，IBFV）。点噪声法是由 van Wijk 于 1991 年提出的[27]，该方法先定义一些点噪声纹理，然后每个噪声点随着流场中的粒子向前移动，在流场中留下自己的轨迹。Cabral 等提出了 LIC 法[28]，该方法用一个一维的卷积核沿流线方向对噪声纹理进行卷积，从而生成一个可以表达矢量场的静态图像。由于 LIC 生成每帧图像时需要对各个像素点进行卷积运算得到像素值，所以其执行效率低，因此后来有许多学者对该方法进行了改进[29-32]，提出了 FLIC（Fast LIC）方法、OLIC（Oriented LIC）方法、UFLIC（Unsteady Flows LIC）方法、DLIC（Dynamic LIC）等。LIC 及其扩展法具有可生成高质量的可视化结果的优点，因而得到了广泛的应用。IBVF 方法[33]执行效率高，在普通 PC 机上能得到很高的帧速率，但其成像对比度较低，特征体现不明显，所以应用受到限制。

在水动力数值模拟领域，越来越多的工程问题需要三维计算来回答，由此推进了三维水动力数值模拟技术的发展，从而对三维计算结果的后处理，尤其是三维流场的仿真模拟提出了要求。如何真实有效地表现三维流场一直是水动力数值模拟研究的一个领域。

(3)并行计算技术在 CFD 应用中的研究现状

目前，CFD 在模拟流场的计算规模越来越大，用单机进行串行程序的计算已经无法承受大的计算规模了，国内外争相开始在 CFD 领域进行了并行化的研究工作。美国的 FLUENT 软件已实现并行计算；水运工程行业应用广泛的丹麦水工所研发的 MIKE 系列软件、荷兰 Delft 大学研发的 Delft3D 软件目前也在进行并行程序的开发，也尚处在起步阶段，国内的北京航空航天大学国家计算流体力学实验室、清华大学工程力学系等在 2000 年对 N－S 方程隐式分区并行计算进行了研究；中国科学院力学研究所也对 Euler 方程的分区并行化技术进行了研究；西北工业大学计算机科学与工程系对面向 CFD 的交互式并行化技术进行了研究，介绍了 CFD 程序并行化的区域计算模型及区域相关的概念，即区域计算模型中程序是区域操作的有序组合，区域相关则是区域操作之间的相关性。

无论是双核、四核还是更多的核心，要充分发挥处理器的优势，就必须在并行计算上面有所突破，现在高校里面已经有越来越多的人开始学习并行计算专业，开始了解并行思想，学习使用并行程序和语言，将来并行思想将会逐步渗透到应用软件开发中去。因为缺乏相关的配套行业应用软件，到目前为止，还没有一个专门进行并行应用软件和算法研发的国家级专业研发机构。研发力量分散在众多单位及高校，各自为战，不能形成合力，严重阻碍了行业大型应用软件的开发。

1.2　本书主要内容

本书以长江中下游航道整治工程为依托，在充分收集长江中下游典型分汊河段相关基础资料的基础上，采用调查研究、资料分析、理论分析、数值模拟计算及物理模型试验相结合的技术手段，对长江中下游典型分汊河段系统治理技术进行了研究。具体如下：

第 1 章，概论。从总体上介绍长江中下游航道现状、分汊河段研究现状等，提出本书的主要内容。

第 2 章，长江中下游分汊河段河床演变宏观分析。首先提出了研究河段选取的基本理念，对选取的不同类型分汊河段的水沙运动规律、河床演变宏观规律及浅滩碍航特点进行了分析，并对浅滩成因、影响洲滩演变的主要因素等进行剖析。分析了分汊河段的洲头“鱼嘴”工程功能属性随河床演变而变化的机理。

第 3 章，分汊河段系统治理思路。介绍了系统治理的理念；通过数值模拟计算及物理模型试验，分析了分汊河段洲头水流分布特性，论述了洲头分流面；介绍了通航主汊道的选择原则、航道整治目标河型、河段治理时机、航道整治工程区布置原则等；通过具体实例，对分汊河段通航主汊道的选择、航道整治目标河型、治理时机及系统整治思路进行了详细的阐述。

第 4 章，三峡蓄水后长江中游长河段设计水位。在对设计水位确定方法综合比较的基础上，全面考虑各种因素的条件下，提出水库调节、河床冲刷双重作用下设计水位的推求方法；通过系统的资料收集、整理和计算，对近几十年来长江中游武汉—湖口河段设计水位的变化规律、影响因素（如荆江裁弯、葛洲坝水库蓄水、江湖关系调整等）及变化原因展开分析；考虑三峡水库蓄水后下游河段非平衡的实际情况，提出了坝下长河段设计水位计算方法，通过具体实例，对武汉—湖口长河段设计水位及随时间的变化规律进行了阐述。

第 5 章，河工模型。介绍了河工模型的设计原理，对河工模型设计中存在的问题进行了探讨，通过具体实例，对典型分汊河段的模型设计进行了详细的阐述。

第 6 章，数学模型。介绍了数学模型的基本原理，采用 MPI 方法对平面二维水沙数学模型进行并行程序的开发，提出了一种新的并行求解代数方程组的算法。利用立体成像原理，在流场中放置示踪粒子，实现了对三维流场的拉格朗日法仿真模拟，解决了二维显示设备上进行三维显示的瓶颈。通过具体实例，对数学模型及三维可视化进行了详细的阐述。

本章参考文献

[1] 长江中下游河道基本特征[R]. 武汉:长江流域规划办公室水文局. 1983.

[2] 长江航道局,等.航道工程手册[M].北京:人民交通出版社,2004.

[3] 李义天,唐金武,朱玲玲,等.长江中下游河道演变与航道整治[M].北京:科学出版社,2012.

[4] 钱宁,张仁,周志德. 河床演变学[M].北京:科学出版社,1989.

[5] E.B.勃利兹尼亚克. 河床演变[R].北京:科学出版社,1965.

[6] 张瑞瑾. 河流动力学[M].北京:中国工业出版社,1960.

[7] 潘庆燊,胡向阳.长江中下游分汊河段的整治[J].长江科学院院报,2005,22(3):13-16.

[8] 平原航道整治[M]. 北京:人民交通出版社,1977.

[9] 方宗岱. 河型分析及其河道整治上的应用[J].水利学报,1964(1):1-11.

[10] 钱宁,张仁,周志德,等. 河床演变学[M].北京:科学出版社,1987.

[11] 张瑞瑾,谢鉴衡. 河流泥沙动力学[M].北京:水利电力出版社, 1989.

[12] 余文畴. 长江航道演变与治理[M].北京:中国水利水电出版社,2005.

[13] 茆长胜,游强强,赵德玉. 坝下砂卵石河床河工模型设计及应用[J].水运工程,2014(7):104-109.

[14] 张红武,冯顺新. 河工动床模型存在问题及其解决途径[J].水科学进展,2001(9):418-423.

[15] 张慧,黎礼刚,郑文燕. 武汉河段二七路长江大桥河工模型试验研究[J].人民长江,2008(1):57-58.

[16] 黄召彪. 长江下游张家洲南港航道整治工程方案研究[J]. 水运工程,2002(3):39-45.

[17] 王召兵. 长江三峡两坝间河段汛期通航试验研究[J].水道港口,2007(2):113-118.

[18] 舒荣龙. 提高三峡—葛洲坝两坝间通航能力试验研究[J]. 人民长江,2005(7):31-33.

[19] Feldman,A.D. Hec Models for Water Resources System Simulation:Theory and Experience. The Hydraulic Engineering Center,Davis,California,1981.

[20] 芦田和男.水库淤积预报[C]//第一次国际河流泥沙会议论文集.1980.

[21] 乐培九.关于非均匀沙悬移质不平衡沙问题[J].水道港口,1996,12(4).

[22] 张庆华,乐培九,等.二维泥沙数学模型的改进——模型的建立[J].水道港口,1996,(4):9-19.

[23] 乐培久,张华庆,李一兵.坝下冲刷[M].北京:人民交通出版社,2013.

[24] 张华庆.河道及河口海岸水流泥沙数学模型研究与应用[M].南京:河海大学,1998.

[25] 吴晓莉,贺汉根. 基于粒子纹理融合的流场可视化方法[J],计算机应用,2007,27(8):2011-2013.

[26] van Wijk J J. Spot noise:Texture synthesis for data visualization. Computer Graphics Proceedings,Annual Conference Series,ACM SIGGRAPH,Las Vegas,Nevada,1991:309-318.

[27] Cabral B,Leedom C. Imaging vector fields using line integral convolution. Computer Graphics Proceedings,Annual Conference Series,ACM SIGGRAPH,Anaheim,Cali-

fornia,1993: 263-270.

[28] Stalling D,Hege H C. Fast and resolution independent line integral convolution. Computer Graphics Proceedings,Annual Conference Series,ACM SIGGRAPH,Los Angeles,Callfornia,1995: 249-256.

[29] Wegenkittl R,Gröller E. Fast oriented line integral convolution for vector field visualization via the Intemet. Proceedings of IEEE Visualization,Phoenix,Arizona,1997: 309-316.

[30] Shen H K,Kao D L. Uflic:A line integral convolution algorithm for visualizing unsteady flows. Proceedings of IEEE Visualization,Phoenix,Arizona,1997: 317-322.

[31] Sundquist A. Dynamic line integral convolution for visualizing streamline evolution. IEEE Transactions on Visualization and Computer Graphics,2003,9(3):273-282.

[32] J. J. van Wijk. Image based flow visualization. ACM Transactions on Graphics, Proceedings of ACM SigGraph 02,2002,21(3):745-754.

第 2 章 | 长江中下游分汊河段河床演变宏观分析

2.1 典型分汊河段的选取

2.1.1 研究河段选取的基本理念

由于河流具有整体性，当外部条件发生巨大改变时，河流将整体性地做出反应。反应的强弱和时间的快慢与外部条件改变的程度和改变地区的远近有关，但终归做出反应是必然的，这也是所谓的“牵一发而动全身”。从这个意义上来说，局部的河床演变、航道的变化，从长期来看将会影响上下游更远的区域，是相互联系的。但是在不太长的时间内，局部河段或航道的变化，影响的范围还是有限的。不同的河型，不同类别的浅滩，其影响的范围和趋势都不相同。对长河段进行总体分析，相较单滩研究，能够更为系统地研究上下游河道演变之间的相互影响，指导工程设计的优化，但选取河段又不能无限制延长，因此有必要根据一定的原则，将河段划分为具有共同特性且内部演变具有较强关联性的由多个水道组成的长河段来进行研究。

目前长江长河段划分的原则有：①按河段特性划分：如宜昌以上河段为山区河段，宜昌—大布街为砂卵石过渡段，大布街以下为沙质河床段；②按河道平面形态划分：如宜昌至枝城河段为顺直微弯河型，上荆江为微弯分汊型河段，下荆江为典型的蜿蜒河道，城陵矶至武汉河段江面较宽，航道较荆江段稳定，因两岸土质有所不同，易形成顺直放宽段乃至分汊（包括鹅头型汊道）河道；③依据控制节点划分：在河床演变过程中，往往存在具有某种固定边界（如矶头）或平面形态较为稳定的窄深河段，其存在对河道变化起控制作用，相邻的两个河段由于中间节点的调节作用，使得上游河段的演变不可能立即对下游河段产生影响，从而决定了节点（或节点河段）上下游长河段之间的演变可能具有相对的独立性。

节点按其功能，可分为单节点、双节点和主导河岸型节点。单节点和双节点一般较短，它们限制河流向一侧或两侧发展，多起挑流作用，导流的作用往往较弱。对于单节点，有时由于上游主流位置的变化其作用还会弱化；对于双节点，如果是对河而立的，水流收束，它们就构成一个门，往往对水流的控制较强，同样其导流作用十分有限；主导河岸型节点多由不可冲刷的河岸构成，且河岸的形态为弯曲半径适度的大弯道，这种类型的节点是各种节点中最佳的，它对水流既控亦导。

节点控制的上下游河段间（水道）若深泓摆动不大，则河床演变具有相对独立性。本书是基于节点划分原则，提出典型长河段的概念——节点控制的、具有相对独立性的且内部演变具有较强关联性的多个水道组成的长河段（但不能无限长）。

2.1.2 典型分汊河段的选取

本书选取长江下游江心洲—乌江河段、长江中游沙市河段、马家咀河段、窑监大河段、戴家洲河段等几个典型长河段作为研究对象。上述河段均满足前述基于节点划分原则提出的典型长河段选取的理念，且均为分汊河段，历史上都曾经发生过主支汊易位的现象。如戴家洲河段进口河道窄深，且深泓较稳定；河道左岸经护岸后一直稳定且形态微弯，为主导河岸型节点；河道出口左岸矶头凸出，河道窄深，深泓稳定；戴家洲河段的巴河水道顺直放宽，戴家洲水道微弯分汊，两水道存在密切的关联性；河段曾呈现左右两汊交替通航的局面。同

时,各典型分汊河段有各自的特点,如:

(1)江心洲长顺直多汊河段

进口为非对称节点,下游易形成高边滩,水流坐弯,但由于节点作用不同,进口若变化较大,则河段变化也较大。

措施:稳定龙头。

(2)界牌顺直分汊河段

进口为对称节点,下游多为交错低矮的易变边滩,不易形成高边滩,水流不易坐弯;河段主流摆动幅度不大及总体变化不大。

措施:稳定边滩,进口着流点。

(3)沙市微弯分汊河段(主支汊很不稳定的分汊河段)

上段顺直段很长,河道很不稳定,江心洲及边滩很不稳定,两汊主支汊易发生易位。

措施:过渡段设置人工节点,稳定主流。

(4)主支汊不明显的分汊河段(戴家洲河段)

上段顺直段较短,两汊相对较稳定,即使其中一汊为主汊,另一汊作为支汊其航道条件也不会太差。

措施:因势利导,稳定两汊航道条件及分流分沙条件。

2.2　顺直型分汊河段河床演变宏观分析

2.2.1　长江下游江心洲—乌江河段河床演变宏观分析

2.2.1.1　河段概况

(1)河段基本情况

江心洲—乌江河段(以下简称江—乌河段)位于长江下游安徽省马鞍山市、巢湖市和江苏省南京市境内,处于长江下游芜湖—南京航段(以下简称芜宁段),下距南京市 20km,上距芜湖市 7km(见图 2.1)。河段上起东西梁山,下至下三山,全长约 56km,是芜宁段唯一航行条件比较差的河段[1]。

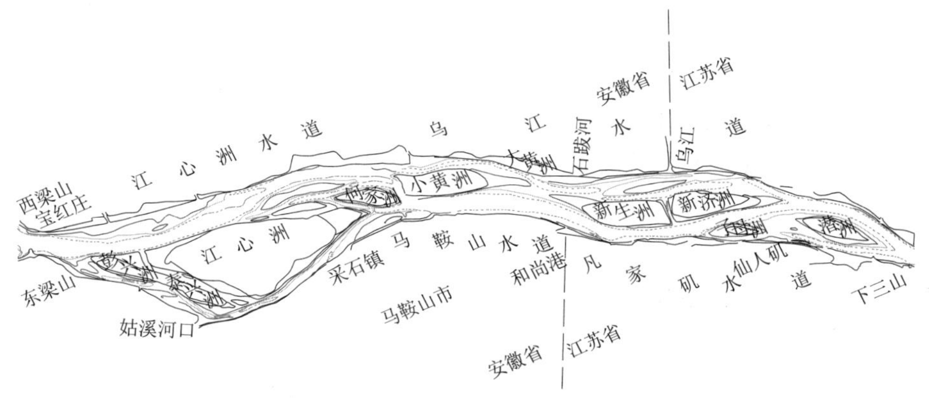

图 2.1　江心洲—乌江河段地理位置图

江—乌河段由江心洲、马鞍山、乌江、凡家矶四个水道组成(见图2.2),河段平面形态两头窄、中间宽,呈藕节状,江中自上而下有彭兴洲、江心洲、何家洲、小黄洲、新生洲、新济洲等,是典型的复合型分汊型河段。由于江中洲、滩较多,水流分汊,主流不稳,历史上航槽经常发生较大的摆动。在航槽摆动过程中,部分航段的水深仅5m左右,虽经调标后能维持正常航行,但航道条件较差。特别是小黄洲洲头过渡段航道从左至右急剧转折,形成上下两个接近90°的急弯,加之河宽狭窄(0m线最小宽度仅510m,5m等深线宽度仅480m,10m等深线宽度仅350m),又处于多汊汇流区,流态紊乱,航行条件差。

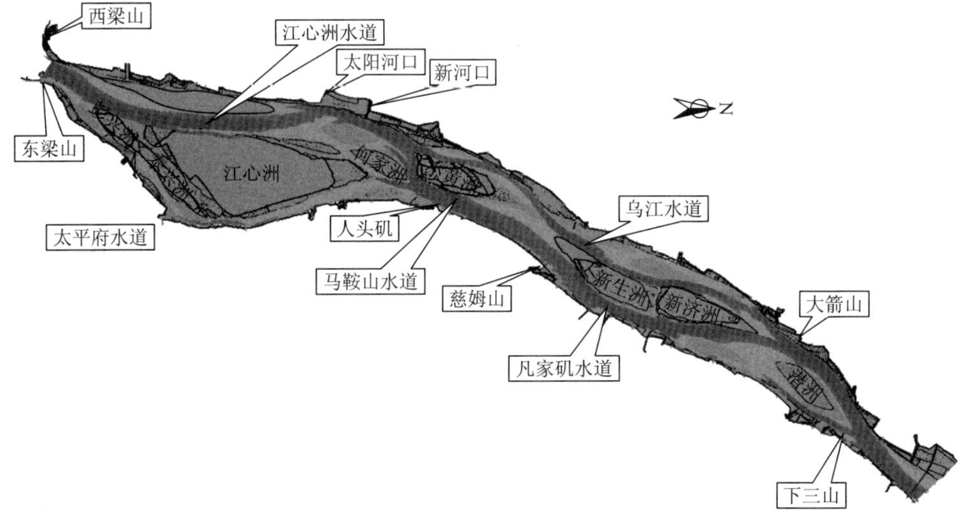

图2.2 江心洲—乌江长直多汊河段河势图

(2)综合治理工程简介

为解决江—乌河段的航行条件问题,2009~2010年,航道部门抓住江—乌河段演变过程中航道条件较好、滩槽形态优良的有利时机,实施完成了江—乌河段航道整治一期工程(以下简称一期工程)。一期工程主要对江心洲河段中的关键洲滩——牛屯河边滩、彭兴洲洲头及左缘、江心洲左缘的中上段实施了守护。工程实施后,江心洲河段的滩槽格局及航道条件基本稳定,达到了治理目标。

但由于一期工程未对江心洲河段内其他洲滩特别是下段可变洲滩进行控制,因而不稳定因素仍然存在。鉴此,长江航道局及时启动了江心洲河段航道整治工程工程可行性研究,提出如下工程方案布置:江心洲心滩滩头进行平顺护岸,同时守护心滩滩头低滩,目的是防止心滩滩头进一步冲蚀后退;在上何家洲布置护岸及两条护底带,结合江心洲心滩护岸稳定江心洲水道下段滩槽格局,防止航道条件向不利方向发展;在江心洲心滩与下何家洲间支汊采用护底带加潜锁坝控制汊道的发展,目的为限制汊道冲刷发展,稳定江心洲水道下段洲滩格局;对左岸太阳河口至新开河口已护岸坡抛石加固,目的是减少心滩工程对护岸的影响,进一步稳定岸线;对彭兴洲、江心洲左缘一期护岸进行抛石加固,目的是进一步稳定彭兴洲、江心洲左缘岸线,巩固一期工程实施效果。

2.2.1.2 水文泥沙条件

(1)来水来沙

大通站在本河段上游186km,大通站以下至本河段较大的入江支流有安徽的青弋江、水阳江、裕溪河,但入汇流量较小,故大通站的实测资料可基本代表本河段的水沙特征。根据大通水文站1950～2008年流量资料和1951～2008年(缺1952年)泥沙资料统计分析,其特征值如下(见表2.1)。

大通站流量、泥沙特征值统计　　表2.1

项　　目		特征值	发生日期	统计年份
流量(m^3/s)	多年最大	92600	1954.08.01	1950～2008
	多年最小	4620	1979.01.31	1950～2008
	多年平均	28500	—	1950～2008
含沙量(kg/m^3)	多年最大	3.24	1959.08.06	1951～2008
	多年最小	0.016	1999.03.03	1951～2008
	多年平均	0.455	—	1951～2008
输沙量($\times 10^8 t$)	多年最大	6.78	1964	1951～2008
	多年最小	0.84	2006	1951～2008
	多年平均	4.18	—	1951～2008

大通站年内最小流量一般出现在1、2月,最大流量一般出现在7月,根据1950～2008年资料统计,汛期(5～10月)平均流量40400m^3/s,枯水期(11～翌年4月)平均流量16700m^3/s,二者的比值为2.4。而多年洪枯流量比最大可达20,流量相差悬殊。

大通站汛期(5～10月)输沙量为$3.62\times 10^8 t$,枯水期(12～翌年3月)输沙量仅为$0.53\times 10^8 t$,年内输沙极不平衡。

从年内来水来沙分布情况看,汛期(5～10月)平均流量40400m^3/s,平均输沙率22917kg/s,汛期水量和输沙量分别占全年总水量与输沙总量的70.7%和87.3%,表明汛期水量、沙量都比较集中,且沙量较水量更为集中。含沙量在年内的变化也是汛期大枯期小,汛期一般在0.4～0.7 kg/m^3,枯水期一般在0.10～0.30 kg/m^3。

(2)潮汐

长江下游的潮汐影响在小潮汛时可到芜湖,大潮汛时可到大通,有时还可波及安庆。由于本河段距河口较远,处于长江下游感潮河段上段,全年均受潮汐的影响,汛期影响小,枯水期影响大,但本河段主要还是受径流控制。

长江的潮汐,一天之内有两次高潮和两次低潮,相邻两次低潮的高度大致相等,但相邻两次高潮的高度相差较大。受径流和河床形态的影响,潮位涨落及其变化有一定规律,一般情况是自上而下递减,潮差变化则相反,自上而下递增。各地涨落潮历时变化不显著,涨潮历时向下游递减,落潮历时则相反,落潮历时远大于涨潮历时。

(3)河床组成

据有关实测资料,本河段河床质的中值粒径在0.22mm以下(见表2.2),属中细沙。江心洲河段高水期左右汊河床质组成变化不大,而低水期右汊(支汊)河床质粒径较左汊稍细,且比高水时更细,这表明洪水期末悬移质在右汊有一定程度的落淤,而枯水期因支汊分流量较小,动力较弱,这种淤积物不能被冲刷下移,一般要到第二年的涨水期才能冲走(否则将产生累积性淤积)。小黄洲左右汊河床质洪枯水变化规律是一致的,即枯水期的河床质粒径要略粗于洪水期,表明小黄洲左右汊河床均具有相同的"洪淤枯冲"特性。

江心洲—马鞍山河段泥沙特征值 表 2.2

位置		水情	河床质 d_{50}(mm)	悬移质 d_{50}(mm)	平均含沙量(kg/m^3)
江心洲头干流		高水	0.184～0.188	0.025～0.044	0.48～0.72
		低水	0.144～0.203	0.012～0.022	0.01～0.35
江心洲	右汊	高水	0.190～0.213	0.015～0.027	0.30～0.45
		低水	0.119～0.173	0.008～0.018	0.014～0.31
	左汊	高水	0.196～0.210	0.026～0.042	0.47～0.71
		低水	0.196～0.210	0.012～0.021	0.02～0.36
小黄洲	右汊	高水	0.120～0.165	0.025～0.049	0.32～0.71
		低水	0.074～0.209	0.017～0.020	0.01～0.36
	左汊	高水	0.056～0.166	0.021～0.046	0.39～0.83
		低水	0.054～0.182	0.014～0.022	0.02～0.43

三峡工程于 2003 年 6 月开始蓄水，目前三峡水库已 175m 蓄水运用，从实测资料来看(2006 年)，本河段的泥沙特征已发生了新的变化(表 2.3)。通过对比可以看出，本河段悬移质明显细化，同时含沙量明显减少。

2006 年实测江—乌河段泥沙特征值 表 2.3

项目		水情	河床质 d_{50}(mm)	悬移质 d_{50}(mm)	平均含沙量(kg/m^3)
江心洲	右汊	中水	0.173	0.010	0.061
		低水	0.148	0.008	0.037
	左汊	中水	0.238	0.010	0.038
		低水	0.224	0.007	0.084
小黄洲	右汊	中水	0.164	0.010	0.048
		低水	0.188	0.008	0.034
	左汊	中水	0.187	0.010	0.047
		低水	0.182	0.008	0.038
新生洲	右汊	中水	0.166	0.011	0.056
		低水	0.180	0.007	0.030
	左汊	中水	0.145	0.012	0.053
		低水	0.154	0.008	0.026
新济洲	右汊	中水	0.107	0.010	0.048
		低水	0.069	0.008	0.029
	左汊	中水	0.199	0.011	0.056
		低水	0.190	0.007	0.032

2.2.1.3 航道概况

(1)航道条件

江—乌河段位于两端束窄、中间展宽的顺直分汊型河段内，支汊众多是该河段的特点。该河段上承西华水道和裕溪口水道，下接南京水道，由江心洲、马鞍山、乌江、凡家矶四个水道组成。各水道所处河段基本情况如下。

①江心洲河段(东梁山—人头矶)

江心洲河段上起东、西梁山,下至人头矶,长约24km。该河段的进口比较狭窄,上端东梁山卡口河宽仅1.8km,自东、西梁山往下河道骤然展宽,中部最宽处达8.5km,至下端人头矶河宽又收缩至4.4km。江中有彭兴洲和江心洲将水道分成左、右两汊,其中彭兴洲和江心洲长约17.6km,最大宽度约6km。左汊为主汊(即江心洲水道),外形顺直,长约25km,宽约2km,有牛屯河、姥下河、太阳河等支流汇入。下游有一心滩和上、下何家洲,将左汊分成多汊。右汊为支汊(习称太平府水道),中部弯曲,长约24.8km,宽约0.6km,有姑溪河、采石河支流汇入。

左汊主航道从东梁山以下沿彭兴洲、江心洲的左侧顺直而下,至江心洲过河标逐渐过渡至左岸的东埂,然后沿心滩的左槽至小黄洲洲头,经小黄洲头从何家洲与小黄洲间下泄过渡到小黄洲右汊,进入马鞍山水道。过渡段长约3km,从左至右急剧转折,形成上下两个接近90°的急弯。

近几年来,江心洲水道航道条件相对较好。从2008年3月测图来看,10m等深线已经贯通,呈S形,只是因心滩尾部的淤积下延,使得航道的曲率半径逐年减小,其最窄处已经由2006年时的370m减小至290m;而5m等深线最窄处宽度仍位于小黄洲与何家洲间,约480m。

②小黄洲河段(人头矶—慈姆山)

小黄洲河段上起人头矶,下至慈姆山(猫子山),长约8.0km。河段左岸属和县,右岸属马鞍山市,平面呈顺直喇叭形,下端慈姆山江宽约2.7km。江心有小黄洲将河道分为左、右两汊,左汊微弯为支汊,长约10km,宽约0.8km;右汊顺直为主汊(即马鞍山水道),长约8.0km,宽约1.5km。小黄洲长度约7km,最大宽度约2.1km。

近十多年来,马鞍山水道较为稳定,10m等深线全线贯通,最窄处也有800m,河道的左岸小黄洲右尾部现为马鞍山港的锚地。

③新生洲及新济洲河段(慈姆山—下三山)

新生洲及新济洲河段上起慈姆山,下至下三山,长约24km。河段内洲滩发育,其平面形态为宽窄相间的藕节状分汊河型。江中有新生洲和新济洲将河道分为两汊,右汊为凡家矶水道,左汊为乌江水道。新生洲长约5.6km,宽约1.2km;新济洲长约5.6km,宽约1.6km。

凡家矶水道上自慈姆山,下至下三山,长约25km,河宽1.0～2.5km。江中右侧有凡家矶礁群和丽山礁。下段有子母洲、潜洲将水道分为左、右两槽,左槽出新济洲尾后在大箭山附近与乌江水道汇合,右槽出潜洲尾后在下三山与乌江水道汇合。子母洲与潜洲之间又有一槽(中槽)与左右槽相连。

乌江水道上自小黄洲尾,下至下三山,长约24km,河宽约为1.4～1.7km,其下段自大箭山至下三山为长江主航道,长约8km。

主航道出马鞍山水道后,沿右汊凡家矶水道顺势而下,自子母洲开始沿左槽向左汊过渡,至新济洲尾和左岸大箭山附近进入左汊乌江水道,再沿乌江水道而下,经潜洲尾向下游右岸过渡进入南京水道。

乌江水道从1992年以来冲淤变化异常频繁,上游进口江心生长成心滩,并逐渐发展下延,使得水道的入水流量逐年缩减,到1995年9月由主航道改为副航道之后该水道仍继续萎缩。而右汊的凡家矶水道则逐渐显示出主汊的特征,分流比逐渐加大。近几年来,左右汊的分流比趋于平衡,基本上维持在62%左右。

本河段水道中洲滩较多，水流经过多次的分流分汊，航道弯曲。但从最近几年枯水期测图来看，主航道 10m 等深线 200m 航宽基本上能够贯通。只是乌江水道心滩上游左槽处 10m 等深线宽度较窄，宽度不足 200m。

(2)航道维护现状

2005 年 10 月以前，本河段航道维护尺度为 4.5m×100m×1050m，保证率为 98 %(见表 2.4)；航道按分月计划维护尺度进行维护，主航道计划维护尺度为：10～4 月份水深 4.5m，5～9 月份 5.0m，航道标准宽度全年 100m；同时全年开放芜湖至南京的海船航道，利用水位和富裕水深，海船航道可望自然水深能达 6m 以上。本航段海船按照长江航道局颁布的《长江下游南京(燕子矶)至武汉海轮航行办法》所推荐的航线水深航行，航路宽度 200m，以推荐的航线为中线，左右各 100m。

芜南段航道维护尺度　　表 2.4

时　间　段	航道尺度(m)	保证率(%)
	水深×航宽×弯曲半径	
2005 年 10 月 1 日以前	4.5×100×1050	98
2005 年 10 月 1 日至 2009 年 4 月 30 日	6.5×500×1050	98
2009 年 5 月 1 日至 2011 年 7 月 14 日	7.5×500×1050	98
2011 年 7 月 15 日至今	9.0×500×1050	98

自 2005 年 10 月 1 日开始，交通部根据芜宁段航道自然演变的有利情况，实施了船舶定线制配套建设工程，芜南段实施新的船舶定线制方案，主航道分月维护尺度改变为：5 月 1 日至 9 月 30 日航道维护水深为 7.5m，10 月 1 日至次年 4 月 30 日航道维护水深为 6.5m；航道维护宽度为 500m，不足 500m 的航宽以实际宽度为准，但不小于 200m。取消海轮推荐航线。

同时，小黄洲左汊及乌江水道开辟为江轮上行航道，设标宽度 200m，不足 200m 的以实际航道宽度为准，但不小于 150m；航道设标水深为 4.5m(特殊年份水深达不到 4.5m 时以航道部门公布的为准)。

2.2.1.4　河床演变规律分析

(1)历史演变特征

自有历史记录以来，江—乌河段因有东、西梁山一对节点和慈姆山、骚狗山及下三山三个单向节点而形成藕节状河道。主流流经东、西梁山至慈姆山节点之间的格局变化不大，而乌江河段主流摆动不定。在这些节点之间，江水泛滥，河槽与江岸经历了反复冲淤的变化过程。综观江—乌河段的历史演变过程，具有以下三个基本特征：

①河槽东移，大部分洲滩合并，部分并岸后又被冲刷，自上而下形成江心洲、小黄洲、聚潮洲多次分汊格局。至 20 世纪 60 年代初，本河段基本形成现有的河道平面形态。

②江—乌河段平面基本呈束窄趋势，只有乌江河段尾部江面展宽。江岸经历了反复冲淤的变化过程，但节点控制作用较强。

③受上游河势变化影响，江心洲河段汊道左兴右衰；乌江河段左汊仍为主汊，但右汊有所发展，为 20 世纪 80 年代中期以后逐步发展为主汊奠定了基础。

(2)近期演变特点

因江—乌河段较长,为叙述方便将该河段按水道分为江心洲、小黄洲、新生洲新济洲三个河段,各河段近期的演变过程如下。

①江心洲河段

a. 近期演变过程

自 20 世纪 60 年代以来,江心洲河段的近期演变过程归纳起来可分为以下 5 个阶段:

(a)1960～1969 年。江心洲汊道主流摆动不大,滩槽相对稳定。

(b)1970～1982 年。江心洲左汊出现顺直河段的典型演变特征:开始形成犬牙交错形边滩,并有平行下移的演变趋势。江心洲左汊进口主流开始右移,顶冲江心洲左缘中部后向太阳河折转过渡(称上过渡段),在新河口一带右摆通过下过渡段左侧流向小黄洲右汊。随着进口主流的进一步右移,对江心洲左缘的顶冲点逐渐上移,上过渡段也自太阳河附近上提至姥下河附近。主流摆动坐弯也使江心洲左汊进口段右槽发展,江心洲左缘中上部边滩冲刷并继续崩退,而左岸牛屯河边滩开始淤积发育。

(c)1983～1992 年。经历 1983 年大洪水后,江心洲左汊牛屯河边滩滩尾淤积下延,而滩右边缘冲刷后退;深槽冲刷。与此同时,彭兴洲头至何家洲尾全线发生冲刷后退。至 1986 年,彭兴洲头与何家洲的左外缘冲退达 300m。此后,随着左汊进口深泓的进一步右摆,彭兴洲头继续冲退,左岸牛屯河边滩开始淤展下延。上、下过渡段之间河道中心滩(潜洲)生长并逐年淤长下移,何家洲边滩淤积抬高。受心滩和边滩的挤压作用,下过渡段主流顶冲小黄洲头之势有所加强,小黄洲左汊开始冲刷发展。

(d)1993～1999 年。1993 年大水后,江心洲左汊牛屯河边滩继续大幅度淤长并逐年下延,而上过渡段 10m 等深线冲开。此后又经历 1995 年、1996 年两次大水和 1998 年大洪水、1999 年大水的塑造,牛屯河边滩尾部已经下延至姥下河附近,左汊深泓进一步冲深;彭兴洲头严重冲刷崩退 200 多米,江心洲头左缘也崩退数十米;何家洲外侧的潜洲(心滩)大幅度淤长成型。何家洲边滩被水流切割成上、下两部分。江心洲左汊主流进口段贴近江心洲左缘,至姥下河一带左摆沿左岸直下。江心洲右汊进口基本稳定,略有淤积,出口左侧即江心洲尾继续崩退。需要特别指出的是,1998 年大洪水后,江心洲右汊进口 0m 线封闭,这是右汊最不利的入流时期。

(e)2000～2008 年。河道处于相对稳定时期。左岸牛屯河边滩淤长下移,太阳河以下深泓基本稳定。心滩已经发育的相对完整。江心洲至何家洲左缘虽有冲退,但幅度较小,基本稳定。右汊进口略有冲刷,入流条件有所改善。左汊进口主流贴近江心洲左缘,至姥下河左摆顶冲太阳河一带边滩后右摆坐弯,由小黄洲头过渡段进入小黄洲右汊。

b. 汊道分流分沙比变化

江心洲水道自形成顺直分汊河势格局以来,左汊就一直作为主汊存在。近 40 多年来,江心洲左汊平均分流比在 90%左右,平均分沙比在 92.5%左右,实测最大分流比在 93.7%左右(1979 年 12 月 17 日),实测最小分流比在 81.8%左右(1959 年 3 月 8 日)。江心洲右汊分流比基本稳定在 10%左右,分沙比基本稳定在 7.5%左右,分流比大于分沙比,这也是该支汊能够一直生存的主要水动力条件。

江心洲左、右汊分流比变化不大,这对于所要开展的航道整治来说也是非常重要的。

c. 深泓线的变化

图 2.3 显示了各阶段深泓线的变化情况。

20 世纪 60 年代初，江心洲进口段深泓基本居河道中间，然后自牛屯河向姥下河左摆靠近左岸，又从姥下河与太阳河之间右摆，穿过江心洲滩尾与小黄洲右汊深泓相接。随着下过渡段主流左摆下移，深泓线也随之左摆下移，至 60 年代末，深泓线从姥下河附近摆到左岸后，一直顺左岸而下，从新河口右折沿小黄洲头而下，与小黄洲右汊深泓相接。此时，下过渡段深泓已经下移了近 2000m。

70 年代，随着左汊进口主流的右移，深泓也自进口段居中逐渐右摆，至江心洲左缘中部靠岸后向太阳河折转过渡，在新河口一带沿左岸而下，贴小黄洲头与下游深泓连接。

进入 80 年代，随着牛屯河边滩和江心洲潜洲（心滩）的淤积发育，上过渡段深泓线上提，开始从牛屯河向左岸折转，在姥下河附近贴近左岸而下，在新河口附近右折贴小黄洲头而下。

90 年代，由于左岸牛屯河边滩和江心洲左缘下部心滩及何家洲边滩的淤展，江心洲左汊深泓线基本形成"S"线形。进口深泓向右坐弯，越来越靠近彭兴洲头和江心洲头左缘；过渡段深泓线也逐年下挫，1990～1999 年，深泓下挫达 3300m 左右，线形也越来越弯曲。深泓贴左岸后，太阳河以下基本没有发生什么摆动变化。

进入 2000 年以后，各测次深泓线的位置变化不大，与 1999 年差不多。这表明深泓线位置在 1998 年大洪水后趋于一个相对稳定的阶段。

d. 江心洲河段河床演变规律

通过以上分析可知，自 1960 年以来，江心洲河段近期演变既承袭了部分历史演变特点，同时又具有长江中下游分汊型河段的共同演变特点。主要表现在以下几个方面：

(a)江心洲河段为分汊河型，主、支汊明显且较为稳定，形成分汊河道以来没有发生主、支汊易位现象，河床演变主要表现为汊道内滩槽的变化。

(b)主流摆动塑造河道的平面形态。由于左汊进口水流右摆，右侧彭兴洲头、江心洲进口段左缘冲刷，左侧牛屯河边滩淤长；左汊主流在姥下河一带左摆贴近左岸，太阳河至新河口一带冲刷，而右侧淤积形成潜洲和何家洲，江心洲尾左缘也不断淤积。主流摆动对小黄洲头及左右汊形态也有影响，主流顶冲小黄洲头，则洲头冲刷崩退，小黄洲左汊进口条件改善并稍有发展；主流顶冲点上移，左汊淤积束窄。小黄洲守护工程建成稳定后，小黄洲河段才基本稳定。

(c)洪水促进了演变过程，加大了演变幅度。经历 1983 年大洪水，1993 年、1995 年和 1996 年三次大水以及 1998 年大洪水，河道冲淤演变剧烈。牛屯河边滩的淤积发展，潜洲的形成并发育成心滩、何家洲的淤积发展以及深槽的冲刷贯通等都与洪水有关。

(d)江心洲支汊（右汊）分流比变化较小，河床冲淤交替，呈现出上段主流摆动，滩槽交替较为频繁，河床形态变化较大，特别是进口段变化较大；下段主流摆动较小，河床形态较为稳定的特点。

②小黄洲河段

小黄洲河段左汊窄浅为支汊，右汊顺直宽深为主汊（即马鞍山水道）。马鞍山水道多年来航道条件较好，也相对稳定。也正因为如此，该水道完整的测图比较少，也很少进行单独的地形测量。河演分析只能借助于现有测图，同时参考相关资料进行。

a. 近期演变过程

在近期河床演变中，受上游江心洲左汊滩槽运动的影响，小黄洲洲体变化强烈。主要表现为：一方面洲头及左、右缘的冲刷崩退；另一方面，洲尾随着汇流段左岸大黄洲的崩退而淤长。据有关资料表明：1959～1976 年，小黄洲洲头崩退 1.6km，洲头护岸稳定后才得以制止。随着洲体进口段左缘及汇流段左岸大黄洲的强烈崩退，洲尾向下游淤长，自 1959～2001

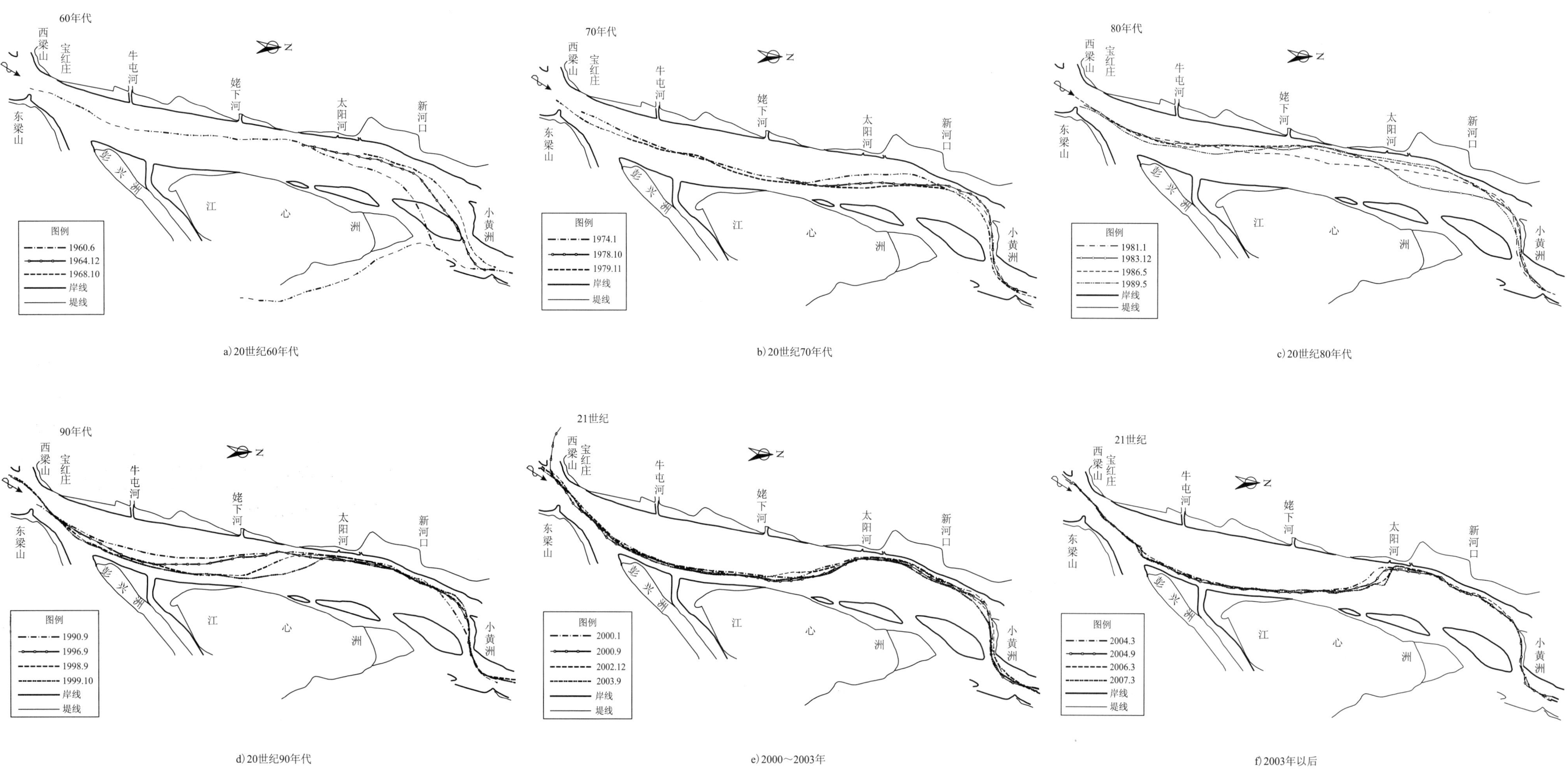

a) 20世纪60年代

b) 20世纪70年代

c) 20世纪80年代

d) 20世纪90年代

e) 2000～2003年

f) 2003年以后

图2.3　江心洲水道深泓线平面比较图

年，洲尾淤长达 2.7km。大黄洲护岸整治工程后，小黄洲尾的淤长速度才逐渐趋缓，近几年仍在淤长下延。小黄洲右缘的崩退主要发生在洲头及洲体上部，崩退强度自上而下减小。随着右缘护岸长度延长而渐趋稳定。

b. 汊道分流分沙比变化

江心洲洲尾与小黄洲洲头之间越江主槽的分流量在 20 世纪 70 年代以前约占总流量的 80％以上，80 年代后则减少为约 65％，这种减少主要是小黄洲左汊分流比加大所致。

由实测资料可知，小黄洲左汊最大分流比为 25.7％(2003 年 5 月)，最小分流比为 4.0％(1973 年 12 月)；分沙比最大值为 38.8％(1988 年 5 月)，最小值为 1.8％(1973 年 12 月)。可见，小黄洲左汊分流分沙比变化很大，并且最大的分沙比和最大的分流比并不发生在同一时间。

小黄洲左汊分流分沙比的变化大体经历了以下几个阶段：(a)20 世纪 60 年代初至 70 年代中期，分流分沙比逐年减小，其中，洪、中、枯水分流比分别从 15％、10％和 4％左右减小至 7％、4％和 2.2％左右，表明这一时期左汊应该是淤积期；(b)70 年代中期至 80 年代末，洲头守护稳定后，左汊进口断面逐渐扩大，分流分沙比也逐年增加。特别是 1983 年长江特大洪水后，左汊分流分沙比急剧增加，至 1988 年 5 月，左汊分流比已达到 23.1％，分沙比达到 38.8％，这一时期是左汊的发展期；(c)从 80 年代末，左汊分流比又开始逐年减小，至 90 年代中期，左汊分流比减小至 17.5％(1995 年 12 月)，表明这一时期小黄洲左汊总体发生淤积；(d)1996 年 9 月，左汊分流比增加至 23.4％，并逐年缓慢增加，至 2003 年 5 月，左汊分流比增加到 25.7％。此后，左汊分流比又开始减小，目前已减小至 22％左右。

小黄洲左汊 80 年代冲刷发展的主要原因是上游水流动力轴线左移，从而使左汊的入流条件改善，同时小黄洲洲头的鱼嘴和护岸工程也是小黄洲左汊冲刷的因素之一，因为工程一定程度限制了小黄洲的冲刷后退，而上游洲体的下移使得主流弯曲、主流过水面积较为狭窄，从而形成卡口，致使其上游比降减缓、水位壅高，进而左汊进口水位抬高，比降加大，水流冲刷左汊。小黄洲洲头主槽冲深至-40m 以下，正是“卡口”作用的表征。

c. 小黄洲河段深泓线的变化

小黄洲河段深泓线变化如图 2.4 所示。

(a)1959 年 6 月，小黄洲右汊深泓线由上游的江心洲与何家洲间下延贴右岸后在小黄洲中部摆向右汊中部，至小黄洲洲尾附近该汊深泓一分为二，一泓偏向左和小黄洲左汊深泓会合，一泓偏向右沿右岸下延至新生洲河段；小黄洲左汊深泓线由上游的江心洲左汊偏右的深泓在何家洲河段过渡到左岸进入并贴左岸，在小黄洲的洲尾附近由左明显折转向右越小黄洲洲尾和右汊深泓相并下延进入新生洲的左汊。

(b)1976 年 7 月，江心洲洲尾左汊的深泓贴左岸下延至小黄洲洲头后分别进入左汊和绕小黄洲洲头入其右汊。进入左汊的深泓线在小黄洲进口和 1959 年深泓位置相比最大右偏约 700m，在小黄洲中部和尾部与 1959 年的深泓位置几乎叠合，在新生洲洲头和其进口，其位置和 1959 年相比稍有左偏，至新生洲中部左偏幅度有所增大。右汊深泓在绕过小黄洲洲头后斜向右岸，受右岸挑流作用又折转向左偏中，至小黄洲中下部又折向中偏右，直至新生洲中段。该年的深泓平面位置始终位于 1959 年的左侧，最大偏距约为 700m(新生洲进口段)。左、右深泓在小黄洲和新生洲间是分离的，两线相距最近约 600m。

(c)1986 年 5 月，与 1976 年相比，深泓位置主要在汇流段发生较大的变化。由于左岸大黄洲的强烈崩退，左右汊深泓在汇流段大幅左偏近 1.0km；在汇流口叠合后又分为两支，分别进入新生洲左右汊。

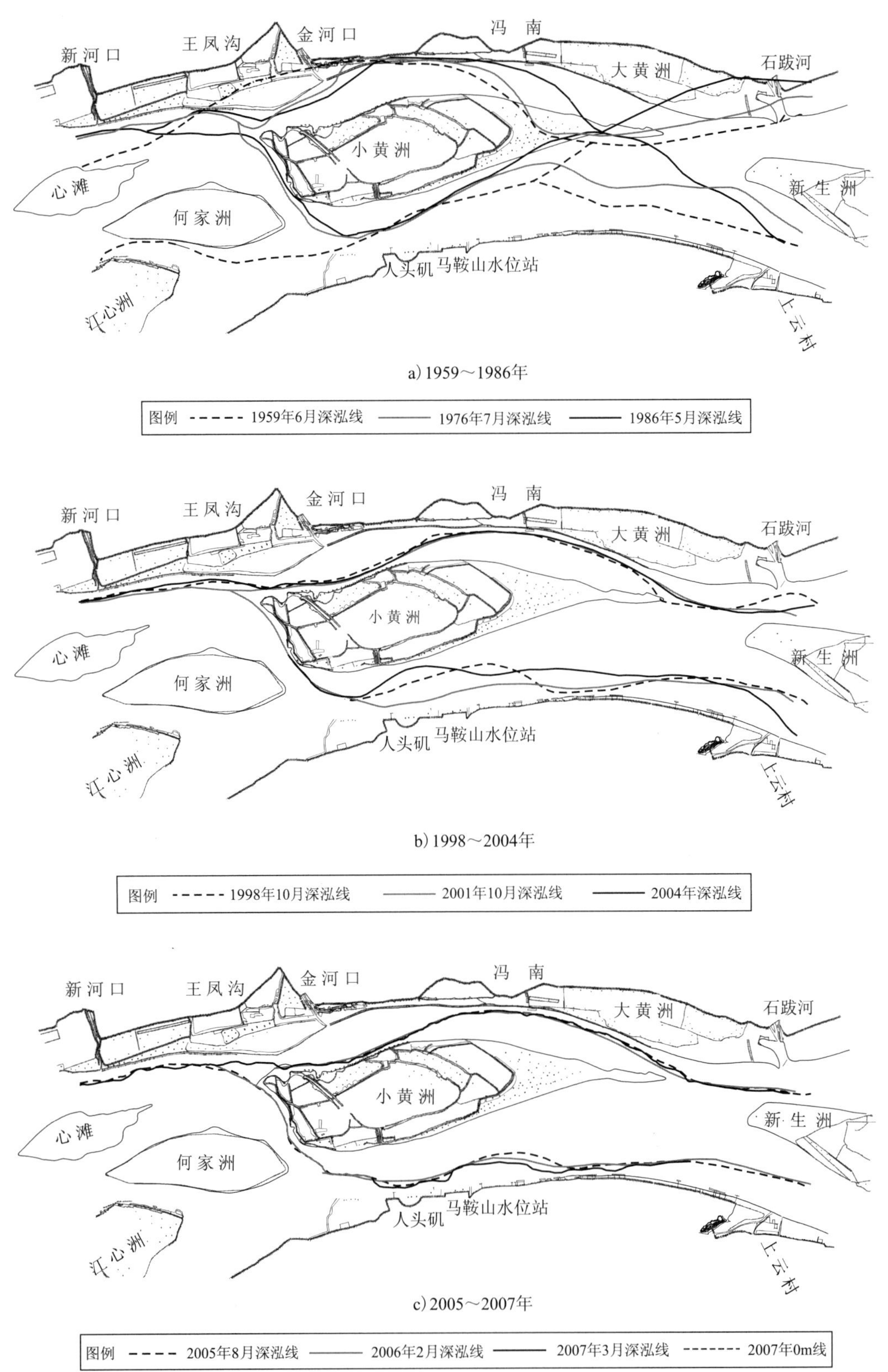

图 2.4　小黄洲河段深泓线变化图

(d)1998 年 10 月,该年深泓和 1986 年相比又有比较大的变化。小黄洲左汊:左岸(上游)→右岸(贴小黄洲进口至中上段)→左岸(自小黄洲中部至尾部段,贴左岸大黄洲)→河中(新生洲头至中部段);小黄洲右汊:贴小黄洲洲头进入右汊河中位置后,在小黄洲上段经过一段小范围左摆右移后,沿右汊河中偏右而下,在新生洲上部折向右岸。

(e)1998 年以后,小黄洲左汊至新生洲左汊的深泓位置没有大的变化。右汊深泓的变化主要在小黄洲中段和新生洲进口。2001 年,右汊深泓线贴小黄洲洲头进入右汊河中位置后,在小黄洲中段经历了先左后右的大的摆动后,在小黄洲和新生洲之间再次过渡到新生洲的左岸。至 2004 年以后,右汊深泓线的平面位置变化不大,由紧贴小黄洲洲头过渡到右岸,贴右岸而下后,在小黄洲和新生洲之间再次过渡到新生洲的左岸。

d. 小黄洲河段河床演变规律

小黄洲河段近期演变主要体现在小黄洲洲体和左右汊的变化过程中,其演变特征如下:

(a)在近期河床演变中,小黄洲洲体变化剧烈,洲头及左、右缘随着江心洲左汊主流的摆动而冲刷崩退,洲尾随着汇流段左岸大黄洲的崩退而淤长。下游的淤长大于上游的崩退,使得左汊汊道长度增加。

(b)小黄洲左汊 1959～1976 年前后处于淤积衰退期,其过水面积和分流比呈减少态势。1976～1986 年,左汊进入快速发展期,分流比增大,深槽扩大、刷深,过水面积及河长增加。1986～1996 年,左汊进入调整期,并呈缓慢淤积态势。1996 年至今,左汊进入相对平稳期。

(c)小黄洲右汊(马鞍山水道)近 40 多年来一直保持主汊地位,水深条件较好,维持在 20m 以上。汊道变化主要发生在进口段,一是小黄洲头及右缘的强烈崩退;二是进口段深槽由经江心洲尾至人工矶头段右岸深槽转向经小黄洲头过渡段,使得原深槽逐渐淤积。

(d)小黄洲头、大黄洲护岸整治及加固工程稳定后,小黄洲河段的河势也基本趋于稳定。

③新生洲及新济洲河段

自 20 世纪 60 年代以来,新生洲及新济洲河段的演变过程延续了其近代演变的趋势,左汊乌江水道逐渐淤积衰退,右汊凡家矶水道逐渐冲刷发展;至 80 年代中期,凡家矶水道分流比已大于乌江水道,逐渐向主汊发展;至 1995 年间,主航道由乌江水道改至凡家矶水道,完成了主支汊的转化。根据现有资料,参考相关研究成果,对新生洲及新济洲河段的演变情况分析如下。

a. 近期演变过程

自 60 年代以来,新生洲及新济洲河段的近期演变过程可归纳为以下四个阶段:

(a)1960～1976 年,左汊乌江水道处于冲刷发展状态(与小黄洲左汊处于淤积衰退期不同)。60 年代以来,尽管新生洲头已经开始偏离右岸向河心发展,新济洲尾也向左岸淤展,使得两洲右汊过水面积增加,左汊束窄。但上游小黄洲的右汊主流与左汊支流汇合后,仍然从乌江水道下泄,使得河床冲刷,新生洲头冲退,同时引起左岸岸线剧烈崩退,又导致局部河道向左展宽。

(b)1976～1986 年,左汊乌江水道逐渐进入衰退期。随着小黄洲左汊的快速发展,小黄洲左汊分流比的加大,使洲尾汇流点向右偏移,加之乌江水道进口束窄,有利于右汊凡家矶水道进流。至 1985 年,凡家矶水道分流已大于乌江水道,乌江水道已呈衰退之势。

(c)1986～1995 年,左汊乌江水道萎缩,右汊凡家矶水道发展期。小黄洲洲尾继续淤长下延,与此同时,新生洲头向上游大幅淤长近 2.0km,其淤长方向明显偏向大黄洲方向,导致新生洲左汊口门大幅度束窄,分流比逐年减少,促使乌江水道继续淤积衰退。而新生洲右汊分流比逐年增加，也使凡家矶水道逐渐发展，并最终于1995年发展成主通航汊道。

(d)1995年至今，新生洲及新济洲河段处于相对稳定期。凡家矶水道成为主汊以后，经过短期适应调整，目前乌江、凡家矶水道进入相对稳定时期。小黄洲尾与新生洲头之间逐渐淤积成一条潜沙埂，将左右汊深槽区分开；新生洲、新济洲、子母洲和潜洲总体相对稳定，冲淤变化不大。近几年，新生洲及新济洲河段的河床变化主要集中在新生洲头低滩和乌江水道心滩河段。

b. 汊道分流分沙比变化

由实测新生洲、新济洲左汊分流、分沙比资料可以看出：新生洲左、右汊的分水分沙是相互适应的，即分流比和分沙比大小相当(除1960年4月分沙比大于分流比外)；新生洲左汊(乌江水道)70年代以前相对稳定，且稳中有升，相近水位条件下，分流比由1960年64.5%增至1973年68.5%，左汊占主导地位；80年代以后，新生洲左汊(乌江水道)分流比逐渐减少，由1973年的68.5%下降到1993年的43.0%，分沙比也同时由70.8%减小为41.9%。新生洲左汊虽仍保持较大的分流比，但已明显减小，表明该汊已经开始淤积萎缩，而右汊(凡家矶水道)逐渐冲刷发展，并最终导致主支汊发生易位转换；主汊转到凡家矶水道后，乌江水道分流比继续减小，至2006年，新生洲左汊分流比已经减少至37%左右。

分析可知，1973年11月(枯水期)，新生洲左汊的分流比达到68.5%，而同期(1973年12月)小黄洲左汊分流比仅为2.2%，这表明在小黄洲洲尾和新生洲洲头间有近66.3%的流量是由小黄洲右汊斜流进入新生洲左汊的。到1991年5月(中洪水期)，小黄洲左汊分流加大到20%，而同年8月(洪水期)，新生洲左汊分流比减小为50.1%，一增一减，由小黄洲右汊进入新生洲左汊的斜流量由占总流量的约66%减小为约30%。虽然对比的水期不同，但根据两汊同一年分流比变化不大的特点可见，从小黄洲右汊进入新生洲左汊的分流量存在逐年明显减小的变化特征，也说明新生洲右汊处于发展中。

对于新济洲的左汊来说，左汊分流比变化范围为40.6%～54.6%，变化还是比较大的。从时间段来看，1971年至1982年分流比较大，1982年以后，左汊分流比逐渐减小。目前新济洲左汊分流比已减小至35%左右。

与小黄洲和新生洲间的水流流动方向是由小黄洲右汊(主汊)斜流到新生洲左汊不同的是，新生洲和新济洲间的串沟水流是由新生洲的左汊流向新济洲的右汊。在1959年到1973年间，串沟分流量多在13%左右；1982年后，串沟的分流量明显减小，到1985年，即便是洪水季节，分流比也仅1.3%(测时水位5.39m)，几乎断流。

新生洲、新济洲左右汊分流比的变化以及洲间水流通道(指小黄洲和新生洲间)和洲间串沟(指新生洲和新济洲间)分流量的改变，可以认为是上游江心洲河段的尾阖段主流动力轴线左偏产生的联动效应，这种效应实质上反映了冲积性河流洲滩演变的基本特征。由于上游主流动力轴线左偏，小黄洲左汊分流增大，右汊(马鞍山水道)分流减小，故而由右向左流经小黄洲尾和新生洲头之间通道的水流也必然减小；另一方面，由于小黄洲左汊分流量增大对洲间通道水流产生的挤压作用，加上新生洲左汊进口束窄，使得进入新生洲左汊的流量减小。即，小黄洲左汊分流量的增幅远不足以弥补从洲间水流通道进入新生洲左汊分流量的减小幅度。由于新生洲左汊分流量减小，使得新生洲和新济洲间的串沟分流锐减，二洲在枯水期已连为一体。

c. 新生洲及新济洲河段深泓线的变化

结合相关分析材料，将乌江、凡家矶水道近期深泓的变化情况作一简要分析。

(a)1959～1973 年，左汊(乌江水道)10m 深槽贯通并呈发展之势。

(b)1973～1985 年，左汊(乌江水道)10m 深槽开始呈衰退之势。随着左汊分流比的减小，小黄洲右汊 10m 深槽开始分两股进入新生洲左右汊。左汊(乌江水道)10m 深槽逐渐开始衰退，并与下游深槽断开；右汊(凡家矶水道)10m 深槽逐渐向下游发展。

(c)1986～1995 年，左汊淤积，右汊继续发展。至 1995 年，右汊取代左汊成为通航主汊道，10m 深槽上下贯通。

(d)1996 年至今，右汊(凡家矶水道)10m 深槽基本维持稳定；而左汊(乌江水道)0m 浅区逐渐发展成为长约 3200m 的心滩，使该段形成双槽，其中右槽相对较深，水深在 10m 以上。近几年，乌江水道有冲刷发展趋势，主要表现 10m 深槽自上而下逐渐贯通。2007 年 3 月测图已显示，乌江水道 10m 深槽已全部贯通。

d. 新生洲及新济洲河段河床演变规律

新生洲及新济洲河段近期演变主要是受小黄洲左右汊的分流、分沙比的变化影响，其演变特征如下：

(a)20 世纪 70 年代，新生洲头部偏离右岸向左发展的同时，也被水流冲刷崩退了 670m。到了 80 年代初，随着大黄洲的崩退和小黄洲尾部的淤长，新生洲的头部又大幅淤长，使得乌江水道分流逐年减小。

(b)80 年代后期至 90 年代初，左汊乌江水道继续萎缩，与此同时，右汊凡家矶水道不断地发展壮大，到了 1995 年完成了主支汊的转化。

(c)1996 年至今，本河段处于相对稳定期，凡家矶水道一直保持主汊地位，10m 深槽线基本贯通。

(3)河床演变影响因素分析

①江心洲河段

a. 河道边界条件的影响

江心洲左汊过于长直，导致主流与深泓摆动频繁，主流顶冲点不断上提、下移。受顶冲的河岸崩退，过水断面扩宽，而其对岸边滩、心滩发育。目前边滩、心滩维持相对稳定，形成微弯河槽态势，航道条件较好。

b. 来水来沙条件的影响

大水大沙年边滩、心滩淤积，深槽冲刷，河床演变较为剧烈；小水小沙年河道形态相对稳定。

c. 上游河势的影响

江心洲河段上游接芜裕河段。该河段左右两汊在东、西梁山汇合后进入江心洲水道。芜裕河段出口水流动力轴线的位置是下游江心洲河段的入流条件，特别是出口东、西梁山的挑流程度对江心洲河段的河床演变产生决定性的影响，这种影响包括江心洲左右汊的冲淤发展、左岸岸线的崩退和前移、彭兴洲头与江心洲左缘崩退的变化等。

自 60 年代以来，由于芜裕河段河床的演变，使得其出口主流经历了右岸东梁山挑流→主流左摆→西梁山挑流的过程，也改变了江心洲河段进口主流的入流方向，使得江心洲水道主流顶冲点上提下挫。江心洲水道左岸牛屯河、姥下河一带边滩的形成和右岸江心洲左缘的冲刷后退正是入流条件的改变在本河段的响应。

d. 下游小黄洲河段的影响

小黄洲河段与上游江心洲河段之间的影响和作用是相互的。在近期河床演变中，受江心洲左汊下段主流摆动的影响，小黄洲河段变化强烈。主要表现为小黄洲洲头及左、右缘的冲刷崩退。随着小黄洲的崩退，江心洲尾也大幅淤长下延，江心洲下过渡段随之下移。小黄洲洲头护岸工程实施并稳定后，由于上游江心洲洲尾的下移使得主流弯曲、江心洲下过渡段过水面积较为狭窄，从而形成卡口，致使其上游比降减缓、水位壅高，下过渡段比降、流速加大，水流冲刷河床。

②小黄洲河段

如前所述，影响小黄洲河段河床演变的因素除河段的分汊河势、河床及岸壁组成物等外，主要因素是上游（江心洲河段）主流的摆动。由此造成小黄洲洲头及左、右缘冲刷崩退；引起左汊分流比的减小或增加，进而使左汊淤积衰退或冲刷发展。

③新生洲及新济洲河段

引起新生洲及新济洲河段河床演变的主要原因是上游小黄洲河段汊道分流比的变化，由此带来乌江、凡家矶河段汊道分流比的变化，左汊（乌江水道）因分流比减小而衰退，右汊（凡家矶水道）因分流比增加而发展，进而演变为主支汊易位。

综上所述，江—乌河段河床演变是江心洲河段主流摆动的联动效应。而进口（东、西梁山）主流的摆动，是引起本河段几个水道河床演变重要原因之一。

(4)演变趋势预测及碍航特性分析

①演变趋势预测

a. 江—乌河段平面形态两头窄、中间宽，呈藕节状，江中自上而下有彭兴洲、江心洲、小黄洲、新生洲、新济洲等，形成三个主要汊道，即江心洲汊道、小黄洲汊道和新生洲新济洲汊道，属典型的复合型分汊河段。受河段内节点及两岸堤防的控制，其洪水河势已基本稳定。而江中的几个大洲发育也相对完整高大，其消亡的可能性不大。因此，本河段今后仍将维持这种分汊河型。江心洲河段主、支汊明显且较为稳定，从多年来的河床演变过程分析，该河段不存在主支汊异位的可能性。同时右汊进一步萎缩甚至消亡的可能性也不是太大。

b. 一般而言，长江下游河段呈现大水年大变而中小水年缓变的规律，但整体而言长江下游的河床变形较中游要缓慢。中小水年的缓变，特别是呈累积性的单向变化，本质上说来，它是大水年大变的条件，如牛屯河边滩和江心洲心滩的发育就是大水年产生大变的原因之一。由于来水来沙特别是来水的过程具有一定的周期性和偶然性，尽管三峡及其干支流水库可起到平抑洪峰的作用，但第一造床流量不会发生很大的变化。1998 年的大洪水年已过去近十年了，今后出现新的大水年的概率会愈来愈大，相对较为低矮的、稳定性较差的、位于洪水流路上的滩体（稳定性一般依次为边滩、心滩和成型淤积体）产生较大变化的可能性也将明显加大。

c. 江心洲河段的上游为芜裕河段，该河段曹姑洲上游的心滩及四褐山下游的边滩均为近期形成的新生滩体，而曹姑洲和陈家洲间存在的曹捷水道还没有完全淤废，这些新生滩体和捷径水道都是芜裕河段不稳定的因素，也给四褐山挑流带来不稳定可能性；另外，四褐山以下的中洪水河宽较大，水流动力轴线变化的空间较大。因此，即便将新生的心滩和边滩完全控制，也只能起到压缩水动力轴线变化的空间，但不可能完全制约主流动力轴线的摆动。

d. 上游水流动力轴线的位置是江心洲河段的入流条件，特别是进口东、西梁山的挑流与否对下游河道的河床演变产生决定性的影响，这种影响包括左右汊的冲淤发展、左岸岸线的崩退和前移、江心洲左缘位置的变化等。由于上游水流动力轴线难以完全稳定，且在不同流量级，其动力轴线也不可能在相同位置，因而本河段目前的微弯的深槽也难以长期维持现状。另外，由于江心洲左汊河道顺直段过长，这种平面形态也难以维持滩槽的稳定。

e. 江心洲河段滩槽和主流的不稳定性，也决定了下游小黄洲河段和新生洲及新济洲河段的不稳定性。由于上游主流的摆动，使得小黄洲左右汊分流比发生变化，进而引起新生洲及新济洲左右汊分流比发生变化。在自然条件下，分流比的较大变化都将对汊道的稳定带来不利影响。特别是对新生洲及新济洲河段来说，由于新生洲头目前还处于变化之中，分流比较大的变化都将使该河段的汊道河床发生较大调整，甚至使新生洲及新济洲河段主支汊再一次发生易位。

f. 江心洲左汊主流于小黄洲头部自左向右急剧过渡，在 3km 长度内形成上下近 90°的急弯。由于小黄洲头部已被护岸工程固定为不可动的边界条件，该过渡段的急弯窄深形态仍将继续保持。

②碍航特性分析

a. 江心洲水道

由于江心洲水道过于长直（从西梁山至小黄洲头长达 22km），主流摆动频繁，航槽也经常发生大幅度摆动，上、下深槽之间的过渡段也随之上提下挫，航道维护部门需要不断调标才能维持船舶的正常航行。在航槽摆动过程中，个别年份过渡段航道的水深也出现不足 6.5m的情况。

江心洲水道出口的小黄洲洲头航道从左至右急剧转折，几乎横越河道，形成上下两个接近 90°的急弯，加之河宽狭窄（0m 线最小宽度仅 510m，5m 等深线宽度仅 480m，10m 等深线宽度仅 350m），又处于多汊汇流区，流态紊乱，航行条件差，目前已设为航行管制河段，大型船舶只能单向航行。

b. 马鞍山水道

马鞍山水道近 40 多年来一直保持主汊地位，航道条件较好，水深维持在 20m 以上，航道尺度满足规划要求。

小黄洲左汊目前水深条件也比较好，10m 等深线贯通，其最小宽度为 230m，5m 等深线最小宽度为 360m。

c. 乌江、凡家矶水道

该水道所处河段航道条件较差的时候是在 20 世纪 80 年代初至 90 年代中期（1995 年以前）。此阶段左汊（乌江水道）处于衰退期，而右汊（凡家矶水道）处于发展期，两水道的深槽均未形成，多数年份的水深在 5～6m。

2.2.2　长江中游界牌河段河床演变宏观分析

2.2.2.1　河段概况

(1)河段基本情况

界牌河段位于武汉上游 180km，上起杨林山，下止石码头，全长约 38km（见图 2.5），左岸为湖北省洪湖市，右岸为湖南省临湘市。河段整治前为长江中游重点碍航浅滩之一，以河势不稳定为显著特点，河段内还存在较大范围的堤防险工段、港口淤塞等方面问题[2]。

界牌河段为顺直展宽分汊型河段，以谷花洲为界，上段顺直单一，下段分汊。进口为杨林山、龙头山节点控制，河宽仅 1100m，以下逐步放宽至新堤一带，最大河宽达 3400m，出口处河宽又缩窄为1670m。其中杨林山至螺山段呈藕节状,河段内两岸交替发育边滩,螺山附近主流摆动,多数年份居左。螺山至复粮洲河宽沿程变化不大,平均宽约2200m,通常沿左岸为深槽,右岸为边滩,即右边滩。下复粮洲以下河道逐渐展宽并出现江心洲(新淤洲、南门洲)分汊。一般情况下左汊(新堤夹)为支汊,右汊为主汊,两汊在石码头处汇合。在右边滩尾与新淤洲洲头之间,主流自左岸向右岸的过渡,称为过渡段。

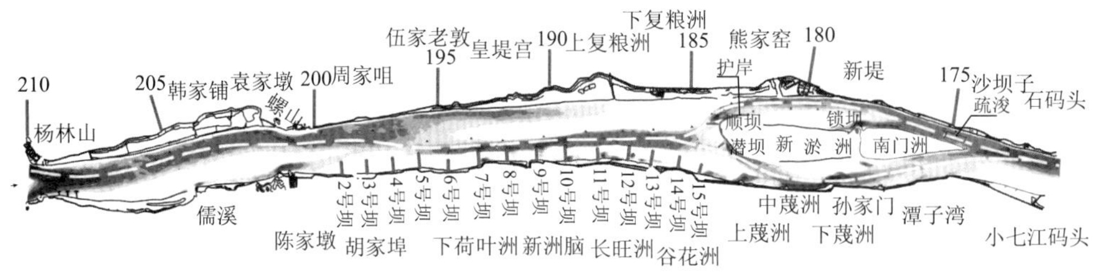

图2.5 界牌河段河势图

(2)综合治理工程简介

界牌河段顺直段过长,整治前河势极不稳定,存在的主要问题是:在顺直段内产生犬牙交错边滩,受边滩下移的影响,过渡段主流易大幅度的下移上提,导致洲、滩极不稳定,航道容易出浅,维护困难;此外,还存在因主流常年摆动,顶冲点不断变化,两岸堤防出现较长范围的险工段,防洪压力巨大,新堤夹内常年淤塞,洪湖港作业条件差等问题。因此,首先由交通部门提出的航道整治工程后来发展为交通、水利部门联合进行的综合治理工程。

界牌河段综合治理工程包括航道整治工程和防洪护堤两大部分。航道整治工程的研究始自1973年,1989年完成工程可行性研究报告,1993年批复,1994年完成初步设计并得以批复,1994年冬季开工,2000年正式通过了交通部的验收。实施完成了新淤洲洲头的1座鱼嘴、新淤洲和南门洲之间的1座锁坝、右岸右边滩上的14道丁坝,洪湖港进港航道疏浚工程(四个工程区);防洪护堤工程为水利部门实施完成的右岸长旺洲至大清江12.8km、左岸界牌以上9.7km的护岸工程(见图2.6)。

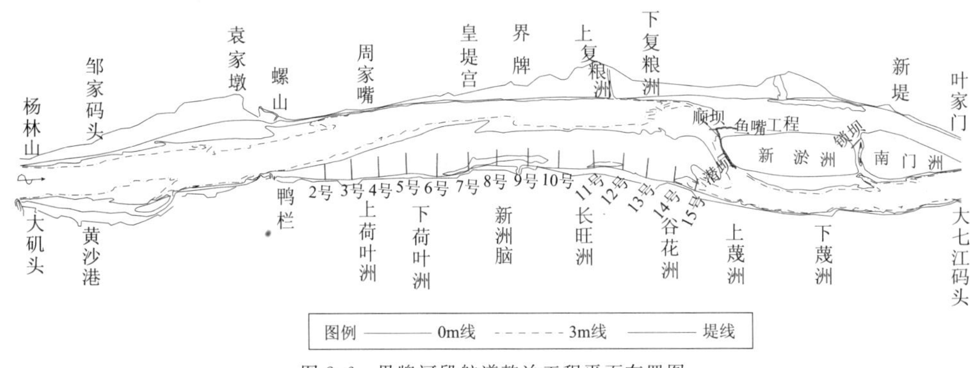

图2.6 界牌河段航道整治工程平面布置图

整治工程实施以来,已在防洪、航运、港口利用等方面收到显著效果。通过固滩、护洲及两岸堤防险工段的加固,使界牌河段的河势基本得到控制,河床边界条件得以稳定,消除了过渡段大幅度上提下移的条件,航道条件显著改善。

但是受多种因素的影响,整治工程实施后界牌河段仍存在着一些不足,主要表现有二:一是河道内螺山边滩未得到有效控制,在螺山边滩下移过程中,部分建筑物受强烈顶冲,其稳定性受到威胁;二是过渡段位置偏下、河道过宽,主流在鱼嘴前沿摆动空间较大,过渡段航槽不稳定，主支汊易位。在两汊转化的过程中，过渡段进口易出浅，给航道维护带来一定的困难。

2.2.2.2 水文、泥沙特征

(1)三峡水库蓄水运用前

螺山水文站位于本河段内，根据螺山站1950～2002年的资料统计，本河段多年平均流量为20300m^3/s，历年最大流量为78800m^3/s(1954年8月7日)，历年最小流量为4060m^3/s(1963年2月5日)；多年平均输沙量为4.13亿t，最大输沙量为6.15亿t(1981年)，最小输沙量为2.48亿t(1994年)；多年平均含沙量0.65kg/m^3，最大含沙量5.66 kg/m^3(1975年8月12日)，最小含沙量0.048kg/m^3(1954年2月1日)。

本河段来水来沙年内变化较大，汛期(5～10月)水量占全年的73%～74%，输沙量占全年的85%～87%。最大流量及最大沙量均发生在7～8月，最小流量及最小沙量则发生在1～2月。年径流量主要集中在主汛期7～9月，约占全年的43.2%，而枯水期12～翌年3月则只占全年的13.6%；与径流量相比，输沙量更加集中，主汛期7～9月输沙量占全年的59.1%，而枯水期12～翌年3月则仅占全年的6.5%。

根据螺山站1998～2002年资料统计，悬移质平均中值粒径为0.015mm，在悬移质泥沙总量中，粒径$d>0.10$mm的沙量占19%，粒径$d>0.07$mm的沙量占27%左右。

(2)三峡水库蓄水运用后

据螺山站2003～2009年资料统计，三峡水库蓄水运用以来，螺山站一直出现中小水沙份，年均来水量较蓄水前减少约9%，来沙量减少75%，特别是2006年以来水量减少最多，达27%，来沙量减少86%。

三峡水库蓄水运用后，螺山站悬移质级配d_{50}和粒径$d<0.016$mm部分变化不大，但粒径$d>0.016$mm的沙分量增大，其中粒径$d>0.10$mm的沙量占32%，粒径$d>0.07$mm的沙量约占总沙量的38%。

由于三峡水库的蓄水运用，使下泄沙量锐减，虽然下游河段沿程含沙量有所恢复，但至螺山站总的来沙量仅是建库前的33.9%，粒径大于0.1mm的沙量仅为建库前的57.1%，粒径大于0.07mm的沙量约为建库前的47.9%，也就是说，床沙质仅为建库前的一半，远未恢复到建库前的水平。

(3)界牌河段实测泥沙资料

根据长江航道测量中心在2000年1月、7月和10月，2004年9月和12月，2007年2月，2009年2月、11月及2010年1月对本河段实测的悬移质和床沙级配资料分析，在三峡水库蓄水运用之前，实测悬移质最大粒径0.5mm以上，但粒径大于0.5mm的沙量甚微。各测流断面实测悬移质中值粒径在0.016～0.080mm之间，河床质中值粒径大都在0.16～0.22mm之间。悬移质和河床质d_{50}均表现出汛期较细、非汛期略粗。

在三峡水库蓄水运用后，悬移质逐年变粗，至2010年1月，断面悬移质中值粒径出现大于0.18mm的情况，相应河床质也略有变粗，不少断面河床质中值粒径超过0.2mm，说明三峡水库蓄水运用后，本河段发生了冲刷变化。

2.2.2.3 航道情况

①综合治理工程实施前，界牌河段碍航程度随着航道尺度的提高而日趋严重。因而导致航道维护费用不断提高。据测算，20世纪80年代至90年代中期，每年用于界牌浅滩的维

护费用达 100 万元以上，而浅滩碍航问题仍未得到根本解决，并且维护难度极大，挖泥回淤极其严重，往往边挖边淤，挖不胜挖。即使挖成功的航槽，往往只能用几天至十几天，经过一个汛期，原有挖槽又全被淤没，因而疏浚所带来的浅滩改善是暂时的，在浅滩严重恶化时，甚至是无能为力的。1974～1975 年和 1983～1984 年两届枯水季的阻航事故均是在有挖泥船现场施工的情况下发生的。

②综合治理工程实施后，航道条件得到了显著改善，达到了设计要求。但是，过渡段主航槽仍经历了多次改槽：1996 年 8 月，航槽改走新堤夹，此后至 2003 年初，过渡段航槽一直走过河槽；2003 年 3 月，过渡段走横槽，9 月改走北槽，2005 年 3 月，过渡段又回到横槽；2006 年 9 月，过渡段走过河槽，于次年 3 月又再次改走横槽；2008 年枯水期航槽回到过河槽，至今，一直通过调标等常规维护手段走过河槽。

2.2.2.4 河床演变规律分析

(1)综合治理工程实施前的演变特点

①洲滩变化

界牌河段的顺直外形自 20 世纪 30 年代开始就保持不变，但河道内洲、滩变化频繁。其演变遵循顺直型河段的演变规律，主要以交错边滩平行下移为主要演变特征。

界牌河段的演变具有明显的周期性，对该河段多年的研究中，习惯上以河道左侧的螺山边滩为参照物，来界定演变的周期，每个周期可划分为三个演变过程：螺山边滩开始下移→螺山边滩消亡→螺山边滩再度形成。

从 60 年代初至 1994 年的滩形图来看，界牌河段在这段时间内经历了两个周期的演变。两个周期的起止时间分别为 1961～1974 年和 1974～1994 年。

②汊道变化

综合治理工程之前，界牌河段只在南门洲段具有稳定的分汊河型，多数年份右汊占优，航槽主要走右汊，左汊偶有发展。如 1982 年 1 月，5710m^3/s 对应左汊分流比达 53.8%，此后过渡段上提，左汊分流比迅速减小；1983 年 11 月，7540m^3/s 对应左汊分流比仅 12%。遇特殊年份，1971 年枯季左汊还曾断流。

归纳两个周期的演变特点，除去周期时间长短以及洲滩变形速率的差异外，界牌河段在这两个周期内的演变情况相似度较高，演变过程中洲滩变化以及航道条件具有以下几个共同的特点：

a. 周期内呈现出典型的交错边滩平行下移的演变特点。

b. 从历年的河势变化情况来看，深泓、主流也随着边滩的运移而大幅上提下移，纵向摆动范围上起皇堤宫，下至南门洲头，幅度达 13km。

c. 当螺山附近主流位于左岸，过渡段位于上复粮洲至谷花洲一带时，各洲滩完整高大，过渡槽口单一，水流相对集中，航行条件较好。20 世纪 80 年代末、90 年代初，过渡段深泓在这一位置维持了相对稳定。

(2)综合治理工程实施后的演变特点

综合治理工程实施以后，虽然下段分汊的格局得到维持，过渡段的摆动范围得到一定的限制，但是，界牌河段新淤洲头部鱼嘴以上的顺直段特性没有改变，演变的主要特点仍表现为交错边滩平行下移，以及过渡段的频繁摆动。目前的演变处于从 1994 年开始的第三个演变周期之中。

①洲滩格局变化

a. 螺山边滩

1994 年，螺山边滩在螺山以上生成以后，逐年下移，滩体规模逐年增加，滩面缓慢淤高，到 2004 年边滩滩尾抵达新堤夹口门后，滩体中部受到水流切割形成窜沟，目前处于逐步发展之中。窜沟分螺山边滩为心滩与过渡段低滩，心滩近年来向右挤压，左槽冲刷发展，右槽处于萎缩之势，过渡段低滩头冲尾淤。

b. 右边滩

伴随着螺山边滩的逐年下移，右边滩上冲下淤，此特点一直持续到 2000 年汛后，此时上边滩滩尾宽度达到最大；随着螺山边滩的进一步下移，从 2001 年开始，右边滩持续萎缩，至今过渡段区域的已建丁坝前沿已无滩。不过，随着儒溪边滩的逐年淤高长大，滩尾逐年下延，右槽进口又开始形成新的滩体。

由此可见，综合治理工程实施以后，鱼嘴以上河道内洲滩仍未得到有效控制，河段内的主流与深泓也随着交错边滩的平行下移，而频繁摆动。沿程的断面变化也反映了综合治理工程后，交错边滩下移的过程，边滩经过时，引起了相应一侧河槽的大冲大淤，滩槽格局仍不稳定。尤其是鱼嘴前沿，先是随着右边滩的尾部淤宽，主流走新堤夹，过渡段水深恶化，航路弃走过渡槽；随后螺山边滩下移堵塞新堤夹口门，右边滩尾部冲失，主流与深泓回到过渡段，其水深也逐渐好转。

②汊道变化

新淤洲、南门洲将谷花洲以下河道分左右两汊。两汊的变化与上段边滩的下移以及进口主流的相应摆动关系密切，右边滩尾部淤宽造成了新堤夹的发展，而螺山边滩的下移又逐渐堵塞新堤夹进口，导致其近几年逐渐萎缩。

③冲淤平面分布

从冲淤的平面分布来看，单一段的冲淤分布较好地反映了螺山边滩的下移过程。2004～2007 年，河道左侧的淤积部位主要集中在伍家墩至孙家墩，孙家墩以下明显冲刷，这与这一阶段新堤夹进口航槽宽深是对应的。2007～2009 年，螺山边滩下移至新堤夹口门后，连续两年淤积，但是 2009～2010 年，滩面中下部不同程度的冲刷，尤其是贴过渡段的右缘，冲蚀明显。蓄水后，右边滩滩尾的冲刷主要集中在 2004～2007 年之间，其后冲淤交替。

分汊段规律也十分明显。蓄水后，新堤夹总体呈淤积状态，而右汊内逐年冲刷，与分流比的变化规律对应。

④已建工程区域的变化

界牌河段航道整治工程自 2000 年竣工以来，由于洲滩并未得到有效控制，滩槽格局不断调整，主流的频繁摆动，引起了已建整治工程建筑物不同程度的损坏。2008 年以来，长江航道局对部分整治建筑物局部进行了维修施工，才基本确保了已建建筑物的安全，维持了已建工程所取得的守护效果，总体整治功能的发挥目前并未受到影响。

考虑到锁坝已完成其整治功能，这里主要就新淤洲鱼嘴与右岸丁坝群破坏情况叙述如下：

a. 新淤洲鱼嘴

在界牌河段新堤夹冲刷发展及主流由左向右转化过程中，新淤洲鱼嘴中滩滩面受不良流态的作用淘刷严重，形成了大型水凼(图 2.7)，严重威胁到中滩鱼嘴的安全。同时，鱼嘴部分功能发生了转化，由防守型变为具有一定挑流作用的整治建筑物，鱼嘴工程头部流态紊乱，流速较大。经过近年来陆续实施的维修工程，目前中滩鱼嘴水凼内护岸坡相对稳定，水

a)鱼嘴头部流态

b)中滩鱼嘴水凼

图 2.7 新淤洲鱼嘴

凼面积扩大速度放缓。

b. 右岸丁坝群

界牌河段右岸侧共建有 14 道丁坝(2 号～15 号),在右边滩冲刷下移的过程中,丁坝坝头依次受损,个别坝体损坏较为严重。目前,大部分丁坝受到不同程度的破坏,具体表现为:2 号～5 号丁坝受儒溪边滩下移掩护的影响,破坏情况相对较轻;而 6 号～12 号丁坝受心滩右移挤压和水流冲刷影响,丁坝坝头及坝身高滩(为护滩带结构)冲毁塌陷比较严重,如 8 号丁坝(图 2.8);13 号、14 号、15 号丁坝受水流淘刷强烈,破坏也比较严重,窜沟段坝体均形成较大缺口,不过经过近年来的局部维修,坝体无明显破坏。

图 2.8 8 号丁坝坝头

(3)河床演变影响因素分析

①河道边界条件对本水道的演变起主要作用

界牌河段河道平面形态的维持与本河段河道边界条件是密不可分的。河段内天然节点沿程分布,界牌河段进口有杨林山与龙头山隔江对峙,进口以下约 9km 处有螺山和鸭栏矶形成卡口，出口又有石码头稳定出流走向；从河道两岸地质情况看，左右岸总体上上层基本为粉质黏土，其稳定和抗冲刷条件相对较好。因此，在众多短促节点矶头、黏土含量较多两岸边界的控制下，形成了目前的长顺直河道走向。同时，近年来河道两岸护岸工程完备，进一步约束了河道平面形态的变化。河道多年来均保持长顺直河道的形态，随着 20 世纪 90 年代界牌综合治理工程的实施，新淤洲和南门洲的进一步稳定，河道基本上维持上段顺直单一、下段顺直分汊的格局。

虽然自然条件及人工守护使得河道两岸边界得到基本稳定，但由于河道内洲滩冲淤消长、滩槽易位，主流、深泓摆动仍然较大，且三峡水库蓄水运用后来沙减少，深泓贴流处局部未护岸线和护岸薄弱位置易出现岸坡崩塌现象。总体上，两岸边界仍然保持基本稳定，这也使该河段长顺直型平面形态得以长期维持。

②河道平面形态决定了河段的总体演变特点

界牌河段平面形态为顺直展宽分汊型河段，由进口杨林山节点控制 1100m 河宽逐步放宽至新堤一带 3400m 河宽，出口处又缩窄为 1670m。河道长顺直、相对稳定的固定边界决定了上段顺直单一、下段顺直分汊的平面形态。

界牌河段长顺直的河道平面形态决定了河段的总体演变特点，尽管在近几十年的演变过程中，先后经历了来水来沙条件的调整，防洪航运综合治理工程实施等重大的水文事件，但顺直单一段交错边滩平行下移的总体演变特性贯穿始终，顺直分汊段受上游单一段滩槽变化也发生相应的汊道调整。

界牌河段综合治理以前，长顺直单一段从杨林山至新堤长约 31km，综合治理后长顺直单一段缩短，但仍长约 26km。根据河湾形态特征的有关研究成果，自然条件下河湾平面形态本身是不断发展的。顺直段过长必然造成洪枯水流路不稳定，致使河道形成多个弯曲流路，即形成犬牙交错的边滩，且向下游移动，这也是导致主流上提下移、洲滩冲淤消长、航槽不稳出浅的根本原因。综合治理前后周期演变均反映出了单一顺直段形成单个或多个弯曲流路现象，一旦流路相对长直必然出现滩体切割现象，以寻求弯曲流路，且由于交错边滩的下移，这种弯曲流路难以稳定。且从多年河势变化资料可知，由儒溪向伍家老墩形成上过渡、由上复粮洲向谷花洲形成下过渡的弯曲流路时，航道条件相对较好。但是形成这种理想的微弯流路时，需要缩短顺直段长度、稳定两岸侧边滩，以形成良好的航道边界。

③整治工程对本水道演变的影响较大

从界牌河段近期演变情况来看，与自然条件下的演变相比，界牌综合治理工程对该河段演变主要有以下几点影响：

a. 水利部门对界牌河段两岸岸线实施护岸后，防止了河道继续展宽，进一步稳定了顺直河道的边界，界牌河段的总体演变特性基本保持不变，继续遵循顺直河段的演变规律，仍以交错边滩平行下移为主要演变特征。自整治工程开工以来，尽管目前的第三个周期新淤洲停止下挫，但螺山边滩、右边滩仍保持平行下移的特点。

b. 新淤洲鱼嘴工程、新淤洲与南门洲之间锁坝工程的实施，促进了新淤洲的稳定，工程实施缩短了顺直单一段的长度，遏制了在交错边滩平行下移过程中新淤洲滩体切滩现象的发生，即断绝了整治前过渡段大幅下移的现象。过渡段得到上提，一定程度上限制了主流的摆动空间，有利于过渡段航道条件的改善。界牌河段自治理后，过渡段航道条件的改善很大程度上就是由于过渡段主流上提下移范围的减小。

c. 右岸丁坝工程在一定程度上稳定了右边滩、保持右边滩的相对完整，在防止右边滩上的窜沟形成及右岸倒套的发育等方面起到不可小视的作用;同时,工程束窄了界牌河段枯水期河宽,一定程度上减小了主流在横向空间上的摆动幅度,也是有利于过渡段航道条件的改善的。

d. 界牌河段综合治理之前,河道宽直,主流易于摆动,顺直河段内滩体易于变化;综合治理后,无论是鱼嘴工程缩短了过渡段的长度、还是丁坝工程减小了过渡段宽度,都在一定程度上限制了主流的摆动范围,起到了一定的固滩稳槽的作用,以往一些大幅度地切滩条件部分得到阻断,故而滩体发生大幅变化的时间有所延缓,即延长了界牌河段的演变周期历时。

④来水来沙对本水道的演变影响较大

从年际变化上看,几十年来界牌河段经历了不同水文年,而河道交错边滩平行下移的周期变化规律一直保持不变,可见,河道平面形态是决定河道总体演变规律的根本因素。不同水文年水沙条件差异是促进或延缓该演变的主要因素,主要表现为以下几个方面:

a. 大洪水有利于新堤夹的分流条件,在一定滩槽条件下将促进河道的演变进程。新堤夹在一般情况下为支汊,该汊顺直,在洪水时处于有利的迎流方位,因而具有洪水期分流比增大,枯水期减小的特点。由于这一特点的存在,大水年对本河段中下段分汊格局的影响是较为明显的,能够有效地增加新堤夹的分流比重。例如,本河段在经历了1998年、1999年连续两届特大洪水之后,在有利于新堤夹进流的滩槽格局下,促进了新堤夹大幅发展,导致主支汊的易位,新堤夹一度发展成为主汊。

b. 来沙减少对本河段的影响较为明显。20世纪80年代以前,长江来沙量较大,河床变化剧烈、冲淤变幅较大,周期演变进程较快;长江干流来沙自80年代中后期以来呈现减少的趋势;2003年5月,三峡水库蓄水运用又进一步减少了本河段的上游来沙,上游来沙大幅减少也减小了洲滩冲淤变幅。从第三个周期的演变特点来看,来沙的减少在一定程度上也起到了延缓演变周期的作用。此外,建库后粒径大于0.1mm的床沙质仅为建库前的一半,远未恢复到建库前的水平,界牌河段总体处于冲刷状态,洲滩稳定性也将受到考验。

c. 顺直河道洲滩演变与水流运动规律关系密切。从总体上看,历来界牌河段存在交错边滩平行下移的周期演变规律,相应地,顺直河道内主流、深泓也频繁摆动,过渡段呈现一次或多次弯曲的过渡形式。从细部上看,虽然近年来河道河势总体稳定,但局部洲滩仍在发生变化,数学模型通过对不同年份地形资料进行水流计算,反映出洲滩变化过程中相应水流运动规律也在发生变化。蓄水以后的变化主要表现为:河道上段右岸侧儒溪一带边滩淤高下移,相应左岸深槽主流集中并增大,更有利于过渡段心滩左槽的进流;河道中段心滩左槽冲刷发展,右槽受心滩挤压变窄,其进口淤浅,相应心滩上水流从左至右的横向漫滩范围发生变化,由2004年的沿程漫滩,变成集中在心滩中上部,且左槽流速增加、右槽流速减小;河道下段螺山边滩尾部出现窜沟,两槽汇流古花洲处附近水流更多地进入了右汊过渡段,新堤夹分流比逐渐减少。可见,近年来洲滩及相应水流条件变化是有利于促进过渡段左槽发展的,同时也将加速过渡段低滩的冲刷和新堤夹的淤积。

d. 蓄水后不同水沙年份对洲滩演变的影响也存在差异。在当前洲滩格局下,水量相对较大的年份,有利于促进心滩左槽的发展,也将加速心滩滩头冲刷、右槽的淤积,且将加大过渡段低滩的冲刷下移。例如2005年,其水量相对加大,相对于2004年12月,2005年12月心滩左槽内5m线下移约5km,左槽加速发展,右槽进口淤积,心滩右摆挤压右槽,过渡段低滩滩头大幅冲刷;至2006年、2007年,水量相对较小年份,右槽进口又略有冲刷,左槽及过渡段低滩滩头仍在冲刷发展,但发展速度相对减缓。

从近年来年内变化看,河道内水流分布也有所不同,在当前洲滩格局下,随着涨水期水位抬高，单一顺直段沿岸侧流速增加，主流左摆，分汊段新堤夹分流加大，挟沙能力加强；顺直段的冲淤分布纵向上总体表现为上冲下淤，横向上表现为左槽中上段微冲、下口淤积，右槽河槽束窄处冲刷较大；退水过程中，随着水位下降，水流归槽，冲淤分布纵向上总体表现为上淤下冲，横向上表现为左槽中上段微淤、下口冲刷，右槽进口淤积，过渡段低滩受扇形水流归槽作用，发生冲刷。此外，新堤夹内年内一直产生淤积。

⑤上游河势对本水道的演变影响较小

界牌河段上游为道人矶至杨林岩河段，该段顺直分汊，杨林山以上段多年来主流靠右下行，走南阳洲右汊。该河段在下荆江裁弯至 20 世纪 80 年代初期，由于裁弯引起下荆江河道泥沙冲刷下移以及江湖水沙分配变化，其来沙量加大，造成该段发生淤积，其后上游来沙逐渐减少，又开始冲刷。近几十年来，虽然上游来水来沙对河道演变影响较大，但总体上河势格局是稳定的，仅局部洲滩有所变化。如图 2.9、图 2.10 所示。

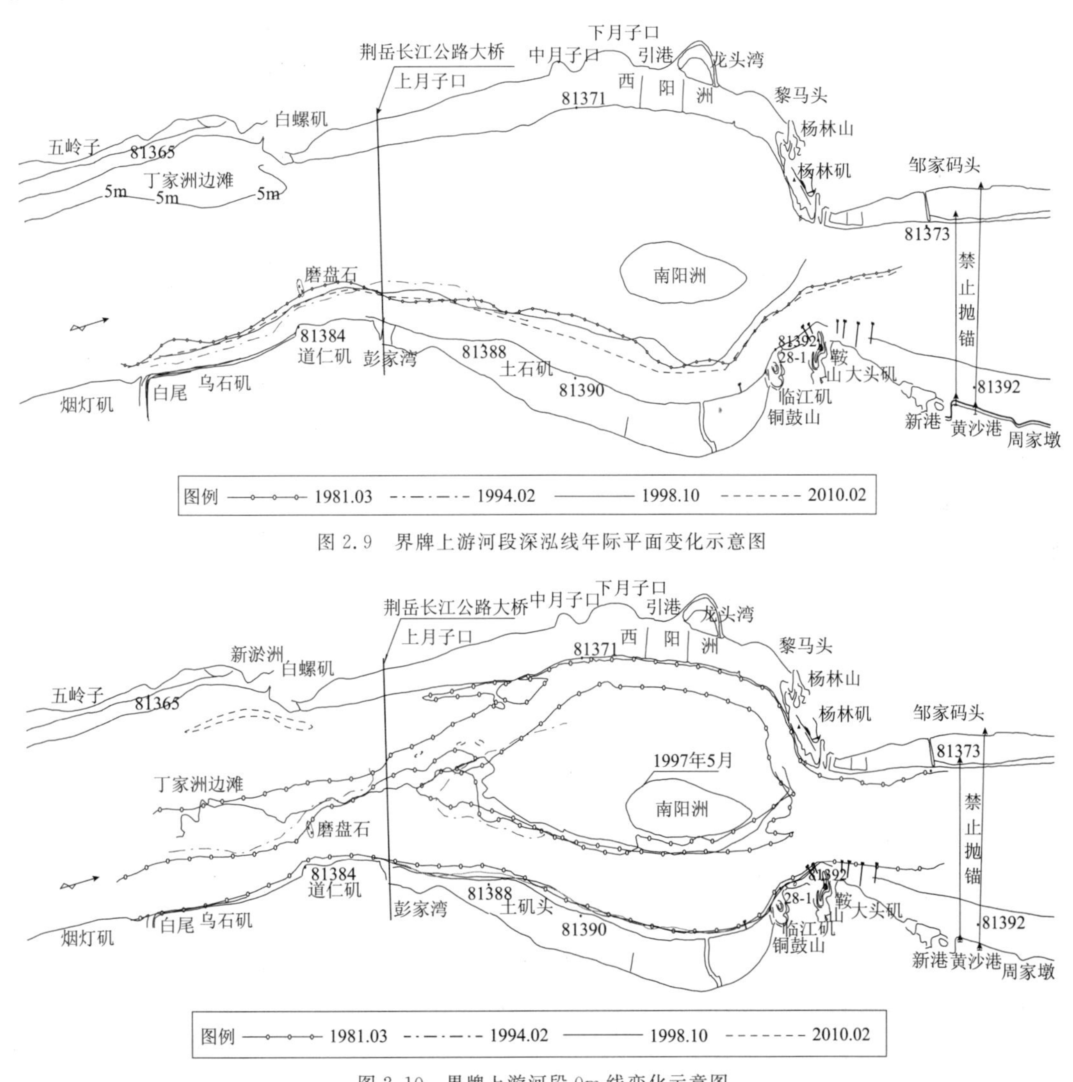

图 2.9　界牌上游河段深泓线年际平面变化示意图

图 2.10　界牌上游河段 0m 线变化示意图

近期，道人矶至杨林岩河段南阳洲右汊一直处于绝对占优主汊地位，主汊枯水期分流占 70%左右，洪水期略有减小，其分流比近年来总体上有小幅增加，2003 年至今枯水分流增幅在 5%左右，近两年左汊进口又开始冲刷发展，可见将来一定时期内该河段汊道格局总体上不会发生较大变化，但仍会有小幅调整。而汊道分流的变化必然影响出汇水流，对界牌河段进口会产生一定的影响。根据物理模型研究成果（见图 2.11）：右汊分流变化必然影响龙头山矶头的挑流作用的强弱，分流增大挑流作用加强，反之减弱，但由于汇流口受杨林山、龙头山两侧矶头的节点控制作用，上游两汊分流小幅变化的情况下，节点以下主流变化不大，且经过龙头山至儒溪段的调整，进入下段水流条件基本没有变化。因此，上游河势对本河段的影响是有限的，且近期上游总体河势的稳定有利于本河段进口入流的稳定。

（4）演变趋势预测及碍航特性分析

①演变趋势预测

从总体上看，整治工程实施以来，界牌河段因两岸均已护岸，大的河势格局已得到基本控制。但由于实施工程时，河势条件先天不足及工程没有能完全消除导致主流深泓摆动的因素，因此其自身固有的一些演变规律仍将延续。今后河道演变的趋势有以下几点。

a. 总的河势格局仍将保持基本稳定

界牌河段经过整治以后，由于采取了护岸、丁坝、鱼嘴、锁坝等工程措施，总的河势格局得到了控制，保持了上段单一、下段分汊的洪水河势，今后这一河势仍将继续保持。

b. 河道继续遵循顺直河段的演变规律，滩槽和航道仍很不稳定

界牌河段顺直河道的演变特性不变，短期将主要表现在以下几个方面：

(a)儒溪一带的边滩冲刷下移，右边滩头部淤涨、滩体下移，左侧沿岸深槽冲刷。

(b)心滩向右侧挤压，右槽河宽变窄，右槽进口将淤浅萎缩，当前可利用的顺直段上口航槽(右槽进口)将存在淤浅碍航的危险，右槽难以作为长期的主通航槽利用；但是，右槽目前仍然占优，先期丁坝前沿水流淘刷形成的深槽，其水动力条件仍然较强，在一定时期内仍会存在。

(c)心滩左槽会进一步发展，过渡段低滩则将逐步冲刷下移，目前相对靠上的过渡段位置下移，顺直段增长，主流摆动空间加大，过渡段将变得弯曲，浅滩交错发展，左槽出口在过渡段下移过程中将可能出浅碍航。

(d)过渡段低滩冲刷下移，最终进入新堤夹中上段，新堤夹将逐渐衰退，鱼嘴工程前沿深槽也将逐渐萎缩。

(e)从长远看，新一代的螺山边滩将在螺山以上再度形成，并向下移动，进入新的一个周期，滩槽格局也将处于剧烈变化之中，随之航道条件将可能出浅碍航。

c. 新堤夹萎缩的历时加长，主支汊易位仍有可能发生

从近期看，新堤夹继续呈萎缩之势，分流比将进一步减小，甚至于有可能枯水期断流。由于已建工程的作用，界牌河段的演变周期历时将有所增长，即新堤夹分流比较小(甚至断流)状况的历时将较过去增加。从长远看，由于界牌河段顺直段滩槽仍不稳定，在无工程措施情况下，随着滩槽及主流发生大幅变化后，新堤夹仍有可能再度发展，一旦主支汊发生异位，则滩槽格局变化较大，航槽更难以稳定。

d. 已有整治建筑物水毁现象仍将存在，主流大幅摆动过程中仍可能危及已建工程效果

综合治理后，由于鱼嘴位置偏下，洲滩未得到有效控制，交错边滩平行下移的特性并未改变，主流摆动过程中，鱼嘴及右岸丁坝均受到不同程度的水毁。长江航道局近年对部分整治建筑物局部进行了维修施工，才基本确保了已建建筑物的安全和已有工程的整体功能。虽然近年来部分建筑物局部区域逐渐处于淤积掩护的状态，但是在未有后续完善措施的情况下，河道滩槽仍将不稳定，河道内主流在大幅摆动过程中将可能危及整治建筑物的稳定性，从而削弱已有工程取得的整治效果。

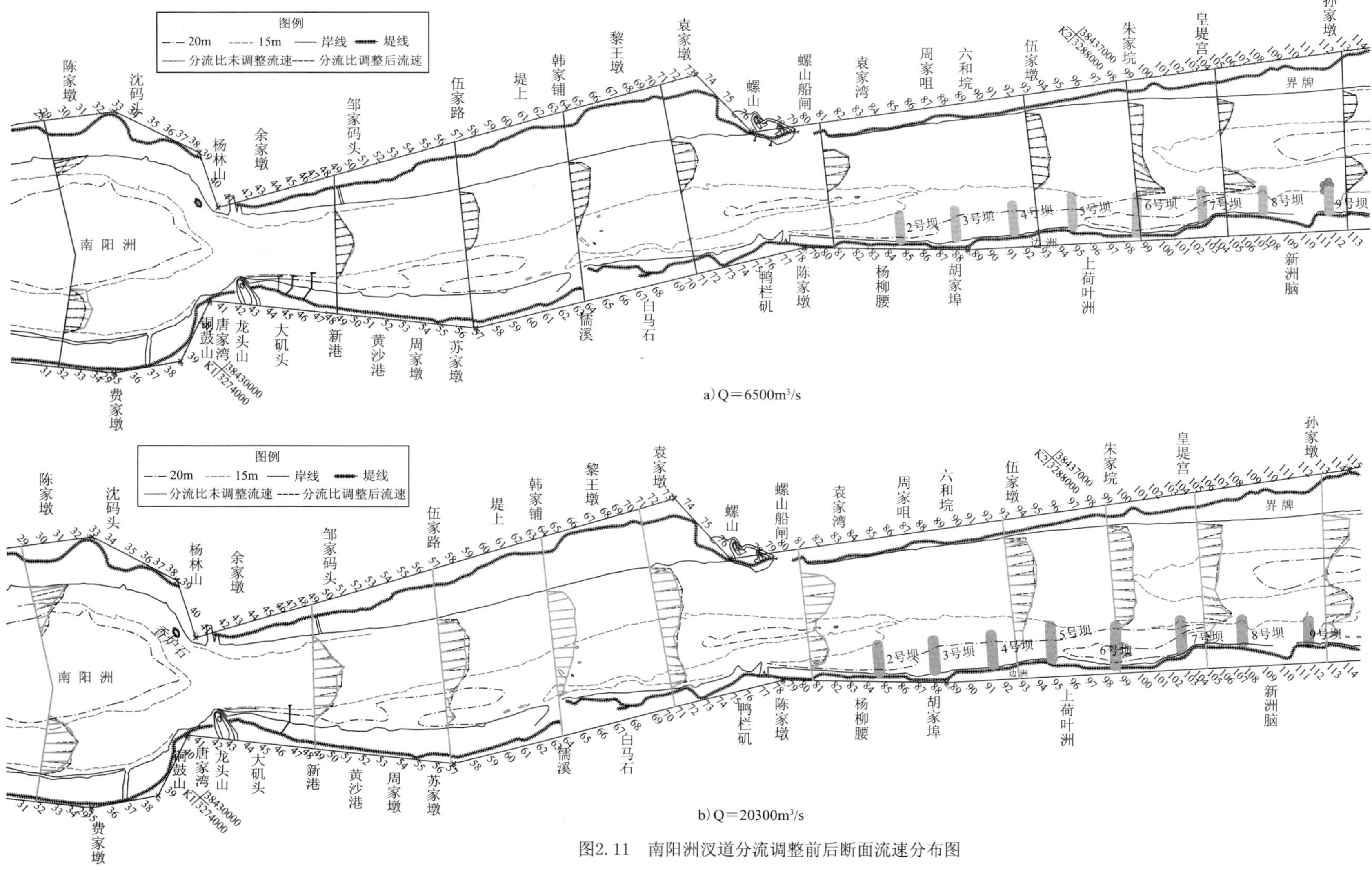

a) Q=6500m³/s

b) Q=20300m³/s

图2.11　南阳洲汊道分流调整前后断面流速分布图

②碍航特性

a.综合治理工程实施前后，界牌河段的碍航特性没有发生根本变化，主要是由于洲滩不稳，主流深泓大幅摆动，在调整的过程中，过渡段航槽很不稳定，易出浅碍航。

b.综合治理工程实施前，界牌河段过渡段浅滩频繁碍航有多方面的原因。比如，河道的藕节状外形易导致放宽段淤积，汛期来沙大、汛末退水快也会造成浅滩冲刷不及时等，但最主要的还是由于在过长的顺直外形下，河道两侧交错边滩不稳定，逐年平行下移，过渡段也随之上提下挫，出现频繁摆动。在摆动过程中，当两侧边滩完整，上下深槽不交错时，航道条件好，一旦边滩散乱，上下深槽交错，则易形成交错、复式、散乱等不同碍航程度的浅滩形态，如，1968 年 3 月、1984 年 4 月、1987 年 4 月等。尤其以 1984 年滩槽格局最为恶劣，河道内遍布低矮滩体，几乎没有明显的深槽，这一时期浅滩最小水深仅 2.3m。

c.综合治理工程实施后，界牌浅滩航道条件有了明显的改善，但由于顺直河段的演变规律仍然没有改变，过渡段位置偏下，滩槽没有得到有效控制，河道内交错边滩平行下移规律未发生改变，主流和过渡段仍频繁摆动，工程实施以来，航槽仍不稳定，在过渡槽、新堤夹进口北槽与横槽之间频繁转换。在航槽转换过程中仍可能达不到规划水深要求。如，2002 年枯水航道改走新堤夹，在这一转换过程中，出现了航槽中心水深不足设计水深的不利局面，转换完成后，随着螺山边滩的淤积下延，新堤夹口门处的航槽也不稳定，逐渐坐弯。且从目前航道条件看，航槽位置及水深也是不稳定的，表现为：目前暂为主航槽的右槽处于萎缩、进口发生淤积，而处于发展的左槽出口当前水深仍不够，且随着过渡段低滩的冲刷下移，浅滩呈交错之势。故不利年份可能出现右槽进口淤浅、左槽出口又未完全冲开现象，形成多槽过渡，各个槽口水深均较有限的不利局面。

2.2.2.5 已建整治工程效果及治理思路总结

(1)工程效果

a.工程实施前，交错边滩摆幅很大，过渡段也随之上下移动，范围上起新洲脑，下至南门洲头，最大摆幅达 14km。通过固滩、护洲及两岸堤防险工段的加固，使界牌河段的河势得以控制，河床边界条件得以稳定，消除了过渡段大幅度上提下移的条件，动荡的河势格局得到有效控制。通过工程措施，使主流顶冲点基本稳定，改变了过去防洪险工段长，守护极其困难的局面。工程实施后，历经多次大洪水，特别是 1998 年、1999 年连续特大洪水的考验，两岸堤防均安然无恙。

b.通过右岸丁坝及洲头鱼嘴工程，使过渡段稳定在右边滩尾与新淤洲洲头之间，主流流路趋于一致，航道条件显著改善。自然条件下，在螺山边滩越过螺山下移过程中以及新一代螺山边滩形成前，由于水流分散以及过渡段上提下移等原因导致界牌航道条件恶化。整治工程实施后，过渡段主流洪枯水流路基本一致，航道条件显著改善，界牌河道航行条件始终满足设计所要求的航道尺度。工程实施以来，枯季航道只靠自然水深维护，便达到了设计航道尺度 3.7m×80m×1000m(水深×航宽×弯曲半径)要求，航行条件良好。

c.通过锁坝、鱼嘴及新堤夹下口疏浚工程，洪湖港港区作业条件大为改观。从 1995 年冬开始，枯水季洪湖港实现了“下进下出”的治理目标。

(2)整治思路和方法的总结

a.大江大河、综合治理、联合治水是一个重大突破。长江界牌航道整治工程是我国在大江大河上实施的首个航道整治工程，尽管工程在立项、协调、实施中遇到各种各样的问题和困难，但经过建设者的不懈努力，最终实现了整治目标，并被交通运输部评为“部优工程”，并获得“水运工程质量奖”。开创了交通、水利“团结治水、联合治水”的先例。

b. 工程实施中根据河道实际变化情况推行的动态管理理念为类似工程优化设计、节约投资积累了宝贵的经验。

c. 工程摸索的新材料、新工艺、新结构、新技术现在已被广泛应用在长江口及其他长江航道整治工程中，为我国大江大河的航道整治推广运用做出了有益的探索。

d. 由于多方面的原因，综合治理工程实施时机偏晚，过渡段位置偏下，导致河道内主流及洲滩未得到有效控制，同时鱼嘴部分功能发生了转化，由防守型变为具有一定挑流作用的整治建筑物，有必要在前期工程的基础上实施水毁修复及开展后续工程研究，加强对中、枯水滩槽的控制，促进项目目标可持续性发展。

e. 在大江大河航道治理中“动态管理”应加强。航道整治效果发挥与来水来沙条件密切相关，整治时机尤显重要。因此，应根据河道来水来沙条件的改变及已实施工程引起的河道变化情况，及时抓住各种有利时机，实施动态管理。

(3)基于界牌河段航道整治工程的经验和教训，值得深思

①有效缩窄中枯水河宽是解决长直河段过渡段大幅迁徙型浅滩的合理技术措施

界牌河段的中上段属典型的长直河型，这种河型的典型特征是边滩消长不定，与边滩的冲淤变化不定相随，深泓也迁徙不定。由于浅滩位置的不确定，采用丁坝群工程稳定和塑造边滩，从而压缩深泓变化的空间，可以有效提高航道水深、改善航道条件。界牌航道工程实施后，深泓变化的空间有所压缩，航道条件也得到了一定程度的改善，工程效果是明显的。如果不是其他因素制约，按设计所确定的 1500m 宽的治导线或稍窄布局工程，相信界牌河段的航道条件将根本改善。事实上，新淤洲洲头稍上游的整治线宽度明显大于 1500m 的设计值。

②治导线控制的河槽内仍出现较大规模的滩体是航道整治工程所面临的突出难题

界牌河段 9 号丁坝及其以上河段工程实施后的治导线宽度为 1500m，和设计值相同。按一般认识，该河段治导线内不应该出现较大规模的滩体，但事实则不同，2005 年航道图上，治导线内的滩体 0m(航行基面)最大宽度约 700m，几何接近治导线宽度的一半。问题是，航道整治工程在调整河床平面变化的同时，如何能够获得较好的断面形态、有效抑制滩体的形成，这很值得思考。界牌河段治导线内的断面调整是以滩高、槽深的形态展开的，因此航道水深条件还是很优良的，但由于治导线内的滩体在没有进一步的工程措施干预下，终究难以稳定而成为航道条件改善的隐患。

③工程区的配合和协调以及适应性是长河段航道整治工程系统整治技术中重要组成部分

根据新淤洲—南门洲两汊自然条件和外部条件，设计选择右汊作为主航道，但保留左汊而不致于淤废，这是河床演变分析后所做的合理选择。新淤洲洲头大约位于中洪水河槽的 1/4 处，明显偏靠河槽的左侧。由于右槽的进口过宽，右岸侧丁坝群更是伸入右槽进口内。应该说，基于右汊为主航道的丁坝群工程和鱼嘴工程的配合和协调是合理的。问题是，新淤洲洲头相对较“钝”，当右边滩下移堵塞右汊进口时，上游动力轴线的变化致使新淤洲洲头的鱼嘴工程处于强烈的迎流顶冲状态，鱼嘴后的“水凼”和右汊进口的临鱼嘴深槽发育是其表现之一。“钝头”的鱼嘴工程其适应上游河床变形的能力要差。

2.3 微弯型分汊河段河床演变宏观分析

2.3.1 长江中游沙市河段河床演变宏观分析

2.3.1.1 河段概况

(1)河段基本情况

太平口水道[3]位于宜昌市下游约133km,上起陈家湾、下至玉和坪,长约20km。近年来,习惯上把太平口水道称为“沙市河段”。沙市河段以杨林矶为界分为上下两段:上段被太平口心滩分为南北槽,为惋市河弯与沙市河弯两个反向弯道之间的直线过渡段;下段为三八滩分汊段,属于沙市大弯道的上段(见图2.12)。

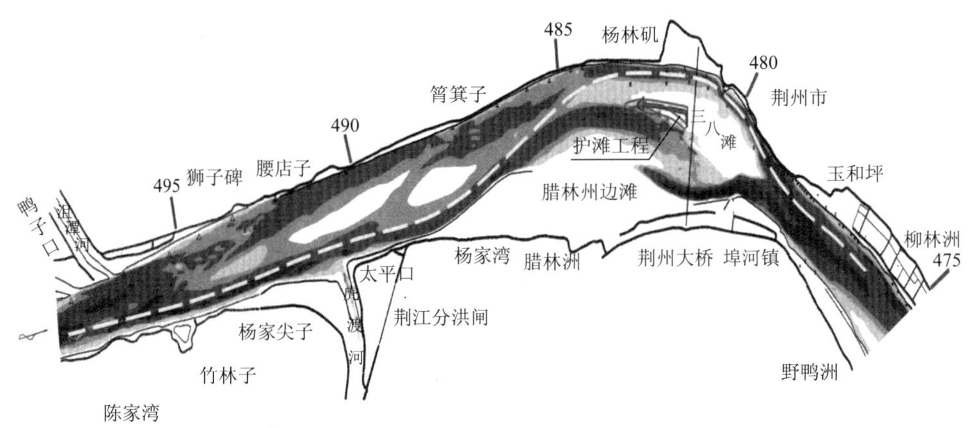

图2.12 沙市河段河势图

沙市河段属微弯分汊型水道,位于长江干流沙质河段的首端,冲积河流的特征显著,河道很不稳定,河床演变剧烈,以河道内主流频繁摆动、洲滩互为消长、汊道兴衰交替为主要变化特征。滩槽格局的快速调整也造成了沙市河段航道条件的极不稳定,长期以来,该河段一直是长江中游重点碍航水道。

三峡蓄水以后,由于沙市河段上游河床为砂卵石,泥沙补给能力弱,这使得清水下泄的影响在沙市河段迅速体现,主流所在位置的洲滩不断萎缩,从而又引起了主流的相应摆动,滩槽格局的稳定受到威胁。针对这些不利变化,目前已实施了沙市河段航道整治一期工程,且正在实施腊林洲守护工程,基本控制住了不断变化的河势格局,初步形成了较为有利的航路走向。然而,河道内未护洲滩仍存在不利变化趋势,若任其发展,将对河道内浅滩的水沙输移产生不利影响,航道条件仍将难以稳定。

(2)综合治理工程简介

针对沙市河段的碍航问题,近年来交通运输部在该河段陆续实施了一些工程措施。于2004年汛前、2005年汛前实施了两期三八滩应急守护工程,以控制三八滩的冲失速度,工程取得了阶段性的效果,控制了三八滩基本完整,连续两届枯季北汊通航时间明显延长,但由于应急守护的范围与强度不够,三八滩继续后退缩窄,两汊变化剧烈,航道条件较差。2008年11月,开工实施了沙市河段航道整治一期工程,主要是对三八滩应急守护工程进行加固和完善，以确保三八滩中上段滩脊的稳定，维持沙市河段下段分汊格局。从这一系列工程所取得的效果来看，近几届枯水期主航道均走北汊主通航孔，“南槽—北汊”的航路基本稳定下来[4]。

近年来，腊林洲高滩岸线持续崩退，将对分汇流格局产生不利影响，不利于北汊进口航道条件的稳定。因此，于 2010 年底开始实施了腊林洲高滩守护工程。在腊林洲高滩守护工程实施以后，现阶段的维护尺度能够得到保证，然而，局部洲滩在目前水沙条件下的仍存在不利的变化趋势，将制约航道尺度的提高。对于沙市河段复杂的演变特性与庞杂的外部条件而言，实施三八滩与腊林洲的控制守护仅是系统治理的一部分，还需要在不断深入研究的过程中，逐步完成系统治理，从而最终实现规划目标。

2.3.1.2　水文泥沙条件

三峡水库蓄水运用后，坝下游河段的来水来沙条件发生了较大的变化，沙市河段也必然受到较大影响，位于沙市河段的沙市水文站，也在一定程度上反映了这一影响。

(1)径流

三峡水库蓄水前，沙市水文站多年平均径流量为 3942m^3，三峡水库蓄水后，2003～2010 年沙市水文站的水量为 3751m^3，偏枯 5%，见表 2.5。

(2)泥沙

三峡水库蓄水前，沙市水文站多年平均输沙量为 4.34×10^8t，三峡水库蓄水后，2003～2010 年沙市水文站的输沙量大幅减少，平均输沙量为 0.766×10^8t，减小的幅度为 82%，见表 2.5。

三峡水库蓄水前后沙市水文站径水文泥沙统计　　表 2.5

项　目		径流量(m^3)	输沙量($\times10^8$t)
多年平均(蓄水前)		3942	4.34
2003 年	数值	3924	1.380
	变率 A(%)	0	−68
2004 年	数值	3901	0.956
	变率 A(%)	−1	−78
2005 年	数值	4210	1.320
	变率 A(%)	7	−70
2006 年	数值	2795	0.245
	变率 A(%)	−29	−94
2007 年	数值	3770	0.751
	变率 A(%)	−4	−83
2008 年	数值	3905	0.490
	变率 A(%)	−1	−89
2009 年	数值	3682	0.507
	变率 A(%)	−7	−88
2010 年	数值	3819	0.480
	变率 A(%)	−1	−89
多年平均(蓄水后)	数值	3751	0.766
	变率 B(%)	−5	−82

从悬移质的中值粒径变化情况来看(表 2.6),沙市站的中值粒径一度增大,随后又逐渐减小,反映了区间河段粗颗粒泥沙补给量先增大随后减小的变化过程。

三峡水库坝下游沙市水文站中值粒径对比(mm) 表 2.6

年　份	中值粒径	年　份	中值粒径
蓄水前平均(1992～2002 年)	0.012	2007 年	0.017
2003 年	0.018	2008 年	0.017
2004 年	0.022	2009 年	0.012
2005 年	0.013	2010 年	0.010
2006 年	0.099		

(3)水位

沙市水文站在蓄水以前水位就逐年下降,蓄水以后,随着荆江河段的冲刷下切,同流量下枯水水位也逐渐下降,只不过下降速度时缓时快。2003～2006 年 8000m^3/s 流量以下枯水水位下降明显,且流量越小下降幅度越大,4000m^3/s、5000m^3/s、6000m^3/s 各级流量下水位降幅依次递减;2006～2007 年 8000m^3/s 流量以下水位进一步下降,但下降幅度相对较小;2008 年相对于 2007 年还有所抬高;2009 年初相对于 2008 年初,7500m^3/s 以下流量,水位有所降低,幅度在 0.15m 以内,而 7500m^3/s 以上流量时,水位抬升了 0.2m 左右;2009 年初到 2010 年初,沙市站水位流量的相关性相对较差,但从趋势线的对比来看,沙市水位有明显下降,6000m^3/s 左右流量时,大约下降 0.45m 左右,随着流量的增大,水位降幅逐渐减小。

2.3.1.3 航道概况

太平口水道,长期以来,一直是长江中游重点碍航水道。该水道自 1998 年特大洪水后,三八滩冲失后又逐渐恢复,河势剧烈调整,极为不稳;荆州长江大桥主通航孔所在的北汊淤积严重,枯季难以通航,通航与桥梁安全矛盾十分突出。2003 年三峡工程运用后,受清水下泄的影响,三八滩滩头后退,河道向宽浅方向发展,虽然 2004 年、2005 年汛后实施了两期三八滩应急守护工程,但滩体仍有明显的窜沟切割,三八滩再次面临冲失的威胁,航道条件将进一步恶化。2006 年汛后,三条挖泥船一直在北汊进口疏浚维护,航道维护十分艰巨。2008 年沙市航道整治一期工程实施后,三八滩滩头得到控制,且滩头位置与南槽出流形成较好的衔接,从此水流较为集中的冲刷 2 号槽,航道条件好转,“南槽—北汊”的航路基本稳定下来。

2.3.1.4 河床演变规律分析

(1)三峡蓄水后演变特点

三峡蓄水以后,沙市河段来沙量锐减,受此影响,蓄水至今,河道总体上大幅冲刷,以南槽、腊林洲中上段,三八滩等位置冲刷最为剧烈,而北槽、太平口心滩、杨林矶边滩、腊林洲下段低滩等位置则有明显淤积,由于河床大幅的冲淤调整,河道内的洲滩形态、汊道分流比例以及水流结构都发生了明显的变化[5]。

①分流比变化

a. 南—北槽

三峡工程蓄水后,同流量下北槽分流比有所减少,南槽相应增加。相比而言,中洪水北槽分流比减小较少,枯水期分流减小较多。从观测资料来看,目前中洪水期主流仍在北槽,流量在 20000m^3/s,北槽的分流比约为 56%左右;枯水期分流比自 2004 年起,主流由北槽转移至南槽,且南槽枯水期分流比呈逐年增加的趋势。至 2010 年 3 月,南槽分流比高达 65%,见表 2.7。

太平口心滩南、北两槽年际分流分沙比变化　　表 2.7

时　间	流量(m^3/s)	分流比(%)		分沙比(%)	
		北槽	南槽	北槽	南槽
2001.2.18	4370	68	32	95	5
2002.1.20	4560	59	41	90	10
2003.3.2	3728	55	45	85	15
2003.5.28	10060	65	35	67	33
2003.8.25	19913	60	40	71	29
2003.10.10	14904	60	40	60	40
2003.12.12	5474	56	44	60	40
2004.1.26	4842	52	48	51	49
2004.11.18	10157	48	52	42	58
2005.11.25	8703	45	55	33	67
2006.9.18	10300	51	49	53	47
2007.3.16	4955	47	53	45	55
2007.9.10	19959	56	44		
2008.9.19	18974	53	47		
2009.2.19	6907	38	62		
2010.2.4	6000	35	65		

b. 南—北汊

三峡工程蓄水运用至 2004 年底，中枯水期分流比在 32%～36%之间；2005 年以后，北汊分流比与流量相关性较好，但北汊枯水期分流比较以往有所增加，与 2004 年相比，增加了近 10 个百分点(表 2.8)。

三八滩汊道中枯水期分流比统计　　表 2.8

时　间	流量(m^3/s)	分流比(%)		时　间	流量(m^3/s)	分流比(%)	
		北汊	南汊			北汊	南汊
1966.2.27	3980	86	14	2000.11.23	7256	48	52
1971.4.5	4640	53	47	2001.2.25	4350	43	57
1972.4.13	7040	56	44	2001.11.1	12600	30	70
1973.11.17	8910	33	67	2002.1.20	4560	35	65
1975.2.23	5010	68	32	2002.11.3	7469	28	72
1976.4.20	6930	59	41	2003.3.2	3728	27	73
1977.3.18	6060	56	44	2003.5.28	10060	42	58
1978.2.22	3210	45	55	2003.10.10	14904	36	64
1979.12.25	5190	43	57	2003.12.22	5474	34	66
1980.3.14	3200	56	44	2004.1.26	4842	32	68
1982.12.20	7200	69	31	2004.11.18	10159	35	65
1988.3.26	3200	73	27	2005.11.25	8789	45	55
1990.10	—	78	22	2006.9.18	10300	42	58
1993	—	84	16	2007.3.16	4946	46	54
1999.4.12	4105	57	43	2007.5.2	13198	32	68
1999.11.3	12533	69	31	2009.2.19	6954	43	57
2000.2.21	4380	69	31	2010.3.4	6000	41	59

c.分汇流格局

沙市河段上、下两个分汊段之间的过渡段存在十分复杂的水流交换(表2.9),在这一区段,既是南北槽的汇流段,也是南北汊的分流段,分汇流格局的变化对于上下两汊道段通航汊道的航道条件具有十分重要的意义。

沙市河段中枯水期上下分汊段分流比及分流差异　　表2.9

时　　间	流量(m^3/s)	北槽分流比(%)	北汊分流比(%)	北槽—北汊
2001.2.18	4370	8	43	25
2002.1.20	4560	59	35	24
2003.3.2	3728	55	27	28
2003.5.28	10060	65	42	23
2003.10.10	14904	60	36	24
2003.12.24	5474	56	34	22
2004.1.26	4842	52	32	20
2004.11.18	10157	48	35	13
2005.11.9	10003	55	41	14
2005.11.25	8703	45	45	0
2006.9.18	10300	51	42	9
2007.3.16	4955	47	46	1
2009.2.19	6907	38	43	−5
2010.3.4	6000	35	41	6

从北槽分流比与这种水流交换的关系来看,有如下三种情况:

(a)北槽分流比大于45%时,北槽分流比大于北汊分流比,即北槽水流有一部分进入南汊;

(b)北槽分流比等于45%时,北槽分流比等于北汊分流比,即北槽水流进入北汊,南槽水流进入南汊;

(c)北槽分流比小于45%时,北槽分流比小于北汊分流比,即南槽水流有一部分进入北汊。

对于北汊的航道条件来说,目前所处的第三种情况最有利于保证其进口2号槽槽口的单宽水动力强度,确保航道条件的稳定。

②流速分布变化

沙市河段属于平原性河流,其平均水深远小于河宽,所以其表面流向线可以较好反映水流的运动特性。

从2003至2004年的流向线图来看,洪枯流向线有明显的差异,在洪水期,大流速分布相对均匀,南槽和南汊略微占优,但是最为明显的变化表现在过渡段,北槽出流明显分散放宽,流向线显示有一部分水流分入南汊。

2006年的中枯水流向线显示,北槽水流进入南汊的情况发生了一定的变化,即北槽右缘放置的流向线不再窜入南汊,不过,北槽出流在至杨林矶一带放宽仍十分明显。

2007年及以后的流向线显示,近两年枯水期的流向线发生了明显的调整,出现了南槽流向线进入北汊的现象，北槽出流流路趋于弯曲，绕过杨林矶边滩后与南槽的一部分水流集中通过 2 号槽进入北汊。汛期流向也有变化，北槽仍为主流带所在，不过南槽表面流速已有明显增加。在杨林矶一带，虽然流速仍然较大，但以往北槽主流沿左岸平顺进入北汊的现象已不复存在，取而代之的是北槽汛期出流也出现了一定程度的放宽。

③洲滩演变

总的看来，上段河道形态虽然变化不大，基本保持双槽格局，但近几年来，随着腊林洲高滩岸线的崩退，太平口心滩有分解下移的迹象，且太平口心滩滩面一直存在窜沟，滩体并不稳定。沙市河段下段受来沙减少的影响相对明显：在蓄水的前三年，滩槽的变化主要表现为新三八滩滩头冲刷后退——杨林矶边滩淤涨下移——杨林矶边滩与三八滩合并的周期性变化。不过三八滩的规模总体而言是不断缩小的，2007 年以后，三八滩滩头基本稳定，北汊进口 2 号槽发育形成较为稳定的航槽。

a. 太平口心滩

三峡工程蓄水后，心滩总体上呈淤涨态势，滩头上提、滩尾淤高下延，面积及滩顶最大高程均有所增加。至 2010 年，滩体面积增加至 2.13km^2，滩面最大高程达到航行基面上7.1m，较三峡工程蓄水运用前，增高 3m，见表 2.10。

2003 年以来太平口心滩滩形特征统计　　表 2.10

年份	面积(km^2)	滩长(m)	滩高(m)	滩头位置(m)	滩尾位置(m)	窜 沟 位 置
2003.4	0.09	1075	0.6	上 893	下 4152	下 94m 处； 断开处最低高程－2.5m
	0.77	3142	4.1			
2004.1	0.36	2022	0.6	上 1528	下 4820	下 65m 处； 断开处最低高程－4.0m
	1.63	4775	1.9			
2005.3	0.84	3233	2.9	上 1058	下 3866	下 1968m 处； 断开处最低高程－2.9m
	0.60	1744	3.3			
2006.4	1.32	3420	6.7	上 354	下 4682	下 2956m 处； 断开处最低高程－1.6m
	0.42	1993	3.3			
2007.3	1.58	4980	5.9	上 320	下 4691	下 2402m 处； 0m 线未断开
2008.4	0.54	2372	2.5	上 1351	下 4765	下 738m 处； 断开处最低高程－2.6m
	1.25	3875	4.3			
2009.2	2.08	6018	6.8	上 1699	下 4049	下 1332m 处； 0m 线未断开
2010.3	2.13	5760	7.1	上 1676	下 4084	下 2135m 处； 0m 线未断开

注：1. 表中高程均相对本河段航行基面(29.35m)。
2. 滩头、滩尾及窜沟位置均相对于太平口。

虽然太平口心滩蓄水以来，总体上一直淤积长大，但是也表现出了不稳定因素，一方面，心滩并非完整的滩体，从 1995 年开始，其滩面几乎每年均存在窜沟(表 2.11)，只不过窜沟平面位置年际间很不稳定。对于沙市河段上段长直的分汊河型而言，南北两槽不可避免地存在过流与阻力的不对称，太平口心滩滩面在没入水中后，必然存在两槽间的水流交换，当中小水时，滩面水深小，流速大，易于形成较为集中的水流交换而冲刷出窜沟。从 2010 年 8 月实测流向资料来看，流量为 20300m^3/s 时，窜沟内自南而北的水流明显，沟内流速约为主流区流速的 1/2。随着流量增加，窜沟过水后，流速先是逐渐增大，随后由于整个滩面没入水中，漫滩的横流趋向分散，流速开始减小。据观测，当流量为 14000m^3/s，窜沟内过流最为明显，流速为主流区流速的 2/3。由此可见，当来水过程在 14000～20000m^3/s 这一流量区间停留较长时间，窜沟过流时间较长、流量较大时，窜沟将可能较快发展。

2003 年以来腊林洲边滩历年中枯水期滩形(0m)特征统计 表 2.11

年份	滩长(m)	最大滩宽(m)	最大滩面高程(m)	滩头位置	滩尾位置
2003.4	7880	1560	10.3	荆江分洪闸	荆 35 下 5810m
2004.1	6910	1770	11.5	荆江分洪闸	荆 35 下 4760m
2005.3	6850	1770	11.5	荆江分洪闸	荆 35 下 4670m
2005.11	6940	1500	11.5	荆江分洪闸	荆 35 下 4740m
2006.9	6996	1503	11.5	荆江分洪闸	荆 35 下 4950m
2007.2	7024	1562	未测	荆江分洪闸	荆 35 下 4971m
2008.4	7387	1455	未测	荆江分洪闸	荆 35 下 5353m
2009.2	7642	1498	11.7	荆江分洪闸	荆 35 下 5612m

另一方面，洪水期大流量下的流速流向测量结果表明，心滩头部存在由左至右的大流速带，这就是说，大水过程不仅不利于滩头的稳定，滩头冲走的泥沙还将带入南槽，可能造成南槽的淤积，对其分流比的稳定造成不利的影响。

不过，从已发生的演变来看，蓄水以来太平口心滩总体呈淤长态势，而且近几年来该滩体也保持稳定，可见，以上所说的不利因素目前仍未显现。

b. 腊林洲边滩

三峡工程蓄水运用以来，腊林洲边滩主体滩面芦苇茂盛，高程变化不大，变化主要以滩体的平面形态变化为主。边滩上段及拐点区域则持续崩退。2003 至 2010 年，岸线平均崩退 150m。流向线资料也表明，腊林洲高滩前沿水流流速较大，且顶冲滩岸。为遏制腊林洲不断崩退的趋势，目前已开始实施腊林洲的守护工程，工程实施后，腊林洲边滩中上段高滩将保持稳定。

腊林洲拐点以下滩体的高滩部分近年较稳定，而低滩部分则变化明显。从滩形的变化来看，蓄水以后，低滩滩头缓慢萎缩，但是 2009 年至 2010 年，低滩滩头萎缩较为明显，冲淤分布图也显示低滩滩头有大幅的冲刷；低滩中部 2003 年至 2005 年淤展迅速，2008 年低滩中部有所萎缩，2009 年虽然有所回淤，但是 2010 年初的测图显示已有切割的迹象；低滩尾部则在 2005 年以后大幅淤积下延，目前滩尾已到达窖金洲。

腊林洲低滩部分的变化与河段内的水流结构是吻合的，2008 年至 2010 年的表面流速资料表明，滩头位置的流速是比较大的，大流量时接近 2.0m/s，小流量时接近 1.1m/s，均是比较大的流速。

c. 三八滩

三峡工程蓄水运用后，受“清水下泄”影响，2000 年汛后重新生成的新三八滩再度处于冲刷后退之势，即滩头后退、滩体变窄变短、滩面刷低。

2004 年汛前、2005 年汛前，两次实施了新三八滩应急守护工程，由于多方面原因，工程受损较为严重，新三八滩继续冲刷缩小，但工程还是在一定程度上减缓了新三八滩的冲刷后退。2008 年开始实施的沙市河段航道整治一期工程，对受损的新三八滩应急守护工程进行了加固，目前新三八滩在荆州上江大桥以上的滩体基本被稳定。

新三八滩在沙市航道整治一期工程实施后最主要的变化表现为大桥以下滩体的逐年萎缩，而且萎缩的速度较快，如表 2.12，洲体宽度与面积都有大幅的萎缩，大桥以下滩体高程也由 2008 年 4 月的航基面上 3m 削低至 1.7m。从 2008 年至 2010 年的表面流速流向也表明，当三八滩没入水中后，水流刷过三八滩滩面，流向与滩脊线形成较为明显的夹角，这意味着三八滩中下段滩体在未来难以维持稳定。

三八滩滩形特征统计　　表 2.12

年　份	面积(km^2)	最大洲长(m)	最大洲宽(m)	洲顶高程(m)
2002.11	2.18	4047	836	5.1
2003.11	2.24	3508	1039	7.4
2004.11	1.85	3499	920	7.4
2005.3	1.72	3497	95	7.4
2006.4	1.00	3423	530	5.6
2007.3	0.72	2651	468	5.7
2008.4	0.65	2987	420	5.2
2009.2	0.52	2762	354	4.3
2010.3	0.33	2600	190	4.3

注：表中数据以航行基面 0m 线计。

d. 杨林矶边滩

进入 2003 年汛期后，随着三八滩滩头的快速后退，杨林矶边滩淤积下延，再次与三八滩并为一体，2004 年和 2005 年，虽然细节方面的滩形演变过程略有不同，但也同样分别经历了这样两个“生成→下移→与三八滩合并”的周期，尤其是 2005 年，汛后老的杨林矶边滩与三八滩合并之时，新的杨林矶边滩即已生成，使原有北汊进口浅滩密布，沿岸航槽、河心航槽均严重淤塞。

2005 年汛后生成的新杨林矶边滩在 2006 年全年逐渐淤大下移，同时北汊进口槽也逐渐下移，进入枯水期后，三八滩滩头的 2 号槽迅速发展，使得原槽口逐渐淤积，杨林矶边滩明显扩大下延，形成了长约 3km 左右的大面积的低矮滩体，至 2010 年，这一平面形态保持了基本稳定。

(2)浅滩演变分析

①浅滩年际演变分析

1999 年航道改走南槽后，随着南槽的逐年冲深，太平口心滩分汊段水深条件逐渐转好。蓄水以后太平口水道的浅滩主要指三八滩分汊段的浅滩。

从目前的航道条件来看，三八滩分汊段主要有两处浅滩，一处是北汊进口浅滩，另一处是南北汊中下段浅滩。

a. 北汊进口浅滩

三八滩分汊段的浅滩与南北槽、南北汊的分流比变化都有密切的关系。

蓄水初期，随着北槽逐渐由主汊退为支汊，其出口也就是北汊的进口水动力强度减弱，同时三八滩滩头不断后退，北汊进口不断展宽，并生成了游移型的杨林矶边滩，由于这一时期南汊也逐渐左摆取直发展，进一步恶化了北汊的进流条件，使得北汊进口在这一阶段冲淤幅度极大，甚至一个水文年内就能出线一个杨林矶边滩“生成——下移——并入三八滩”的演变周期，这种极不稳定的滩槽格局造成了极为恶劣的航道条件。

沙市航道整治一期工程实施后，三八滩滩头的位置得到控制，同样重要的是，南槽在自然演变的过程中，已转变为明显主汊，中枯水期，南槽出流在腊林洲上段岸线的导引下，形成对北槽出流的挤压。一方面，北槽出流虽然弯曲，但在绕过杨林矶边滩后，又集中从2号槽进入北汊；另一方面，南槽出流也有一部分进入北汊。虽然北汊中枯水期的分流比并不占优势，但是由于水流在2号槽集中度高，能够较为有效地冲刷杨林矶边滩右缘，较好地限制了北汊进口杨林矶边滩向2号槽淤延、挤压，目前杨林矶边滩下部的滩形与高程都基本稳定下来。与蓄水初期相比，虽然目前杨林矶边滩滩体规模要远大于以往，但航道条件却较好。

进口浅滩的年际演变说明：在来沙大幅减少的前提下，滩槽格局的稳定能有效地限制主流有效冲槽，这对于航道条件来说十分关键；而一旦洲滩冲刷引起主流的摆动，脱离主流的区域仍能发生淤积，航槽也将摆动，当新、老航槽不能及时更替，航道就会出浅。如果进一步考虑沙市河段外部条件的限制，从船舶通行安全的角度来看，北汊作为主航道具有不可替代性，这就是说目前较有利于北汊进流的滩槽格局必须得到控制。

b. 南北汊中下段浅滩

南北汊中下段浅滩实际上包括了南汊中下段浅滩与北汊中下段浅滩。都与三八滩中下段的变化密切相关，随着三八滩中下段的持续萎缩，两汊道中下段出现了不同程度的宽浅化。

南汊中下段浅滩主要表现为，随着三八滩下段的继续萎缩，汊道中下段汛后以及枯水期浅包密布，深槽较窄且弯曲。

北汊中下段浅滩在2008年至2010年有所变差，随着杨林矶边滩淤积下延，其滩尾一直伸入北汊中段，不仅大幅缩窄了主通航孔的可利用净宽，还使得主流右摆，三八滩下段左缘冲退，北汊中下段展宽，目前已有形成交错型浅滩的趋势。对于北汊中下段的浅滩来说，保持分流比与三八滩中下段的稳定同等重要。

②浅滩年内演变分析

2008年至2010年，沙市河段洲滩格局变化较小，因此，根据沙市河段年内的测图资料对浅滩段年内的冲淤规律进行了深入分析。

2008年4月至8月，杨林矶边滩、北汊上段、南汊上段均有明显的淤积。8月到10月，除北汊中上段4m浅滩冲刷下移，杨林矶边滩、南汊均有明显的冲刷。从2008年10月到2009年2月，杨林矶边滩、南北汊均持续冲刷，不过南汊出口的宽段淤积较为明显，4m线逐渐中断。

2009年，浅滩部位的演变规律是基本一致的，但过程略有差别。杨林矶边滩、南北汊进口段仍呈洪淤枯冲的规律，不过2009年2月到8月，这些部位淤积并不明显，汛期的淤积主要发生在8月至9月间，退水后低滩冲刷并不明显，从2009年9月到2010年2月，1m线和4m线变化都不大。南汊出口年内洪冲枯淤的特点则相对明显，2009年2月到8月，南汊出口冲深明显，4m线冲通，然而8月以后则逐渐淤积，2009年11月、2010年3月的测图均显示南汊出口的宽段均有较大范围的4m的浅包。

2010年3月至8月的冲淤分布图显示，河段内普遍淤积，其中杨林矶边滩、过渡段以及北汊进口都淤积明显，仅南汊出口有一定程度的冲刷。

由此可见，三八滩分汊段中上段包括进口的杨林矶边滩呈现一定的洪淤枯冲规律，但是南汊出口的宽段则呈现比较明显的洪冲枯淤的规律。

从2号槽内进口的两个年内发展过程来看，2008年7m线在10到12月份扩展速度最快，这期间经历了一轮秋汛，流量在6000m^3/s至22800m^3/s之间；2009年在9到10月份扩展速度最快，流量逐渐退落，在7500m^3/s至15000m^3/s之间。结合2008年9月到10月期间（流量由29000m^3/s退落至13800m^3/s）冲深不明显，而2009年10月至11月期间（流量在9500m^3/s至5500m^3/s）冲深不明显，初步分析认为流量约在10000m^3/s至14000m^3/s时，北汊能够得到较好的冲刷。

所以，年内浅滩演变分析表明，北汊进口汛期仍会有一定程度的淤积，而汛末若流量快速退落，也将对航道条件产生不利影响。

(3)碍航特性分析

沙市河段是近年来长江中游重点维护的浅滩河段，特别是1998年荆州大桥动工兴建，到2002年的建成通车，河势发生了较大变化，使通航与桥梁安全问题十分突出。目前本河段的主要碍航问题集中于三八滩分汊段。

新三八滩分汊后，随着南汊逐渐北扩展宽，其分流比逐渐增大，而北汊进口泥沙落淤形成杨林矶边滩则时常阻塞航槽。这一自然变化过程与荆州大桥通航孔设置的冲突十分显著，随着非设计通航桥孔防撞设施的修建，冲突有所缓解，但是未根本解决。沙市航道整治一期工程实施后，航道条件有所改善，近年来枯水期有条件维护北汊设计主通航孔通航，但是北汊进口航槽窄，且不稳定，杨林矶边滩成为碍航浅滩，而且北汊中下段随着三八滩中下段的持续萎缩，也有形成交错浅滩的不利趋势；南汊虽然宽，但是沙埂和心滩时有出现，存在水浅的问题。

根据演变分析的认识，不利的水文年也将会对沙市河段的航道条件产生不利的影响，比如洪水持续时间较长，汛末退水又较快，可能导致北汊进口汛期大幅淤积，而汛末又难以有效冲刷，恶化航道条件。

(4)演变趋势预测

沙市河段的演变趋势预测如下：

①沙市河段上段近期继续保持“两槽一滩”、南槽占优的局面，沙市河段下段继续维持南北分汊，南汊占优的基本格局。

南槽自生成以来，其分流比逐年增加，三峡工程蓄水后，这一过程得到持续，同流量下南槽枯水期分流仍呈逐年增加趋势，且增幅较大，又考虑到北槽蓄水以来深泓纵剖基本稳定，而南槽则持续冲深，因此预计南槽近期将继续保持占优的局面。

南汊在蓄水后逐年右摆展宽的特点十分明显，目前是沙市河段下段的输水输沙主通道，而且从目前的格局来看，不管是进口与上游南北槽汇流的承接，还是出口与瓦口子弯道的衔接，均较北汊更为顺畅，因此预计南汊近期将保持主汊地位。

②已建和拟建的航道整治工程将在一定程度上遏制河段内的不利发展趋势。

从工程效果来看，已建的三八滩守护工程初步维持了沙市河段下段分汊的基本格局，较好地保持了三八滩上段滩头与滩脊的稳定，所以，沙市河段下段分汊的格局将长期存在，主流的摆动空间也将得到一定的限制。

从腊林洲守护工程的相关研究成果来看，对于沙市河段上段而言，腊林洲中上段的冲退为太平口心滩的形成以及发展提供了空间，而腊林洲边滩中部拐点处河道相对较窄，对太平口心滩尾部的位置有较强的控制作用。对于沙市河段下段而言，腊林洲边滩中上段作为南槽主流的贴流段，中枯水期对水流的作用明显，其持续崩退必然引起过渡段分汇流结构的调整，将使得目前南槽出流中一部分水流进入北汊的有利局面受到较大威胁，从而恶化北汊进口的航道条件。目前已开始实施腊林洲守护工程，工程完成以后，腊林洲中上段将维持现状线形，能够有效地防止过渡段滩槽格局出现大幅调整。

③沙市河段的洲滩演变仍将十分复杂，在目前水沙条件下，未护洲滩必将难以维持自身的稳定。

沙市河段位于长江中下游沙质河段的首端，具有冲积河流的特性，同时该河段又紧邻砂卵石河段，受三峡水库蓄水的影响显著、直接，在来沙减少的条件下，洲滩稳定性变差导致航道条件恶化是蓄水以来该河段一直存在的问题。已建和在建的航道整治工程也都是出于维持有利滩槽格局稳定的目的而实施的，但是这不能改变沙市河段的本质，河段内既有主流摆动的空间，亦有长期存在的不利于洲滩稳定的水沙条件，沙市河段的洲滩演变仍将十分复杂。

a. 太平口心滩蓄水以来总体上虽然一直淤长，预计短期内仍将保持稳定。不过也存在不利的影响因素，高水时，滩头有自左向右的斜向大流速，2005 年大水后，心滩滩头一度大幅后退，可见大水年滩头将难以保持稳定。随着近年来太平口心滩淤长趋于狭长，南北槽的水流交换将更加明显，当滩面水深较小时，漫滩水流流速较大，易于造成集中冲刷，中小水持续时间较长将对太平口心滩的完整性造成不利影响。

b. 腊林洲低滩近年来滩头冲刷，滩尾淤积，预计滩头冲刷还将持续，并且在腊林洲守护工程对滩头进行小范围守护后，冲刷的部位还将下移，进而威胁中下段低滩的稳定。

腊林洲低滩是位于南汊进口的滩体，一旦持续冲刷并趋于解体，南汊分流比会有所增加，威胁北汊分流比的稳定。

c. 三八滩在荆江大桥以下的滩体近年来萎缩趋势明显，且萎缩的速度加快，这与滩体没入水中后，滩面存在较强的自左而右的斜向水流有较大的关系。这种水流走向在近期内不会改变，三八滩下段滩体也将继续萎缩。

d. 受未护洲滩难以稳定的影响，沙市河段的航道条件也存在不利变化趋势。

2008 年至 2010 年，沙市河段的航到条件略有改善，其关键在于洲滩保持了基本稳定，形成了稳定的较为有利的水流走向，航槽能够得到持续稳定的冲刷。然而，目前为护洲滩存在的不利变化趋势仍将威胁航道条件的稳定。

a. 腊林洲低滩的持续萎缩引起分流比的调整后，将直接恶化北汊进口水流的集中程度，届时杨林矶边滩的规模将难以得到有效控制。

b. 三八滩的持续萎缩现阶段已经造成了南北汊中下段的宽浅化，随着三八滩的进一步萎缩，大桥以下的流路将更趋散乱，水深条件也将继续恶化。

2.3.2 长江中游马家咀水道河床演变分析

2.3.2.1 河段概况

(1)河段基本情况

马家咀水道位于湖北省境内，距上游荆州市 12km，左岸地域为江陵县，右岸为公安县，水道上起观音寺，下迄双石碑，全长约 17.5km。水道属两头窄、中间宽的弯曲分汊河型

(图 2.13),多年来一直是长江中游重点碍航浅滩之一。水道自上而下依次分布有白渭洲(左)、雷家洲(右)、南星洲(中)等三个大型滩体。水道被南星洲分为左右两汊,右汊为主汊,左汊为支汊。

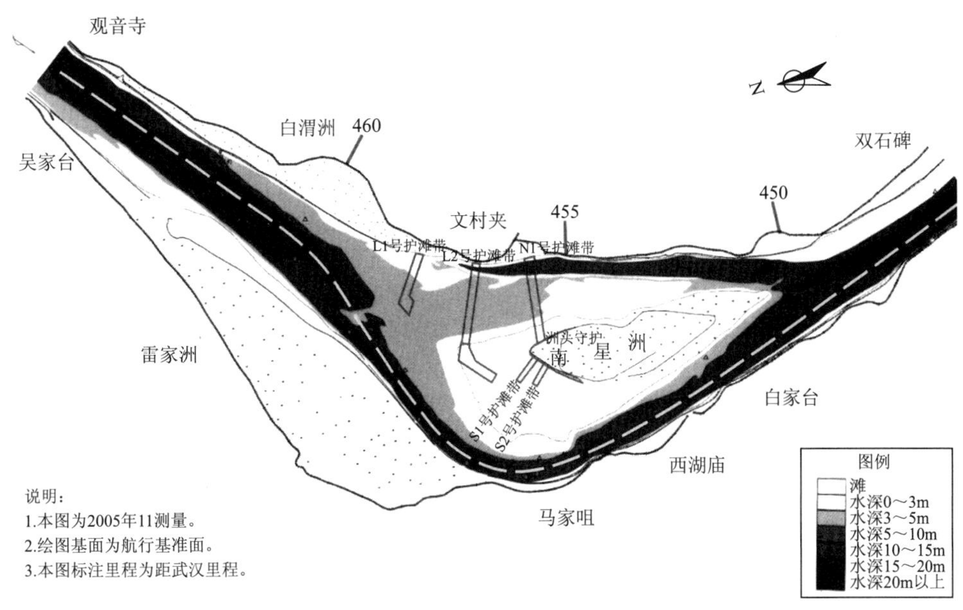

图 2.13　马家咀水道河势图

(2)综合治理工程简介

马家咀水道清淤应急工程于 2001～2002 届枯水期施工,共完成南星洲头护岸长 1670m,洲头前沿两道护滩带,分别长 323m、478m,疏浚 26.46 万 m^3。

在应急清淤工程实施的基础上,马家咀水道航道于 2006 年 10 月开工建设航道整治一期工程,2007 年 6 月主体工程基本完工,2007 年 11 月至 2008 年 4 月,进行了建筑物坝面整理完善。

2.3.2.2　水文泥沙条件

马家咀水道上游 65km 处设有沙市站(新厂水文站),马家咀至新厂间无大的分汇流。因此沙市站水文资料可以反映马家咀水道来水来沙情况。

(1)三峡蓄水运用前

表 2.13 为沙市站多年月平均水沙特征值(1980～2003 年)。由表可知:河段年内来水来沙量分配很不均匀,主要集中在汛期 5～10 月,其径流量约占全年的 76.49%,沙量则更集中,约占全年的 93.97%。多年水沙分布也很不均匀,历年最大流量为 55200m^3/s,而最小流量仅为 2900m^3/s,最大流量是最小流量的 19 倍。

沙市(新厂)站多年月平均水沙特征值　　表 2.13

项目	1月	2月	3月	4月	5月	6月	7月	8月	9月	10月	11月	12月	全年
月均径流量($\times10^8 m^3$)	119	98	122	170	289	422	695	620	565	431	250	160	3939
月均输沙量($\times10^4$ t)	200	147	228	572	2032	4858	12732	10115	7605	3416	1100	367	43376
历年最大流量 Q=55200m^3/s(1989.7.12)							历年最小流量 Q=2900m^3/s　(1960.2.15)						

(2)三峡蓄水运用以后

三峡水库蓄水后，沙市站 2003 年径流量为 3924 亿 m^3，属中水年，来沙量却仅为 1.38 亿 t；2004 年径流量为 3901 亿 m^3，输沙量进一步减少为 0.956 亿 t。由此可知：三峡水库蓄水后河段年径流未产生明显变化(图 2.14)，但下泄的沙量大幅度减少。

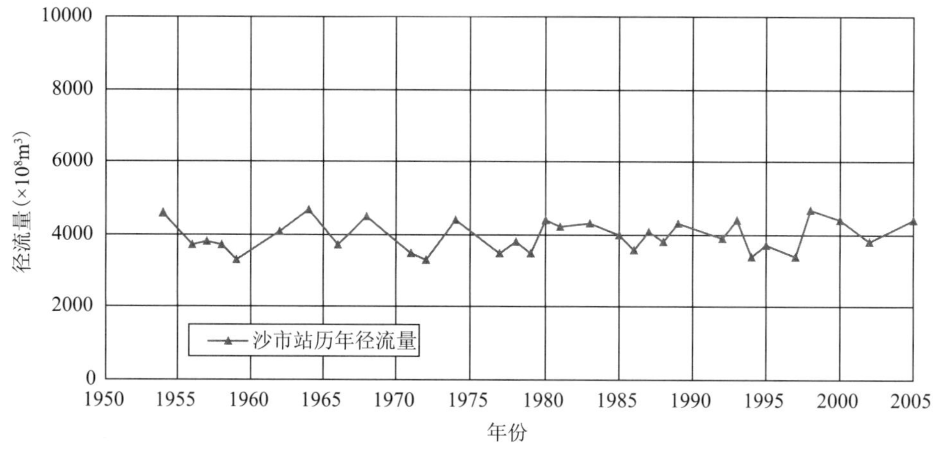

图 2.14 沙市站多年径流量变化图

同时三峡水库蓄水后虽然年径流总量不变，但改变了自然情况下的水流过程。据统计，蓄水期 10、11 月份下泄水量减小，枯水期 1～4 月份下泄流量增大，而洪水期 6～9 月基本处于敞泄状态(仅当枝城流量大于 $56700m^3/s$ 时水库才起调洪作用)。

综合分析：三峡蓄水运行前后比较，来沙量锐减，特大洪水有所消减，枯水期的流量过程有所改变，枯水流量有所加大，这些改变对下游河床产生不同程度的影响。就马家咀水道而言，放宽段汛期泥沙淤积明显减小，历史上的滩槽混沌局面可能得到改变。

2.3.2.3 航道概况

三峡蓄水运行后，由于来沙量锐减，特大洪水有所消减，枯水期的流量过程有所改变，枯水流量有所加大，使得在蓄水初期马家咀水道的洲滩及左汊支汊发生大幅度的冲刷发展，但由于两岸护岸及南星洲头守护工程的实施，马家咀水道的边界条件得以稳定，工程有效地遏止了左汊河床冲深发展、分流比增大等不利因素的影响；中低水滩地得到一定程度地控制；枯水河宽均值与整治线宽度基本一致；浅滩位置较稳定，水深条件较好；即三峡蓄水及航道整治工程实施后，水流的动力轴线横向摆动的幅度明显减小，特别是右岸业已存在的高大的雷家洲边滩在三峡蓄水运行后保持基本稳定，维持了较好的水深条件，使得马家咀水道的航道条件得到改善。

2.3.2.4 河床演变规律分析

马家咀水道由于两岸地质条件和人工护岸控制，河道外形基本稳定，一直维持微弯分汊的河势格局，河床的演变特征为河道内深泓线的摆动和洲滩相互消长以及汊道兴衰变化。

(1)水流条件变化

①分流比变化

表 2.14 为马家咀水道蓄水前后两汊分流比统计表。由表可知：蓄水后左汊汛期分流比略有下降，枯季分流比下降幅度较大。其中 2007 年 8 月汛期分流比为 46%，比蓄水前 2002 年同期的 48.2%略有降低；2009 年 2 月左汊分流比为 11%。

马家咀水道工程前后两汊分流比统计　　表 2.14

测 量 日 期	流量(m^3/s)	水位(m:黄海高程)	左汊(%)	右汊(%)
2002.1	4500	29.06	41.7	58.3
2002.8	28000	38.39	48.2	51.8
2003.10	14904	34.18	33	67
2004.6	16194		34	66
2005.11	10256		42	58
2007.8	30682	38.43	46	54
2007.11	8530	30.36	27	73
2009.2	6522	28.72	11	89

②流速、水深变化

图 2.15 为马家咀水道特征水文断面蓄水前后多年水深变化图。由图可知:蓄水后 2010 年 2 月地形显示南星洲洲头附近地形处于多年地形的外包线附近,表明南星洲洲头存在明显淤积;同时在左汊进口处总体是呈冲刷状态。

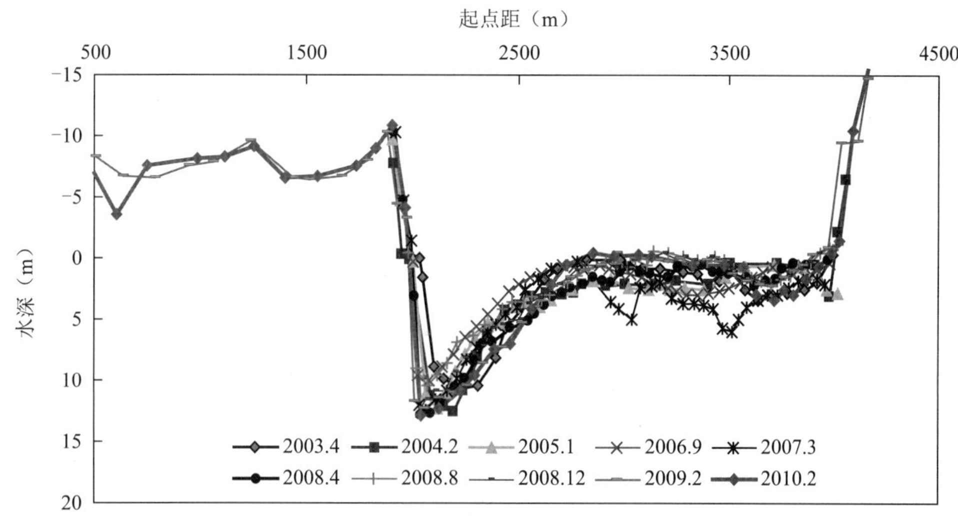

图 2.15　马家咀水道工程前后特征水文断面多年水深变化图

注:南星洲头 L1 号、L2 号护滩带间,即文村夹—马家咀断面

(2)河床冲淤变化

根据收集到的 2005 年 1 月、2006 年 9 月、2007 年 3 月、2008 年 4 月、2008 年 12 月、2009 年 2 月共 6 套的测图,分析比较可知:三峡蓄水后马家咀水道总体上仍然保持稳定微弯分汊河势不变,浅滩年内变化总体上也基本遵循"涨淤落冲"的演变规律。

(3)浅滩演变分析

长期以来,除 2000～2001 届枯水期航道走左汊文村夹外,其余年份均走右汊。右汊内浅滩部位主要集中于放宽段。

①浅滩成因

马家咀水道为一微弯放宽分汊河型,放宽段河道最宽处达 3700m,洪枯水流路不一致,深泓摆动,同时水流在放宽段分散,泥沙落淤形成浅滩。

②浅滩形态

随着南星洲头滩体形态不同，放宽段浅滩形态各异，概括起来，浅滩形态主要有三种形式：正常型、交错型、散乱型。

a. 正常型。当深泓走沿岸槽时，白渭洲边滩与南星洲头滩连为一体，滩形完整高大，放宽段内为单一槽口，浅滩表现为正常型浅滩。一般情况下，出现正常型浅滩时，航行基面下3m线全线贯通，航行条件相对较好。

b. 交错型。当马家咀水道坐弯走沿岸槽时，遇大水取直，白渭洲边滩、南星洲头滩上段受冲蚀，上段深泓左摆，而南星洲头滩下段仍高大完整，下段深泓还没来得及左摆时，上、下深泓呈交错之势，右汊内为单一槽口，浅滩表现为交错型。退水过程中若退水太快，航槽冲刷不力，过渡浅埂未冲开容易引起碍航。1980、1998、1999年均是此类情况。

以1998年特大洪水后为例：1998年汛前，深泓走右岸沿岸槽，南星洲头滩完整高大，浅滩表现为正常型；1998年汛期，大水取直，上段深泓左摆，白渭洲边滩及南星洲头滩中上段冲蚀，南星洲头滩下段仍较完整高大，下段深泓走沿岸槽，上、下深槽呈交错之势，在雷家洲高滩中段前沿形成长达1500m的过渡浅埂，浅埂高程为航行基面下2.0m。

c. 散乱型。在因深泓摆动，南星洲头滩冲刷淤长往复性变化过程中，浅滩主要表现为散乱型。出现散乱型浅滩时，航道条件较差，往往会出现严重碍航现象。

散乱浅滩主要在以下两种情况出现：

当白渭洲边滩、南星洲头滩上段受水流冲蚀，中上段深槽左摆后，在南星洲头滩下段受冲切割，下段深泓向左摆动过程中，若中下段原有沿岸槽还未来得及淤积时，放宽段易出现散乱浅滩。

当马家咀水道取直走河心槽时，遇小水年白渭洲边滩、南星洲头滩上段淤积，上段深泓右移后，而南星洲头滩下段滩体低矮，下段深泓未来得及右移时，放宽段易出现散乱浅滩。出现此类浅滩时，放宽段内槽口众多，水流分散，水流不能集中冲槽而出浅碍航。

③年内冲淤变化

浅滩年内变化总体上遵循"涨淤落冲"的演变规律。

由于马家咀水道为一微弯放宽河段，洪枯水流路不一致，主流动力轴线具有"低水傍岸、高水走中泓"的特点。汛期主流取直走河心槽，退水过程中，主流逐渐坐弯，枯水期主流走沿岸槽。

马家咀水道动力轴线年内的变化规律，决定了浅滩的年内冲淤变化。汛期，主流取直，水流较为分散，挟沙能力减弱，泥沙淤积；汛后，随着水位退落，水流逐渐归槽，浅区冲刷力度加大。在汛后退水过程中，因形态的不同，浅滩冲刷部位、幅度及碍航程度有所不同。

a. 交错型：以1999年9月至1999年12月为例。1999年9月，由于上段主流左摆，雷家洲高滩中上段前沿处于缓流区，泥沙落淤形成边滩，上深槽左移，而下深槽西湖庙以下仍较稳定，两深槽呈交错之势，过渡浅埂长2000m，浅埂高程为航行基面下0.5m，形成交错型浅滩。随着水位退落，整个浅区有冲有淤，总体以冲刷为主。主要表现为：上深槽略有下窜，浅埂中下段冲刷加深，雷家洲高滩中上段前沿沿岸窜沟下窜，新淤积形成的边滩受冲切割成心滩，下深槽西湖庙以上段淤积萎缩。至1999年11月，右汊内呈双槽格局，浅滩表现为散乱型。其中河心槽浅埂长约400m，浅埂高程为航行基面下2.5m，沿岸槽浅埂长1100m，浅埂高程为航行基面下1.0m。随着水位的进一步退落，浅区继续冲刷。但由于右汊内双槽争流，水流冲刷力度不足，至1999年12月，两槽均未达到现有通航尺度，其中，沿岸槽航行基面下3m线不通，河心槽虽航行基面下3m线贯通，但在长达500m的范围内，宽度不足50m。

航行条件较差。

b. 散乱型：以 2000 年 5 月至 2001 年 2 月为例。2000 年 5 月，河道内存在多个槽口，主要槽口有沿岸槽、河心槽及左汊，浅滩表现为散乱型。汛期放宽段淤积，在右汊内形成心槽，至 2000 年 9 月，原有河心槽平面位置左移，移至南星洲头前沿。随着水位退落，沿岸槽及左汊冲刷发展，河心槽淤积。2000 年 11 月，左汊进口航行基面下 3m 线不通，中断达 900m，浅埂高程为航行基面下 1.5m；沿岸槽航行基面下 3m 线中断 950m，浅埂高程为航行基面下 1.9m；河心槽航行基面下 0m 线不通。随着水位进一步退落，左汊、河心槽、沿岸槽均有不同程度的冲刷，至 2001 年 2 月，沿岸槽航行基面下 3m 线贯通，但进口存在长达 1.1km，宽 200m 的浅包，通航条件较差，河心槽虽有年冲刷，但航行基面下 1m 线中断；左汊冲刷幅度较大，航行基面下 3m 线全线贯通，航道改走左汊。

c. 正常型：出现正常浅滩时，一般情况下槽口及浅区位置相对稳定，退水过程中水流相对集中，浅区冲刷力度较大，航道条件可满足通航要求。近年来马家咀水道浅滩年内冲淤幅度为 3m 左右；当水位退至航行基面上 4m 以下时，浅滩冲刷速度加快。

2.3.3 长江中游戴家洲河段河床演变宏观分析

2.3.3.1 河段概况

(1)河段基本情况

长江中游戴家洲河段位于湖北省境内的汉口下游，上起鄂州市，承接沙洲水道，下止迴风矶间，连接黄石水道，全长约 34km，是长江中游重点浅水道之一[6]。

戴家洲河段由巴河水道和戴家洲水道组成(见图 2.16)。鄂城—巴河口段为巴河水道，顺直放宽，长约 14km，在水道中段靠近右岸侧为池湖港心滩，将巴河水道分为两槽，左为巴河通天槽，为多年稳定的主航槽，右为池湖港航槽，近年来已逐渐淤塞萎缩；巴河水道出口放宽段常形成巴河边滩，易下移后堵塞圆水道进口。巴河水道的浅区主要位于巴河通天槽出口进入直水道的过渡段，由于河道放宽，泥沙落淤，易形成碍航浅埂。一期工程实施后，该处浅区航道条件有所改善[7]。

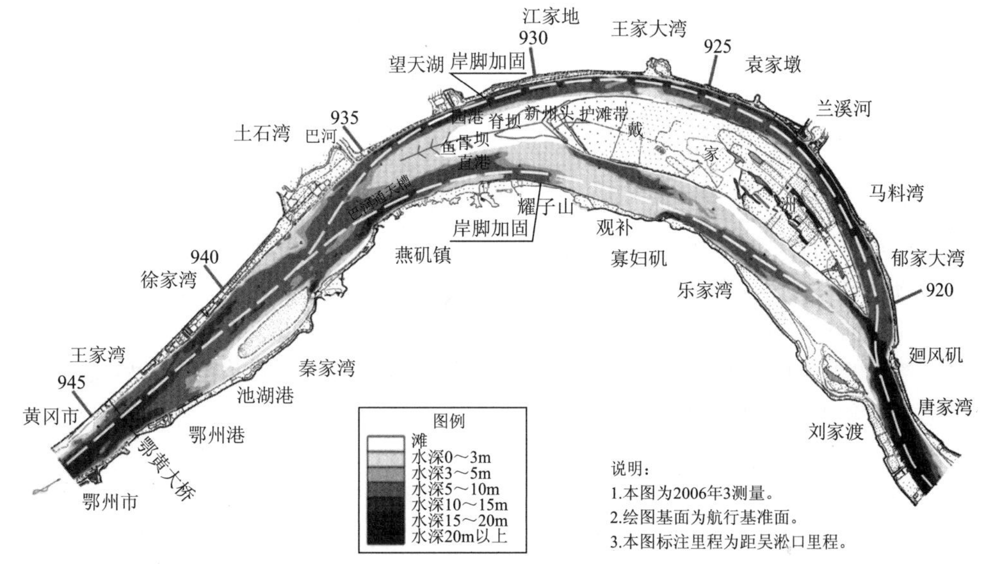

图 2.16　戴家洲水道河势图

巴河口至廻风矶段微弯分汊，为戴家洲水道。戴家洲水道分为圆水道和直水道两汊，左汊为圆水道，河道微弯，长约20km；右汊为直水道，河道较顺直，长约16km。圆水道的浅区位于进口段，称为“圆水道进口过渡段浅区”，直水道内的浅区较多，最多时存在三处，分别为直水道上、中、下段浅区。近期戴家洲水道两汊存在交替通航的情况。大多数年份以直水道为主航道进行维护，少数年份枯水期以圆水道为主航道进行维护。由于直水道内浅滩淤积严重，2002～2011年，枯水期连续9年将圆水道作为主航道进行维护[8]。随着本河段航道整治工程的相继实施，自2012年起，直水道又恢复为主航道。

该河段现行航道维护标准为：4.5m×100m×1050m（水深×航宽×弯曲半径，2014年1月起试运行），保证率为98%。按《长江干线航道发展规划》，戴家洲河段航道尺度标准为：4.5m×200m×1050m，保证率为98%。通航由2000t或5000t驳船组成的20000～40000t船队，利用自然水深通航5000t级海船。

整个研究河段酷似一个弯弯的“月牙”（图2.16），其中，巴河水道属顺直放宽河型，而戴家洲水道则属微弯分汊河型，这两种河型是长江中下游最为普遍的河型，这两种河型的上、下相连，在长江中下游也是比较常见的。

一般而言，顺直放宽河段，其水流动力轴线是不稳定的，深泓的位置是变化的，动力轴线的不稳定和深泓位置的变化对下游分汊河段的两汊分流比将产生影响，具体表现为分汊河段洲头的冲淤变化以及位置的变动，而分流比的变化对汊道河段的河床又将产生明显的影响，所以这种变化是联动的，是冲积性河流河床演变的基本特征。戴家洲河段河床演变也是依循这一基本规律的。

(2)综合治理工程简介

为实现“逐渐引导直水道向有利方向发展，直至达到规划目标”的目标。目前本河段已先后实施了戴家洲洲头守护工程、戴家洲右缘护岸工程，以及直水道右岸上段边滩潜丁坝工程。

①一期工程

本河段于2009年1月实施戴家洲河段航道整治一期工程，重点是守护新洲头滩地，塑造直水道进口凹岸边界，稳定两汊分流条件[9]。

一期工程实施后，基本实现了“维持直、圆水道交替通航的格局，枯水期利用圆水道通航，中、洪水期利用直水道通航，航道尺度为4.5m×100m×1050m，保证率98%”的治理目标。工程的实施为本河段后续工程的实施创造了有利条件并奠定了良好基础。

②戴家洲右缘下段守护工程

戴家洲右缘下段守护工程也于2010年底实施，重点是对戴家洲右缘下段进行护岸，并在洲尾低滩实施两条护底带工程，稳定戴家洲右缘下段岸线和洲尾低滩，制止直水道平面形态向过直过宽方向变化。工程实施后，基本实现了“维持直、圆水道交替通航的格局，枯水期利用圆水道通航，中、洪水期利用直水道通航，航道尺度为4.5m×100m×1050m，保证率98%。”的治理目标。工程的实施为总体治理工程的全面实施创造了条件。

守护原则为：与总体治理工程相一致，与一期工程平顺衔接，并为后续工程奠定基础；控制直水道目前相对有利部分的岸线边界，为直水道向微弯型河道发展创造有利条件；与河势控制规划相协调，对周边环境不产生不利影响。

③二期工程

2012年末开始实施戴家洲河段航道整治二期工程。二期工程是对一期及右缘守护工程的延续，工程主要包括戴家洲右缘中上段护岸、直水道右岸中上段3道潜丁坝。工程目标为：在前期工程的基础上，通过必要的工程措施，改善戴家洲直水道的航道条件，河段航道尺度达到 4.5m×200m×1050m，保证率为 98%的规划目标。同时建议本工程实施后，遇不利水文年可能出现不满足规划航道尺度的情况，应加强观测分析，密切关注本河段变化，必要时辅以维护措施。

治理原则为：与总体治理工程思路相协调，与一期工程及戴家洲右缘下段守护工程相衔接；通过工程措施，巩固和稳定直水道滩槽格局，提高浅区航道水深。

二期工程实施完成后，本河段规划目标能实现，河段航道尺度基本达到 4.5m×200m×1050m，保证率为 98%的规划目标。

2.3.3.2　水文泥沙条件

(1)来水来沙特性

戴家洲河段与汉口水文站区间来流量多年平均值不足汉口站的 2%，故汉口水文站的来水来沙基本上能够反映本河段的水沙特性。

①水位、流量

根据汉口水文站 1954～2013 年实测资料统计：多年最高水位为 27.63m(1954 年 8 月 18 日，黄海高程，下同)，最低水位 7.99m(1965 年 2 月 5 日)，多年平均水位 17.42m；多年平均流量 22500m^3/s，历年最大流量 76100m^3/s(1954 年 8 月 18 日)，历年最小流量 2930m^3/s(1965 年 2 月 4 日)。

②来水来沙

三峡工程蓄水前，汉口站多年平均径流量为 7111×$10^8$$m^3$。全年径流量主要集中在汛期，汛期 5～10 月份多年平均径流量占全年径流量的 73.2%(三峡工程蓄水前)。三峡工程蓄水后现阶段径流量年内分配变化不大，汛期径流量占全年的比例为 71.8%，略逊于蓄水前；同时枯水期的径流量略增。

1991 年以后，汉口站来水量变化不大，而来沙量明显减小，特别是 2003 年三峡水库蓄水运用后，受三峡工程拦沙和长江上游来沙量减小等因素影响，汉口水文站悬移质输沙量急剧减少，2003～2013 年，年平均输沙量约为 1.125×10^8t，与蓄水前多年平均值相比较(蓄水前多年平均 3.76×10^8t)，输沙量约偏小 68%。其中，2006 年平均输沙量仅为 0.58×10^8t。

长江中下游干流河道的来沙，主要以悬移质泥沙运动为主，推移质所占比重很小。根据以往观测成果(1960～1961 年)，长江中下游汉口和大通站沙质推移质年输沙量分别为 215×10^4t 和 42×10^4t，占悬移质年输沙量的 0.8%和 0.2%。

戴家洲河段床沙级配变化不大，组成较均匀，基本上全为中细沙，粒径 d=0.1～0.5mm 沙重约占 90%，中值粒径 d_{50}为 0.181mm 左右。戴家洲河段悬移质泥沙中值粒径相对较粗，枯水期 d_{50}在 0.031～0.132mm 之间，中水期 d_{50}在 0.023～0.054mm 之间。

(2)水力要素特征

①河道形态特点

戴家洲河段上段巴河水道顺直放宽，下段戴家洲水道微弯分汊。在燕矶附近的宽深比 $\sqrt{B}/H$ 为 3.6，在廻风矶附近的宽深比 $\sqrt{B}/H$ 为 1.7，河段分汊系数为 2.23，放宽率为 3.3，为一典型的微弯分汊河段[10]。

由于巴河水道为两反向弯道(沙洲水道向右弯曲、戴家洲水道向左弯曲)之间的长直过渡段，加之其下段放宽，深泓容易发生摆动，进而影响下游两汊的进流，汊道进口段容易出现浅区。

戴家洲水道中左汊圆水道较弯曲，弯曲半径约 9km，由于其左侧边界线较为稳定，左岸有人工护岸工程，该汊道始终保持弯、窄、深形态，弯道特性比较明显，汊道内水深条件较好；右汊直水道较顺直，长约 16km，弯曲半径在 10～16km 之间变化，河道形态大多表现为直、宽、浅。目前直水道弯曲半径约 12km，河道滩槽形态较好。

两汊道交汇于廻风矶附近，汇流区段较短，河道形态比较稳定。

②阻力特性

两汊道的阻力特性主要与其河道地形有关。汛期圆水道弯窄，过流能力相对较小，且弯道易产生壅水，河床阻力较大；枯水期湿周与直水道相比要小，因而河床阻力也较小，直水道浅，河床阻力较大。

③流速流态

从表面水流运动轨迹线变化来看，巴河水道段水流运动轨迹线比较顺直，若有巴河边滩形成，一般在巴河口附近水流向右发生偏转；而若巴河边滩下移消失，主流往往在巴河水道中段分流，靠近左岸侧的平顺进入圆水道，靠近池湖港心滩侧的则在龙王矶处向右偏转进入直水道。

在分流区段的戴家洲洲头流向变化明显受制于洲头河段的地形和两汊地形变化以及两汊阻力对比关系等因素，变化较为复杂，其中枯水流量下洲头水流往往左偏，中水流量下水流无明显偏角，中洪水流量下洲头水流往右，洪水流量时（大于 5000m^3/s）水流漫过新洲，水流取直。分流点位置具有“高水下挫，低水上提”特点。而汇流点位置在各级流量下相差很小，原因是洲尾坡陡且紧邻汇流区深槽。

河段内存在多处矶头，在圆水道出口左岸有廻风矶凸嘴，该矶头凸入河槽，深槽临岸边，表明矶头存在明显的挑流和导流作用，且流量越大，该矶头的挑流和导流作用越大，廻风矶处存在明显的不良流态。戴家洲的右岸一侧，自上而下存在着龙王矶、燕矶、寡妇矶、平山矶等矶头伸入河槽，这些矶头式节点有效地约束了河岸的后退，存在着明显的挑流作用，但在不同的流量条件下、不同的水流动力轴线位置条件下这种挑流作用的强弱变化是十分明显的。

④分流比

近几十年来，戴家洲河段航道条件处在不断变化之中，而且这种变化也会改变枯水期的两汊分流比、入流条件，进而对汊内航道条件产生影响。从已有工程实施后两汊分流变化来看，直水道枯水分流比有所增加（见表 2.15）。

戴家洲河段汊道分流、分沙比统计 表 2.15

测量日期	流量（m^3/s）	分流比（%）						分沙比（%）	
		高水位		中水位		低水位		直水道	圆水道
		直水道	圆水道	直水道	圆水道	直水道	圆水道		
1957.10.21	19609.48			49.5	50.5				
1959.7.3	36400	53.3	46.7					—	
1959.10.10	16080			52.6	47.4			53.1	46.9
1959.11.29	11810					47.0	53.0	47.8	52.2
1960.3.3	6690					41.7	58.3	—	
1960.4.14	10210					51.7	48.3	—	
1960.8.5	36800	49.4	50.6					—	
1965.11.22	21655			58.44	41.56			57.33	42.67

续上表

测量日期	流量（m^3/s）	分流比（%）						分沙比（%）	
		高水位		中水位		低水位		直水道	圆水道
		直水道	圆水道	直水道	圆水道	直水道	圆水道		
1980.5.13	22935			64.4	35.6			59.5	40.5
1980.11.10	21672			65.7	34.3			65.8	34.2
1981.3.5	8882					63.2	36.8	65.6	34.4
1981.8.13	28273	62.2	37.8					—	
1981.11.30	14386			63.3	36.7			—	
2004.9.24	30696	60.0	40.0					59.65	40.35
2005.11.17	20632			53.54	46.46			58.52	41.48
2006.2.17	9119					47.6	52.4	46.82	53.18
2006.6.8	21231			56.26	43.74			59.79	40.21
2006.9.16	16995			53.83	46.17			55.77	44.23
2006.11.15	10273					48.57	51.43	50.40	49.60
2007.3.1	11352					50.05	49.95	—	
2008.3.28	13301					48.6	51.4		
2010.2.16	9842					49.9	50.1		
2011.2.19	11576					52.0	48.0		
2011.12.28	10389					54.6	45.4	58.9	41.1
2012.1.31	11587					58.5	41.5		
2013.3.5	12127					55.7	44.3		
2013.10.10	21760			56	44				
2014.2.16	9953					60	40		

从图 2.17 也可以看出，该图关系曲线相交点即为两汊分流比相等点（此时两汊分流比各占 50%），此点对应的流量有所减小，表明工程实施后同流量下直水道枯水分流比有所增加。

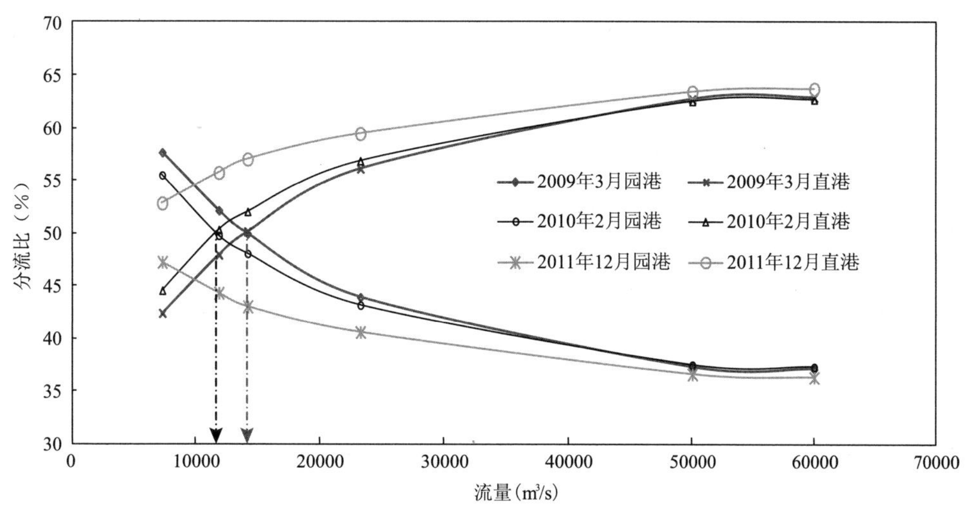

图 2.17　戴家洲水道流量与汊道分流比相关关系曲线

2.3.3.3 航道概况

(1)浅滩分布及航道基本情况

本河段枯水期两汊曾交替作为主航道使用，其中2002年前的近几十年内的大多年份，直水道作为通航主汊道，2002年以后的绝大多数年份开辟圆水道为枯水期主航道使用，考虑到直水道航程短、水域开阔，船舶喜行该港，所以，当水位上涨后直水道浅滩水深满足航道要求时，又将主航道改回走直水道。河段内单一顺直段和两汊内都存在浅区，其中单一顺直段的巴河水道浅区位于巴河通天槽出口，称为“巴河通天槽出口过渡段浅区”，圆水道的浅区位于进口段，称为“圆水道进口过渡段浅区”，直水道内的浅区较多，最多时存在三处，分别位于直水道上、中、下段。浅区的形成与河道形态有直接关系。两汊道汇流区段河道形态比较稳定，但廻风矶处流态较紊乱，对船舶航行有一定的影响。

(2)航道等级、维护尺度及航道规划

近期戴家洲水道两汊存在交替通航的情况。大多数年份以直水道为主航道进行维护，少数年份枯水期以圆水道为主航道进行维护。2002～2011年，枯水期(一般为10月～翌年5月)连续9年将圆水道作为主航道进行维护。随着本河段航道整治工程的相继实施，自2012年起，以直水道为主航道进行维护。

戴家洲河段航道等级为Ⅰ级，河段现行维护尺度为4.5m×100m×1050m(2014年1月开始试运行)，保证率为98%(见表2.16)。到2015年，戴家洲河段将实现4.5m×200m×1050m，保证率98%的规划目标。

2014年度武汉—安庆段航道养护分月水深计划 表2.16

项 目	分月维护水深											
月份	1月	2月	3月	4月	5月	6月	7月	8月	9月	10月	11月	12月
水深(m)	4.5	4.5	4.5	4.5	5.0	6.0	6.0	6.0	6.0	5.0	4.5	4.5

(3)碍航特性

①浅滩碍航特性

本河段河床不易稳定，综观本河段历史演变和近期演变过程，可以看出，该河段的碍航特性主要表现在以下三个方面。

航槽不稳定：戴家洲水道上游的巴河水道顺直、放宽，因此巴河水道的水流动力轴线的摆动会殃及下游的戴家洲水道，使得洲头、两汊发生较大的河床变形，改变两汊的分流比，导致枯水航槽的位置或左或右(见表2.17)，枯水期主航道改槽，频繁改槽，给船舶的安全航行带来隐患。一期工程实施后两汊分流条件及进口航道条件得到了巩固。

戴家洲河段1954～2011年12月航道维护情况统计 表2.17

年 份	巴河水道		圆水道		直水道		枯水期主航道
	最小水深(m)	低于4m天数	最小水深(m)	低于4m天数	最小水深(m)	低于4m天数	
1981～1982	3.4	—	—	—	—	—	巴河水道—圆水道
1983～1984	3.0	—	—	—	—	—	巴河水道—圆水道
1984～1985	1.5	—	2.6	—	—	—	巴河通天槽—圆水道，挖泥28016m^3
1985～1986	—	—	—	—	>4.0	—	巴河通天槽—直水道

续上表

年　份	巴河水道		圆水道		直水道		枯水期主航道
	最小水深（m）	低于 4m 天数	最小水深（m）	低于 4m 天数	最小水深（m）	低于 4m 天数	
1986～1987	—	—	—	—	3.5		巴河通天槽—直水道
1987～1988	—	—	—	—	>4.0	—	巴河通天槽—直水道
1988～1989	—	—	—	—	>4.0	—	巴河通天槽—直水道
1989～1990	—	—	—	—	>4.0	—	巴河通天槽—直水道
1990～1991	—	—	—	—	4.0	—	巴河通天槽—直水道
1991～1992	—	—	—	—	<2.0	—	通天槽—直水道，冲沙 2 号在巴河水道预备槽施工
1992～1993	—	—	—	—	3.8	—	巴河通天槽—直水道
1993～1997	—	—	—	—	>4.0	—	巴河通天槽—直水道
1998～1999	<4.0	—	—	—	<4.0	—	直水道，疏浚 10 余天
1999～2002	—	—	—	—	>4.0	—	巴河通天槽—直水道
2002～2003	—	—	<4.0	—	2.3	2 浅区	巴河通天槽—圆水道
2003～2004	—	—	1.5	—	3.5	3 浅区	巴河通天槽—圆水道，挖泥 366h
2004～2005	—	—	<4.0	—	1.6	3 浅区	巴河通天槽—圆水道
2005～2006	—	—	<4.0	—	1.8	3 浅区	巴河通天槽—圆水道
2006～2009	—	—	<4.0	—	2.0	2 浅区	巴河通天槽—圆水道
2010～2011.2	—	—	>4.5	—	3.2	1 浅区	巴河通天槽—圆水道
2011.2～2011.12	—	—	>4.5	—	4.0	1 浅区	巴河通天槽—直水道

注：1. 水深基准为航行基面。
　　2. “最小水深”为航槽内最小水深。

水深不足：主要存在于以下几个部位。

a. 巴河通天槽出口。在一期工程实施前，巴河水道进入直水道的过渡段浅区航道条件相对较差，航行基面下 4.5m 等深线大多年份不贯通；近几年特别是一期工程实施后，巴河水道进入直水道的过渡段浅区航道条件相对较好，航行基面下 4.5m 等深线贯通。

b. 直水道内。直水道弯道水流特性一般较弱，航槽摆动较大，浅区较多，出浅严重，以往采用改槽结合疏浚等手段才能维持通航。1954～1974 年，出浅部位在观补附近。1975～2001 年，有少数年份出浅，出浅部位在观补上下，有时扩延至寡妇矶。2002～2008 年，出现在上、中、下三个部位。浅区水深小、范围长，4.5m×200m 断开长度达几公里。一期工程实施后，出浅部位主要在直水道中段的上浅区，在里程 928～929km 处，属于上下深槽的交错浅滩，直水道出口 4.5m 等深线贯通；二期工程实施后，直水道上浅区 4.5m 等深线也贯通。

c. 圆水道进口过渡段。圆水道进口易受到上游巴河边滩周期性下移影响。由于航槽不稳定，水深不足而发生海损事故多起，尤以船舶搁浅事故为多（见表 2.18）。近期本河段 56 届枯水期中主航道有 21 届发生浅情。一期工程实施后，圆水道进口航道条件趋好，最新测图显示圆水道进口 4.5m 等深线贯通，宽度大于 350m。

戴家洲河段 1988 年以来船舶海损事故统计　　表 2.18

时　间	船 舶 名 称	出 事 地 点	海 损 原 因
1990.12.28	武汉 404 地方船队	池湖港	相撞沉没
1991.11.18	江申 1 号	龙王矶	吃沙包
1991.11.18	江申 8 号	龙王矶	吃沙包
1991.12.25	江申 2 号	池湖港 3 号浮处	吃沙包
1991.12.26	黄海 3 号轮	龙王矶一带	搁浅
1992.2.20	大庆 426	新淤洲	吃沙包
1998.11.10	黄鹤 10 号与机驳 26 号	平山矶红浮下 800m 航道内	相碰
1998.12.6	江申 7 号	池湖港 3 号红浮下	吃沙包
1999.1.20	鄂航 227 号海轮	燕矶沿岸标上 150m	吃沙包
1999.2.3	62034 船	直水道 2 号红浮航道内	吃沙包
1999.2.27	江中 4 号	直水道上段	吃沙包
2003.1.16	62033 船队	圆水道红浮 9 号～10 号连线外 1.5m	吃沙包,搁浅
2003.1.20	“三无”船舶	巴河水道池湖港 2 号红浮附近	翻沉
2003.12.24	豫作 0138	直水道 2 号白浮附近	吃沙包,搁浅
2003.12.26	皖芜湖货 0969	新淤洲红灯船与 5 号红浮连线	搁浅,船吃水 4.0m
2003.12.30	豫信阳货 1440	直水道 4 号白浮	搁浅,船吃水 1.4m
2004.3.22	豫驻 1169	圆水道 5 号红浮下 100m 航内	搁浅,船吃水 3.8m
2004.4.27	长江 22013	圆水道 5 号红浮附近	船断缆散对
2006.3.11	豫信阳货 0038 与浦海 126	圆水道	相撞
2007.02.07	霍邱 3668	圆水道 12 号红浮上 200m	搁浅
2009.2.25	皖正航 598	圆水道红灯船对面	搁浅、相撞
2009.3.9	豫驻货 1802	圆水道巴河口下	相撞
2009.3.20	祥福 809	廻风矶下 500m	相撞
2009.6.17	鄂黄冈货 2227	廻风矶水域	翻覆
2009.10.17	民宪	圆水道 7 号～8 号红浮	相撞
2010.1.12	江韵 5 号	廻风矶 1 号红浮上游约 20m	相撞
2010.1.30	兴通陵 36 号	圆水道 13 号红浮	相撞
2010.5.12	皖强胜 8899	戴家洲洲头	翻覆
2010.5.26	民意 0802	直水道 8 号红浮	机舱失火
2010.6.9	宁双顺 526	圆水道兰溪	相撞
2011.1.5	鄂浠水拖 0568	圆水道廻风矶横驶区	相撞
2011.1.6	江顺达 1 号	廻风矶 1 号白浮 100m	相撞
2011.2.27	永泰 7777	巴河水道巴河口水域	搁浅
2011.3.10	孝感宏达 188	巴河水道江北船厂北岸水域	相撞
2011.3.14	泰长鑫 9	圆水道 12 号红浮下 200m	搁浅
2011.5.8	荣江 3007 船队	巴河口水域	相撞

局部航道较为弯曲,存在不良流态:圆水道出口左岸廻风矶凸出,造成附近流态不良,航道较为弯曲,给船舶安全航行造成隐患。

②碍航原因分析

从航道条件看，戴家洲河段碍航原因主要有以下几点：

a. 戴家洲水道上游的巴河水道顺直、放宽，因此巴河水道水流动力轴线的位移和摆动会导致边滩、心滩和成型淤积体随之消长，航槽位置不定，巴河通天槽出口进入直水道的过渡段，由于河道放宽，泥沙落淤，易形成碍航浅埂而碍航；作为戴家洲水道的入流河段，巴河水道滩、槽的位移必然会殃及下游戴家洲水道，使得洲头、两汊发生较大河床变形，改变两汊分流比，导致枯水航槽的位置或左或右。

b. 当圆水道开辟为枯水期主航道时，由于巴河边滩的消长，当该边滩发育时堵塞圆水道进口，圆水道进口浅段往往会由于枯水期水深不足而碍航。位于圆水道出口的左岸有廻风矶凸嘴，该矶头附近航道弯曲、流态紊乱，给船舶航行带来一定困难，且紧临廻风矶下游大桥桥区航线和圆水道航线衔接不顺。

c. 当直水道作为枯水期主航道时，汊内存在浅滩碍航问题。直水道顺直的特征较明显，弯道水流特性一般较弱，航槽摆动频繁且摆动幅度较大，滩槽格局呈一次过渡与多次过渡交替变化的基本演变态势。当航槽为一次过渡形态时，汊内航道条件相对较好，浅区较少，碍航不十分严重；当航槽为多次过渡形态时，汊内航道条件往往较差，浅区较多，出浅严重。

2.3.3.4　河床演变规律分析

(1)历史演变特点

据史料记载，戴家洲河段在唐宋(公元 618 年)以前已经分汊，戴家洲形成于宋代(公元 960 年)，新淤洲形成于明代(公元 1368 年)。19 世纪中叶至 20 世纪 50 年代初，戴家洲河段主要是局部河势和河道形态发生了一些变化：巴河水道由一个较短的顺直型河段演变为一个较长的顺直型放宽河段；巴河水道上段主流由沿右岸侧下行摆到靠左岸侧下行；戴家洲水道呈现微弯形态，两汊冲淤交替。巴河水道顺直放宽，戴家洲水道微弯分汊的河道格局，一直保持至今。

(2)近期河床演变的基本特点

①洪水河势基本稳定而中低水滩地则冲淤变化不定

研究河段的两侧均建有完整的防洪大堤，大堤至主槽间存在宽窄不一的河漫滩，但一般宽度不大，且部分高滩滩岸(如圆水道的北岸)设置了护岸工程，故此，洪水河宽的拓展受到有效的限制，稳定了河段的基本河势。但放宽段和分汊段存在的中低水边滩则相对不稳定，冲淤变化幅度较大，航道条件随之变化，浅滩依然存在。

②巴河水道上深槽的位置和走向在不断变化

巴河水道的深槽位置和走向是变化的，不过这种变化的幅度不是很大，这是上游沙洲水道的弯道特性和巴河水道不算太宽的直水道特点决定的，鄂黄大桥也有一定的控制作用；尽管上深槽变化不是特别的大，但这种变化所带来的中水位以下的洲滩冲淤幅度还是比较大的。

③池湖港心滩基本稳定

池湖港心滩虽有一定幅度的冲淤变化，但其一直存在且其位置变化不大，因此，我们认为池湖港心滩是基本稳定的。同时，当池湖港心滩淤积时，与其对应的巴河边滩冲刷，这种变化是上游水流动力轴线变化的结果。

④巴河边滩淤长和冲蚀交替

巴河边滩位置是一个适合边滩生存的位置，该边滩的存在与否取决于上游水流动力轴线的位置；当巴河边滩存在的时候，一般而言不利于圆水道进口航道条件；当巴河边滩充分发育时，直水道入流条件较好、中枯水分流量较大，航道相对较好。

近期巴河边滩不是很发育，但其位置变化大，如 2006 年 2 月～2007 年 2 月，下移约 3000m，4.5m 等深线与洲头滩地相连；2007 年 2 月～2008 年 3 月，巴河边滩淤积上延约 1750m；2008 年 3 月～2009 年 3 月巴河边滩有所冲刷，园港进口 4.5m 等深线贯通；至 2010 年 2 月，巴河边滩冲蚀，园港进口 5.0m 等深线贯通。随着巴河边滩的上提下移，巴河水道放宽段深泓线摆动较大(图 2.18)，洲头滩地及巴河通天槽浅区水深变化也较大。

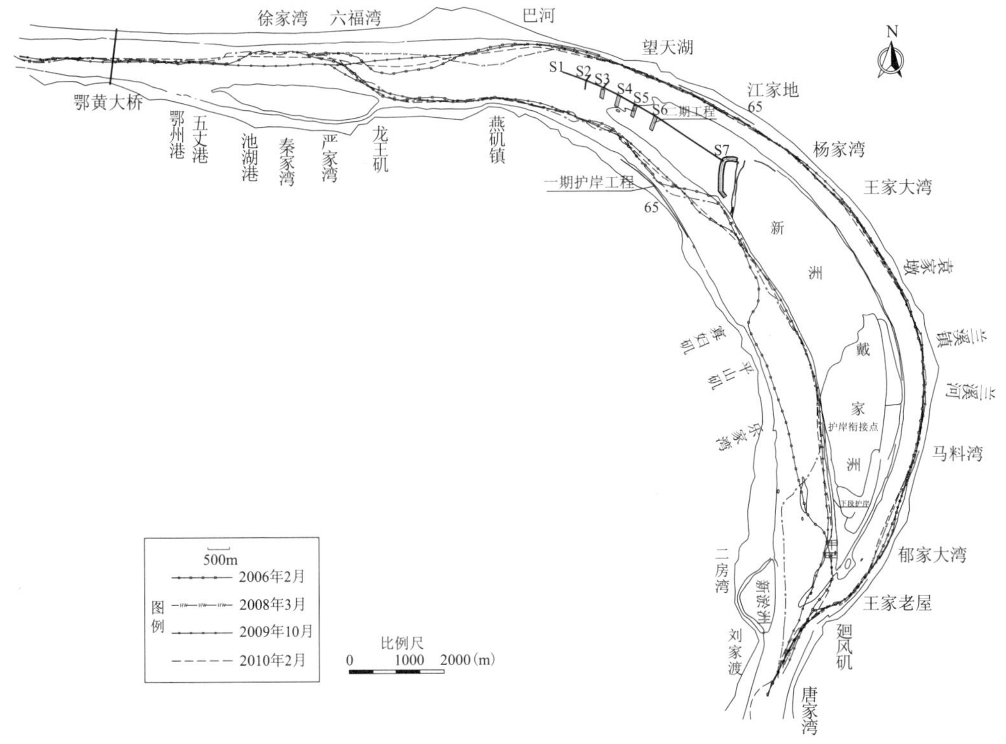

图 2.18 戴家洲河段近期深泓变化图(2006 年 2 月～2010 年 2 月)

⑤洲头滩地不断变化

巴河边滩的存在往往伴随着戴家洲洲头的后退，两者间此消彼长，但从概率上说来，巴河边滩的充分发育持续时间要短。这种两滩不能共生的现象表明，巴河口河段的河宽还不足以容纳两个发育的滩体。正是两个滩体的交互发展以及各自的变化，才使得这个河段的航道条件处在较大的变化之中，而且这种变化也会改变枯水期的两汊分流比、入流条件，进而对汊内航道条件产生影响。

戴家洲洲头是在不断变化的，或左偏或右移、或上提或下挫，它的不稳定是戴家洲河段枯水航道条件不稳定的间接反映。同时戴家洲河段洲头在水沙条件的作用下又呈不断的关联变化，其中较为直观的是巴河边滩的冲退或淤长，引起巴河通天槽的淤塞抑或贯通，以及直水道港内边滩、浅滩淤冲，从而导致圆、直水道枯水期主航道的兴衰交替。

⑥巴河通天槽航线位置及水深变化大

由于巴河通天槽航道是依附于戴家洲洲头及巴河边滩的冲淤变化的，而戴家洲洲头及巴河边滩是不断变化的，因此，巴河通天槽航线的位置及水深变化也非常大，调标是常态；同时，该航槽也是枯水期航道疏浚维护重点航段。

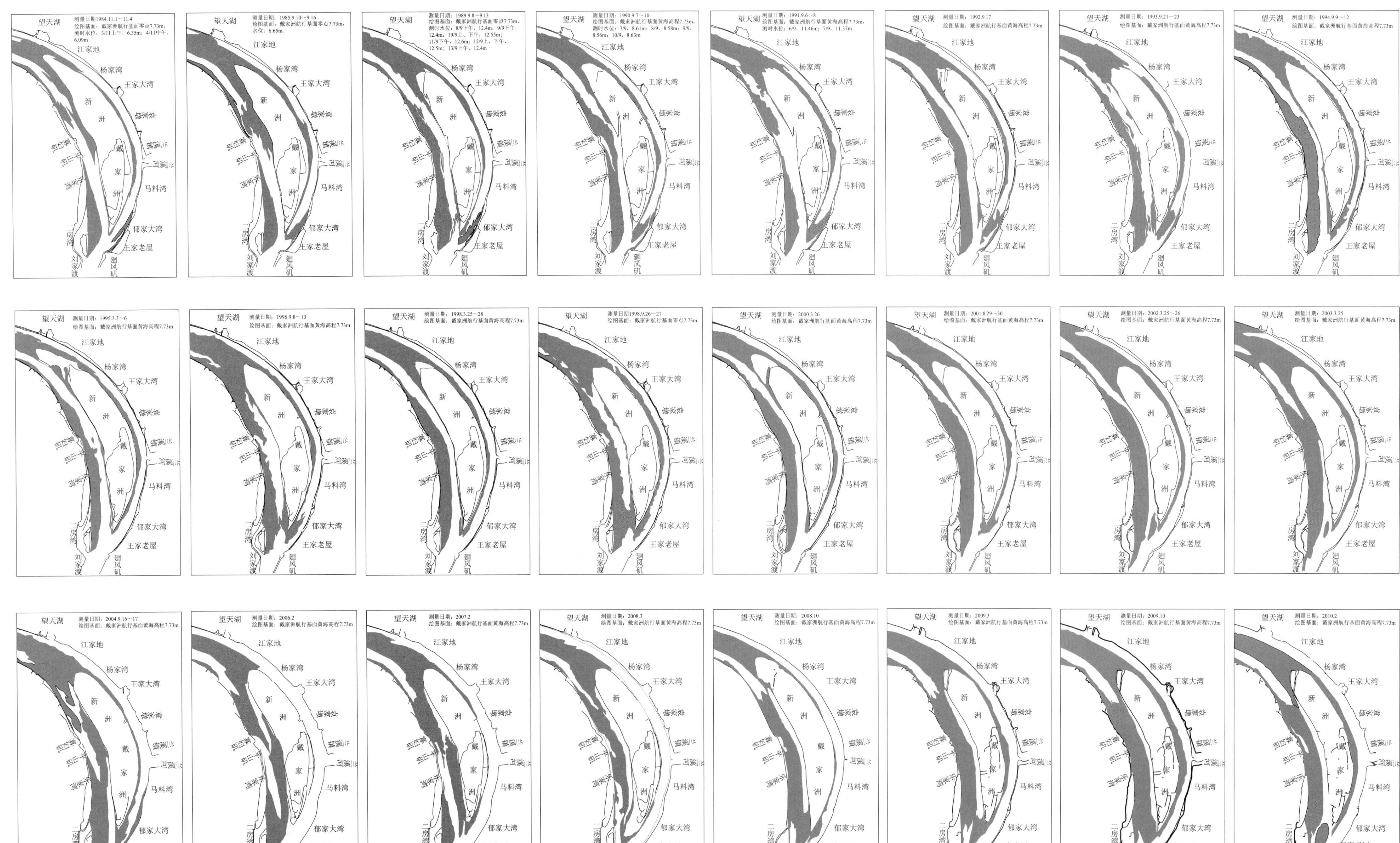

图2.19　直港近期滩槽格局平面演变图

图2.20 巴河边滩、戴家洲洲头和池湖港心滩洲滩格局变化图

⑦圆水道港内断面形态呈明显的弯道断面特征

圆水道处于大的弯曲河势的凹岸，河道横断面呈较为明显的弯道形态特征，圆水道汊内水深条件良好，仅在出口附近，由于断面放宽，有时存在浅滩，但该浅滩一般不碍航。

⑧直水道顺直和微弯水道特征不断转化交替

直水道位于分汊型弯道的凸岸侧，从近二十多年来的地形测图分析，受两汊进口分流条件以及河宽较大等因素影响，直水道内深泓呈沿戴家洲右缘坐弯与深槽多次过渡交替变化的基本演变态势(见图2.19)。

当直水道内深槽呈沿戴家洲右缘坐弯时，直水道凸岸边滩较为发育，这时一般而言，航道水深条件较好，呈现微弯河道特征。尽管上游的龙王矶—燕矶镇深槽临右岸，但一般条件多顺利过渡到下游的临戴家洲右缘。

直水道深槽多次过渡现象的出现是直水道特点彰显的结果，因为弯道环流减弱、水流分散，故而深槽中断或过渡形成浅滩，致使航道条件恶化。

总的来说，一个位于右岸的发育完整的凸岸边滩对直水道航道是有利的。目前直水道内深槽除在上、下浅区存在过渡外几乎紧贴戴家洲右缘，且凸岸边滩有所发育，直水道滩槽分布已初步具备左向弯道特征，即直水道航道呈现明显向好的发展趋势，但由于直水道弯道特性不强，弯道环流强度较弱、水流较分散，则直水道深槽必然再次出现多次过渡的局面，若遇特殊水文年，则直水道滩槽格局转化的进程将会明显加快。

⑨巴河边滩、戴家洲洲头和直水道滩槽演变密切关联

巴河边滩的消长、戴家洲洲头的进退和直水道滩槽的演变关系密切(见图2.20)。当巴河边滩冲蚀时，一般而言戴家洲洲头上伸，此时直水道多形成单一河槽，航道条件较好；当巴河边滩淤长发育时，戴家洲洲头后退下移，此时直水道也多形成单一河槽，航道条件也较好；当巴河边滩冲蚀而戴家洲洲头位置偏下时，戴家洲直水道内深槽易形成多次过渡情况，航道条件较差。

由上可见，对直水道有利的进口河床边界条件为，较为发育的巴河边滩和位置稍偏下的戴家洲洲头，或巴河边滩虽不存在但戴家洲洲头位置偏上；对直水道不利的进口河床边界条件则为，巴河边滩不存在且戴家洲洲头位置偏下。

⑩戴家洲直水道浅滩位置多变且呈洪淤枯冲规律

从近期的历年地形测图分析，戴家洲直水道内的浅滩位置是不断变化的，纵向上变化的空间很大。近几年来，直水道上浅区位置变化不大，而中下浅区位置变化较大。浅滩位置的这种大范围的变化，取决于两汊的分流即两汊的进口河段的水流动力条件及河床边界条件、深槽和边滩的位置等因素，非常复杂。

从航道维护部门根据地形观测成果所进行的分析结论可知，戴家洲河段的浅滩年内的冲淤变化规律同一般河流的过渡段浅滩是相一致的，即洪淤枯冲。

(3)演变影响因素分析

经分析，影响本河段河床演变的主要因素有如下几方面。

①河道平面形态对本河段的影响

本河段的巴河水道为顺直、放宽河型，戴家洲水道为微弯分汊河型。由于戴家洲水道上游的巴河水道顺直、放宽，因此巴河水道的水流动力轴线的摆动会导致边滩、心滩和成型淤积体随之消长，航槽位置不定。作为戴家洲水道的入流河段，巴河水道滩、槽的位移必然会殃及下游戴家洲水道，使得洲头、两汊发生较大的河床变形，改变两汊的分流比，导致枯水航槽

的位置或左或右。直水道平面形态为过直过宽,滩槽呈多次过渡的不良格局,航道条件较差。

②上游河势的影响

本河段由一顺直放宽型河道和一微弯分汊型河道组成。本河段上游为沙洲水道,该水道为两头窄(进出口河宽在1200m左右)中间宽(弯顶附近河宽约3400m)的弯曲河道,在弯顶附近存在较为高大的凸岸(左岸)边滩(见图2.21)。此凸岸边滩靠河中高而靠左岸边低,即在左岸边存在鞍槽(左汊)分流,在枯水期一般断流。上游沙洲水道河势对本河段的影响如下。

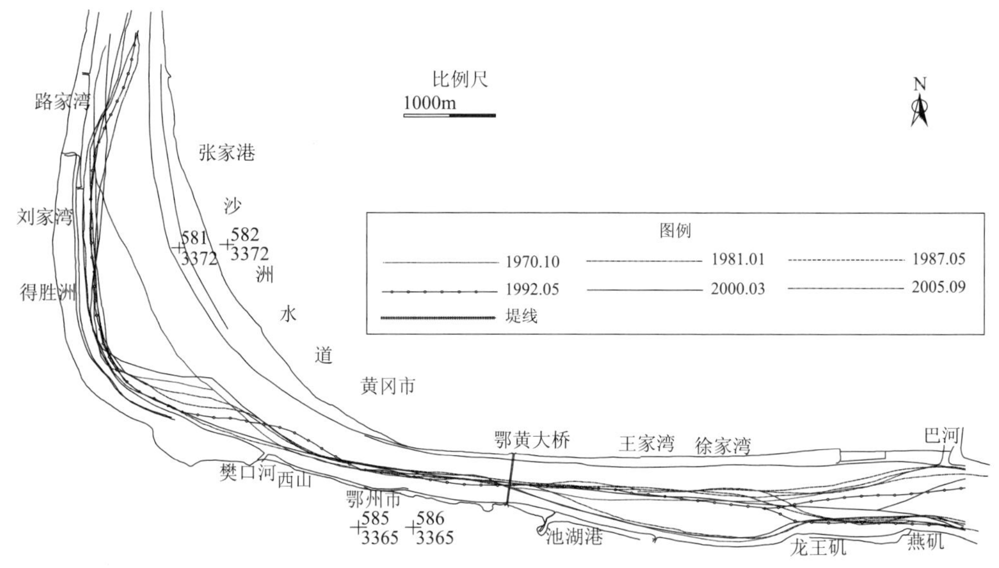

图2.21 沙州水道—巴河水道间历年深泓变化图

第一阶段:沙洲水道左汊为主汊,黄州沿岸边滩淤大,向河心展宽,逼使主流右摆。出口樊口河突咀具有一定的挑流作用,主流出沙洲水道后,向左摆动,靠近巴河水道左岸侧进入戴家洲河段,使得池湖港心滩处成为缓流区,泥沙落淤,心滩淤大,巴河边滩受冲下移,堵塞圆水道,逼使主流更多地流向直水道。

第二阶段:黄州边滩继续淤长,左汊逐渐淤积,右汊发展为主汊,出口樊口河突咀挑流作用增强,主流出沙洲水道后,左摆幅度加大,靠近巴河水道左岸侧进入戴家洲河段,使得池湖港心滩继续成为缓流区,巴河边滩不稳定,受冲下移,当下移到圆水道进口时,将其堵住,使水流更多地进入直水道。

第三阶段:黄州边滩保持淤积状态,至2005年,此滩已达半江以上。右汊为主汊,宽深,趋于稳定。主流出沙洲水道后。向左岸过渡的力量比较强劲,偏靠巴河水道左岸侧进入戴家洲河段。在此阶段,樊口河突咀被冲蚀掉,右岸实施了较为完整的护岸工程,沙洲水道基本稳定。但巴河边滩变小,洲头滩地后退,对圆水道有利,而对直水道不利,其结果是直水道航道条件变差,圆水道航道条件变好。

总体来说,沙洲水道的河势是基本稳定的;近期深泓紧贴右岸,凸岸存在基本稳定的边滩,表明弯道特征表现明显;河床的冲淤变化比较大,这种冲淤变化是水动力条件变化的结果,但不足以根本改变目前的弯道河势;弯顶附近河宽较大,凹岸为"钝角"形,表明各级流量下水流的动力轴线变化较大,导致出弯水流动力轴线存在一定的变化空间,对其下游顺直放宽型的巴河水道有一定影响,但影响程度不大,数值模拟认识性计算结果也表明沙洲水道水流动力轴线的变化对本河段影响较小。

③来水来沙条件的影响

由于巴河水道下段顺直放宽，且位于圆直水道分汊口门，对来水来沙的影响尤为敏感，并进而影响到汊道的冲淤变化。20 世纪 60 年代中期来沙量较大，给江心洲滩提供了丰富的沙源，新洲迅速淤积上延，洲体宽度也随之增加，直水道上段边界约束力增强，航道条件向好的方向发展。20 世纪 80 年代初期，来水来沙大，池湖港心滩与新洲头滩地右侧淤积幅度加大，使得巴河通天槽下口过渡段航道条件变好，而直水道中段逐渐形成弯道水流。当上游来水来沙较小时，形成的巴河边滩也小，滩头难以上伸，直水道进口过渡段浅区水深条件则会变坏，如 1986、1997 年。而来水来沙较多时则有利于巴河边滩的淤长下移及滩头上伸，导致直水道进口过渡段浅区航道条件变好，圆水道进口过渡段浅区淤积。近几年上游沙洲水道逐渐稳定，来沙有所减少，对巴河边滩的变小及新洲头滩地难以上伸有一定影响。

而特殊水文年则会对汊道演变造成重大影响，如 1998、1999 年特大洪水后致使直水道从 2002 年起发生严重淤积，滩槽格局恶化。

④支流及矶头的影响

戴家洲水道左岸进口及中段分别有巴河、兰溪河出流，由于两支流均不到总流的 0.3%，因此，对本河段影响很小。

巴河水道右岸下段存在龙王矶、燕矶两个矶头，分别突出岸线约为 250m、240m。随着巴河水道深泓的总体左摆，中低水位时，龙王矶几乎处于池湖港心滩尾的掩护之下，挑流作用有所减小；燕矶的挑流作用较强，该矶头前沿一带深槽发育，吸流作用较强，其下水流逐渐走弯。

廻风矶突出圆水道出口岸线约 230m，导致此处航线弯曲，且水流流态较差，上下船舶会比较困难。

寡妇矶位于直水道中段右岸，因其在汛期具有一定的挑流作用，矶头附近容易形成深槽，中枯水时，其吸流作用又使寡妇矶边滩滩面上容易出现串沟，导致水流分散、水深不足。

⑤三峡工程蓄水运行对本河段的影响

三峡工程蓄水运行后，坝下游自宜昌至上荆江河段总体体现为河床冲刷，各重点水道总体有"悬移质粒径增加"的现象。随着时间的推移，这种含悬移质粒径较大的水流逐渐下移，流速较出库时有所降低，在进入中下游各水道后，由于流速的降低，大粒径的泥沙颗粒将难以起动，逐渐开始淤积在中下游航道的深槽中。随着大粒径沙粒的逐渐淤积，水流呈不饱和状态，本河段内洲滩受冲后退的趋势将会更加明显。

(4)河床演变趋势预测

①自然条件下，河段上游的沙洲水道为"钝角"形弯道，且其凸岸"边滩"在低水时为边滩、中水时为心滩、高水时淹没于水下，控导力较弱，不同的水文年、不同的年内来水过程其出口的水动力轴线有一定的摆动，对巴河水道的稳定性必有一定影响，从而进一步影响到戴家洲河段的入流条件，使戴家洲水道经历了直水道枯水主航道→圆水道枯水主航道的反复转换。当进口来流洪、枯水动力轴线一致时，圆水道进口通畅，左汊航道必通畅；当进口来流洪、枯水动力轴线不一致时，圆水道进口洲头滩地受洪水切割，水流散乱，圆水道分流比减小，直水道发育。特大洪水洲头淤浅，对圆水道入流不利。

②戴家洲河段两岸建有防洪大堤，右岸为山矶、山地，左岸大部分岸段进行了人工护岸，本河段大的河势不会产生明显的改变，即不大可能出现圆、直水道一汊淤废的情况。巴河水

道仍将呈顺直放宽河型、戴家洲水道将依然保持弯曲分汊河型,池湖港心滩将保持目前基本稳定的状态,但其幅度不大的左缘的冲刷后退或淤长外扩、滩顶和支汊汊内的冲淤变化仍将持续。

③自然条件下,圆水道将继续保持枯水期主通航汊道地位,直水道将继续保持中洪水期主通航汊道地位。

④三峡水利枢纽建成、运行,特别是175m蓄水运用后,大流量被一定程度地削减,水流上高滩的几率将明显减少,中水流量出现的时间将有所延长;出库沙量锐减,将带来坝下河段长距离、长时间的冲刷。戴家洲河段虽远离三峡坝址,但河床变形也将一定程度地加剧。汛末水库蓄水,而此时正是浅滩落水冲刷期,浅滩落水冲刷期的缩短,使得水位回落加快,浅滩可能因此而恶化,当然,如果枯水期的流量有明显加大,可以一定程度地补偿因冲刷不力而引起的水深减小。三峡水库清水下泄,本河段内洲滩受冲后退的趋势将会更加明显,但对本河段原有的河床边界条件、河道平面形态和河道演变规律不会造成大的影响,巴河水道将继续保持"顺直放宽"、戴家洲水道将继续保持"微弯分汊"的河势格局。

2.4 鹅头型分汊河段河床演变宏观分析

2.4.1 河段概况

(1)河段基本情况

窑监大河段位于长江中游的下荆江中部,左岸为湖北省监利县,右岸为湖南省华容县,是长江中游重点碍航河段之一。窑监大河段上起西山,下至何家湖,全长28km,由窑集佬、监利和大马洲三个水道组成,其中窑集佬水道和监利水道又合称为窑监河段。

窑监河段上起西山,下至太和岭,全长16km,属鹅头分汊河型(见图2.22)。窑监河段汊道不稳定,曾发生过多次主支汊转换。1995年汛后,监利左汊严重淤积并持续衰退,枯水期基本淤塞,右汊乌龟夹发展成为主汊,航道也随之移至乌龟夹并使用至今。1995～2000年,在航道移至乌龟夹初期,航道条件虽然较差,但通过航道部门采取多种措施加大维护力度,保证了航道畅通。2000年以后,由于乌龟洲洲头及右缘逐年崩退,分汊口门过于放宽,枯季乌龟夹进口段河道宽浅、航道水深严重不足,疏浚后回淤严重,且乌龟夹出口存在碍航乱石堆,"深泓摆动、上浅下险"的碍航问题十分突出。特别是近几届枯季,碍航情况更加恶化,最严重时每天需6个小时左右时间禁航疏浚,水上交通安全事故时有发生。河床演变分析资料表明,该河段还将继续向不利方向发展,航道条件还将进一步恶化,在今后一个较长时期内窑监河段将是长江中游航道的主要卡口之一。

紧接监利水道的大马洲水道平面上呈现单一弯道形态。上游窑监河段形成分汊河型之前大马洲河型顺直,至监利主汊在左右汊周期转换之后,大马洲河段就开始向弯曲型发展,尤其是1995年监利主汊稳定在乌龟夹以来,大马洲就稳定成为微弯河型。监利出口主流的频繁易位直接导致大马洲主流不稳定,滩槽格局变化大,加之大马洲水道中间顺直段较长,左右岸分别为大马洲和丙寅洲沙质边滩,易于切割冲蚀,主流有较大的摆动空间,因此滩槽易变,航道条件不稳定,历史上多次出现出浅碍航,需要通过调标、疏浚和清障的手段进行维护才得以保障航道畅通。

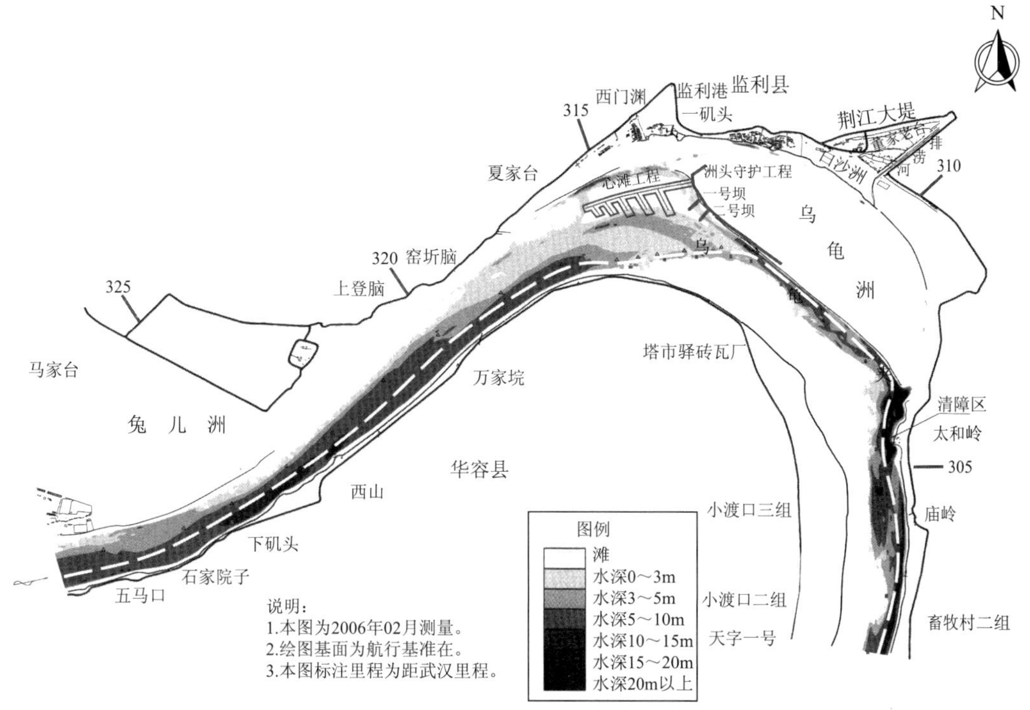

图2.22 窑监河段河势图

大马洲水道河道形态及航道条件直接受到窑监河段变化的影响。自1995年上游乌龟夹稳定在监利主汊以来，乌龟夹与大马洲水道中上段形成了一个较大的月弯形态，凸岸丙寅洲边滩淤积，凹岸乌龟洲右缘和大马洲冲刷后退。三峡蓄水以后，窑监河段的乌龟洲右缘下段和洲尾崩退速度加快，洲尾逐渐退至太和岭矶头以内，由此引起下游大马洲进口主流在太和岭左偏坐弯，顶冲太和岭护岸，造成岸边崩退，并受太和岭矶头作用形成挑流，太和岭下游河床放宽，泥沙在庙岭至横岭一带落淤。大马洲水道主流、深泓较蓄水前发生了较明显的改变，主流由顺直型(贴左岸下行)逐渐向"S"形发展，具体形式为：进口段主流左偏坐弯，顶冲太和岭矶头后向右岸偏离，受右岸丙寅洲边滩的制约，主流由右向左过渡，至左岸大马洲下边滩后，由左向右下行，直抵天字一号至徐家垱一带，原来较好的滩槽形态也有恶化趋势。

(2)综合治理工程简介

①窑监河段航道整治一期工程情况

a.工程目标。

通过洲滩守护等局部工程措施，稳定和局部改善滩槽格局，有利于引导水流归槽，抑制三峡工程蓄水运用后本河段向不利方向的发展，并适当清除太和岭附近江中的碍航乱石堆，缓解航道维护困难的紧张局面，达到2.9m×80m×750m、保证率98%的建设标准，保障枯水期航道畅通，并为后续工程的实施奠定基础。

b.整治原则。

(a)有利于塑造良好的洲滩形态，巩固以右汊为主汊的分汊格局。

(b)整治和清障相结合，改善右汊进出口航道条件。

(c)立足当前，兼顾长远。

c.工程方案。

为改善窑监河段"上浅下险"的碍航问题，先期实施了窑监河段航道整治一期工程，工程由以下三部分组成：

洲头心滩上建鱼骨坝：由一条鱼脊坝和五道鱼刺坝组成，主要作用是稳定和巩固洲头心滩的高滩部分，封堵窜沟，并与乌龟洲相接，使洲头心滩与乌龟洲连成一体，在右汊进口形成高大完整的凹岸岸线，适当减小主流的摆动范围，集中水流冲刷进口段浅区航槽，改善并稳定右汊进流条件。

LH1号鱼脊护滩带沿乌龟洲头心滩滩脊纵向布置，长度为2065m；LH2号和LH3号护滩带长度分别为216m、275m；LB4号～LB6号鱼刺坝长度分别为328m、415m、521m。

对乌龟洲洲头、右缘上段护岸2310m(不包括200m衔接段)，主要作用是保持乌龟洲洲头及右缘上段的稳定，进而维持乌龟洲的稳定和本河段的航道格局。

适当清除右汊出口太和岭附近江中的碍航乱石堆，改善船舶航行条件，消除安全隐患。清障设计标准为黄海高程15.78m。

d.工程实施情况。

一期工程于2009年3月底正式开工建设，到目前已先后完成了太和岭碍航乱石堆清障工程、洲头心滩鱼骨坝工程、乌龟洲洲头护岸工程。

e.一期工程效果分析。

洲头心滩淤积较为明显。心滩由2009年2月的单个沙体到2010年1月淤积成两块沙体。到2010年8月，下段洲头心滩较为稳定，上段继续淤积长大，与进口左岸侧洋沟子边滩连成一体。该种变化对于控制左汊的发展，保证右汊乌龟夹主汊地位较为有利。

洲头心滩鱼骨坝工程的实施，对于控制下深槽的窜沟作用也十分明显。2009年2月，下深槽窜沟比较明显，3m深槽长度达到1600m。工程实施后，窜沟被刺坝分割，坝田间窜沟淤积，仅LB5号、LB6号刺坝间和LB6号刺坝下游侧仍有窜沟存在，长度已不足800m。到2010年8月，窜沟的宽度进一步缩小。

航道条件得到明显改善。从"工可"以来的3m等深线变化图上可以清楚地看到，一期工程实施后，航道条件明显改善，达到了预期整治目标。

工程实施前，3m深槽虽然贯通，但航道走向曲折，宽度较小，同时航槽内存在浅包，最小水深2.4m。到2010年2月，3m深槽宽度达到370m。到2010年8月，虽经过汛前淤积，但3m深槽宽度仍可达到230m。在太和岭碍航乱石堆清除后，船舶航行条件也得到改善。

②在建乌龟洲守护工程

a.工程目标。

进一步稳定和巩固主航道左边界，稳定窑监河段出流条件，为下一步工程的实施奠定基础。

b.整治原则。

稳定乌龟洲右缘，采取守护措施，形成稳定的航道左边界。

c.工程方案。

对乌龟洲右缘中下段至尾部3892m岸线进行平顺式护岸守护。护岸工程上段与一期工程乌龟洲头及右缘中上段护岸相连，下段至乌龟洲尾左缘。

d.工程实施情况及预期效果。

考虑到三峡水库进一步蓄水运用会加快乌龟洲洲体中下段的冲刷崩退的速度，受乌龟洲右缘中下段的崩退影响所产生的下深槽主流摆幅加大、下深槽航槽不稳定、太和岭处岸线及下游大马洲水道航道条件的不稳定等航道问题将会加剧，航道条件将会恶化，乌龟洲右缘中下段的守护工程也于2010年汛后10月上旬开工建设，主体工程已于2011年5月施工完成。

工程实施后，在与一期工程共同作用下，可以稳定主航道的左边界，保持现有航道条件的稳定。物理模型系列年试验结果表明经过了 5 个水文年的冲淤调整之后，可维持 3m 等深线全程贯通，乌龟夹内航槽宽度也保持在 200m 以上。

2.4.2　水文泥沙条件

窑监大河段内有监利水文站，可作为分析本河段水沙特征代表站[该站于 1934 年 1 月由海关设立，开始只是水位站，站名为监利(城南)，解放前曾三次中断和恢复；1950 年 8 月基本水尺上迁 6 km，由长江水利委员会设立为水文站，改名为监利(姚圻脑)；1970～1974 年启用城南水尺为基本水尺，姚圻脑为水文测验断面；1996 年 5 月基本水尺下迁 6km 至城南，改名为监利水文站]，其水文特征如下：

(1)三峡水库蓄水前水沙情况

①来水来沙情况

三峡水库蓄水前，窑监大河段水沙年内分配不均匀，来水来沙主要集中在汛期(5～10 月)，最大流量出现在主汛期 7～9 月，占全年的 45.36%，其中以 7 月份最大，占全年的 16.72%，最小流量出现在 12～翌年 3 月份，以 2 月份水量最小，仅占全年的 2.75%；沙量年内分配与水量分配规律相似，汛期沙量占全年的 90.32%，最大来沙量发生在 7 月份，最小出现在 2 月份，具体数据详见表 2.19。据统计，历年最大流量为 46300m^3/s，出现在 1998 年 8 月 17 日；历年最小流量为 2650m^3/s，出现在 1952 年 2 月 5 日(表 2.20)。

三峡水库蓄水前监利多年月平均水沙年内分配统计　　表 2.19

月份	径流量(亿 m^3)	占全年百分数(%)	备　注	输沙量(万 t)	占全年百分数(%)	备　注
11 月	241	6.8	非汛期占全年总数的 25.53%	1433	4.02	非汛期占全年总数的 9.68%
12 月	159	4.5		537	1.50	
1 月	118	3.33		357	1.00	
2 月	97.5	2.75		235	0.66	
3 月	121	3.41		286	0.80	
4 月	168	4.74		605	1.70	
5 月	269	7.59	汛期占全年总数的 74.47%	1530	4.29	汛期占全年总数的 90.32%
6 月	368	10.38		3693	10.36	
7 月	592	16.72		9661	27.09	
8 月	528	14.91		7791	21.85	
9 月	486	13.73		6214	17.43	
10 月	395	11.14		3316	9.30	

注：表中资料统计年份为 1951～2002 年。

监利水文站水文泥沙特征统计　　表 2.20

项　目	流量(m^3/s)	年径流量(亿 m^3)	含沙量(kg/m^3)	输沙量(亿 t)
多年平均	11300	3576	1.063	3.6
历年最大值	46300	4413	11.0	5.49
出现时间	1998.8.17	1998	1975.8.11	1981
历年最小值	2650	2803	0.022	2.08
出现时间	1952.2.5	1959	1961.3.15	1994

注：表中资料统计年份为 1951～2002 年。

②水位

三峡水库蓄水前，窑监大河段水位受流域内季节降雨的影响较大，同时受下游洞庭湖出流顶托的影响，考虑到 20 世纪 60、70 年代荆江裁弯引起的河床冲淤对水位的影响较大，仅统计 1980～2002 年实测资料计算监利站多年月平均水位，得出三峡水库蓄水前 23 年中各月的平均水位（见表 2.21），由表可知：全年最高水位出现在 7、8 月份，全年最低水位发生在 1～3 月份。据统计，历年最高水位 36.18m（黄海高程，下同），出现在 1998 年 8 月 18 日；历年最低水位 21.06m，出现在 1996 年 3 月 12 日。多年平均高水位为 30.69m，多年平均低水位为 23.52m，多年平均水位为 26.41m。

三峡水库蓄水前监利站多年月平均水位统计　　表 2.21

月份	1 月	2 月	3 月	4 月	5 月	6 月	备　注
水位(m)	22.44	22.30	22.93	24.61	26.34	28.55	统计年份：1980～2002 年
月份	7 月	8 月	9 月	10 月	11 月	12 月	
水位(m)	31.36	30.48	29.89	28.19	25.62	23.62	

(2)三峡水库蓄水后水沙情况

①来水来沙情况

根据近三峡水库蓄水以来监利站实测水文资料可知（见表 2.22），三峡水库蓄水以来，监利站的来水量变化不大，来沙量大幅减少。

三峡水库蓄水后监利站径流量和输沙量统计一览　　表 2.22

年　份	径流量(亿 m^3)	输沙量(亿 t)	统 计 年 份
多年平均（三峡水库蓄水前）	3576	3.58	1950～2002 年
2003 年	3663	1.31	
2004 年	3735	1.06	
2005 年	4036	1.40	
2006 年	2718	0.389	
2007 年	3652	0.937	
2008 年	3803	0.76	
2009 年	3648	0.706	
2010 年	3679	0.601	
多年平均（三峡水库蓄水后）	3617	0.895	2003～2010 年

同时，蓄水以来的原型观测资料分析表明：虽然监利站的来水量变化不大，但来水过程有所改变，10 月份水库蓄水时出库流量明显减小；1～4 月份下泄流量增大；而 6～9 月份水库基本处于敞泄状态，流量与建库前相比基本不变，仅当枝城流量超过 $56700m^3/s$ 时水库才起削峰调洪作用；在泥沙方面，来沙量大幅度减少，2003～2009 年平均含沙量为 $0.286kg/m^3$（蓄水前监利站多年平均含沙量为 $1.063kg/m^3$）。这是因为大量推移质以及悬移质中的较粗部分拦在库内，排往库外的则主要是悬移质中的较细部分，下泄水流挟沙将长期处于次饱和状态。根据长江水利委员会水文局监利站实测床沙资料分析最新研究成果表明，三峡水库运用期，监利站床沙组成随着河道冲淤变化呈粗化现象，并表现出一定程度的粗化趋势，如 2002、2003、2004、2005、2006、2007、2008 年 10 月，监利站的床沙中值粒径分别为0.179mm、

0.154mm、0.171mm、0.195mm、0.239mm、0.228mm 和 0.238mm。

②水位

三峡水库蓄水后，窑监大河段汛期洪峰削减，中水持续时间延长，枯水期流量增加，水位过程详见图 2.23，月平均水位见表 2.23。由资料分析可知：三峡水库蓄水以来，由于水库汛后蓄水，导致窑监河段汛后来水退落较快，大大缩短了水位退落过程中对进口段浅区的冲刷时间，可以预见，175m 蓄水后这种现象将表现得更为明显。

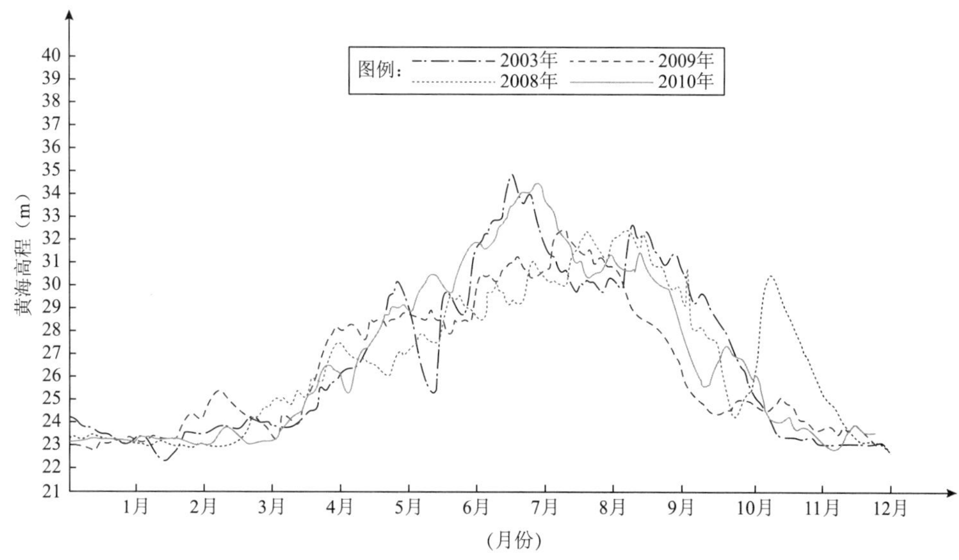

图 2.23　三峡蓄水后水位过程线图

三峡水库蓄水后监利站月平均水位统计　　表 2.23

月份	1 月	2 月	3 月	4 月	5 月	6 月	统 计 年 份
水位(m)	23.55	23.54	24.40	25.35	27.74	29.57	2003～2010 年
月份	7 月	8 月	9 月	10 月	11 月	12 月	
水位(m)	31.69	31.03	30.58	27.40	25.76	24.08	

2.4.3 航道概况

(1)窑监河段

窑监河段为中间宽、两头窄的弯曲分汊河型，乌龟洲把水道分为左、右两汊，历史上曾发生过多次主支汊易位，1995 年汛后，左汊淤积严重并持续衰退逐渐发展成支汊，右汊乌龟夹发展成主汊，主航道也随之移至乌龟夹并使用至今。

三峡蓄水初期及航道整治工程实施前，左汊进一步萎缩，右汊仍为主汊，伴随着乌龟洲右缘的不断崩退及洲头心滩的冲刷后退，进口放宽段主流摆动幅度加大，多槽争流，流速减缓，水流归槽能力大幅降低。下深槽淤浅、坐弯，主流摆动幅度加大，航道条件变差。受洲头心滩、乌龟洲右缘及太和岭岸线冲刷的影响，河床总体向宽浅不利形态发展。

随着窑监河段航道整治一期工程和乌龟洲守护工程的相继实施，作为航道左边界的洲头心滩平面位置得到稳定，乌龟洲也基本保持稳定，尽管主流的左摆依然存在，但幅度减小，航槽由多槽口向单一槽口发展，主航槽展宽、冲深，南槽淤浅、衰退，主航道条件得到明显改善。

(2)大马洲水道

大马洲水道为单一弯曲河型，航道条件的好坏直接受窑监河段变化的影响。上游窑监河段形成分汊河型前，大马洲水道为顺直河型；至窑监河段主汊在左右汊周期转换之后，大马洲水道就开始向弯曲型发展；直到1995年主汊稳定在右汊乌龟夹后，大马洲就形成了稳定的微弯河型；三峡蓄水后，窑监河段的乌龟洲右缘下段和洲尾崩退速度加快，洲尾逐渐退至太和岭矶头以内，由此引起大马洲进口段主流左偏坐弯，顶冲太和岭矶头后向右岸偏离，受右岸丙寅洲边滩的制约，主流由右向左过渡，左岸大马洲下边滩后，由左向右下行，直抵天字一号至徐家垱一带，原来较好的滩槽形态有恶化趋势，大马洲航道逐渐变得弯曲、狭窄。

加之窑监河段航道整治一期工程和乌龟洲守护工程的逐步实施完善，航道的左边界得到基本稳定，但主航道的右边界新河口边滩一直处于天然状态，近期边滩头部冲淤交替，滩头存在冲刷切割变化的可能，新河口边滩的变化及航道整治工程的实施均对大马洲水道的滩槽形态产生一定不利影响，使大马洲水道的航道条件变差。根据航道维护资料，大马洲水道近年来河槽变化统计见表2.24。

大马洲水道历年河槽变化 表2.24

时间		水位(m)	大马洲河槽变化
2002.4.20～26		4.43	丙寅洲对开河心3m窄，5m断开
2003.4.20～26		3.78	3m通，较宽
2005.9.11		10.72	朱家港对开3m窄，5m交错
2006.1		−1.8	3m贯通，最窄240m，5m在庙岭交错
2007.8.11		11.03	朱家港对开3m窄，5m断开
2008	1.9	1.52	3m贯通，朱家港对开5m断开
	7.20	8.09	丙寅洲对开河心3m散包
	9～10	7	3m贯通，朱家港对开5m断开
	11	8.7	3m通，较宽
2009.2		1.74	3m通，丙寅洲下边滩对开出现双槽
2010.3		2.24	3m通，但下深槽出现分支，沿丙寅洲洲尾上串

2.4.4 河床演变规律分析

(1)冲淤演变特点

①窑监河段冲淤演变特点

三峡水库蓄水以来，窑监河段航道整治一期工程实施前，窑监河段有冲有淤，但以冲刷为主，其中，2003年9月～2006年同期(135m蓄水期)河床冲刷745万m^3，2006年9月～2008年9月(156m蓄水期)河床冲刷105万m^3，2003年9月～2008年9月河床共冲刷640万m^3，见表2.25。冲刷的部位主要为：上深槽、下深槽(在乌龟洲中段以上)、中槽、洲头心滩右缘低滩及乌龟洲右缘。淤积的部位主要为：下深槽(在乌龟洲中段以下)、南槽、新河口边滩、洲头心滩的高滩部分。

三峡水库蓄水后窑监河段冲刷量(单位：万 m^3)　　表 2.25

时　段	冲 刷 量	时　段	冲 刷 量
2003.9～2004.9	−264	2006.9～2007.9	966
2004.9～2005.9	+412	2007.9～2008.9	−861
2005.9～2006.9	−893	2006.9～2008.9(156m 蓄水期)	+105
2003.9～2006.9(135m 蓄水期)	−745	2003.9～2008.9	−640

注:“−”表示冲刷,“+”表示淤积。

2009 年 3 月,窑监河段航道一期工程开工建设,工程实施以来,窑监河段冲淤变化主要表现为:在乌龟夹进口口门、乌龟夹中上段、乌龟洲右缘中下段及太和岭一带发生了较强幅度的冲刷,泥沙的淤积主要发生在洲头心滩、新河口边滩的上部和下部、南槽。究其原因,乌龟夹进口口门、乌龟夹中上段的冲刷主要是因为在鱼骨坝的束水作用下,水流归槽所致;太和岭一带的冲刷主要还是因为乌龟洲右缘中下段受冲后退使得该区域水流顶冲作用增强所致;洲头心滩的淤积主要是心滩鱼骨坝守护作用的体现。

总的来看,三峡蓄水以来,窑监河段冲淤变化可分为两个阶段:在窑监河段航道整治一期工程实施以前,江心洲滩冲刷,河床总体向宽浅方向发展,航道条件整体较差;航道整治一期工程实施以后,江心洲滩得到稳定,整体表现为淤积,航槽冲深发展。

②大马洲水道冲淤演变特点

就大马洲—砖桥而言,有冲有淤,冲淤基本平衡。这主要是由于三峡蓄水清水下泄加剧了乌龟夹左岸崩退,使下泄水流含沙量得到了充足的补充,加之该河段较乌龟夹宽浅的河床形态,水流放缓,从乌龟夹带出的大量泥沙容易在缓流区及过渡段等部位落淤,在深槽以及水流顶冲等部位发生冲刷。冲刷的部位主要为:太和岭矶头内深槽和左岸坡、太和岭矶头—右岸丙寅洲中部边滩—左岸沙家边一带、丙寅洲下边滩已护岸线内侧、大马洲下边滩;淤积的部位主要为:丙寅洲上边滩,庙岭至横岭一带边滩、左岸沙家边向右岸黄家潭过渡带。

从近两年实际的冲淤变化情况看,其冲淤变化与三峡蓄水以来的总体冲淤规律一致,相对蓄水以来的平均冲淤速度,庙岭至横岭一带以及陈家码头对中河心的淤积还有所加快。究其原因,乌龟洲洲尾及太和岭仍在持续崩退,入口主流摆动更大,深槽更加弯曲,或冲刷或淤积的强度就更大。

(2)主流变化情况

①窑监河段主流变化主要表现出两个特点:一是过渡段主流南北往返摆动,二是乌龟夹内主流持续左移。

a. 过渡段主流变化。

1995 年右汊作为主航槽时,航槽居中,1996 年、1997 年两年航槽逐渐南移;1988 年由于特大洪水,深泓趋直,航槽北移;到 2002 年、2003 年两年深泓逐渐南移,2003 年至今深泓逐渐北移,但有再次南摆迹象。归纳起来,有以下两个特点:

(a)过渡段深泓摆动幅度较大,能在整个口门内摆动。

(b)深泓在口门内南北往返摆动,如 1995～1997 年南移、1999～2000 年北移、2000～2003 年又往南回摆、2003～2009 年北移。

b. 乌龟夹内主流变化。

近年来,随着乌龟洲右缘的冲刷后退及新河口边滩向左淤长,下深槽深泓平面呈现明显持续左摆变化，其中下段左移的幅度较中段略大。主流变化与乌龟洲体平面变化息息相关，这种变化已有所体现：近年来，乌龟洲右缘下段冲刷后退幅度较中段大，所以下段深槽主流左摆幅度较中段大。

②受到上游窑监河段出口主流摆动和太和岭矶头挑流的影响，大马洲水道进口深泓逐渐坐弯，下段水流多次左右岸折冲过渡，出口段河面展宽。

乌龟夹下口主流沿持续崩退的左岸进入大马洲水道，直接顶冲太和岭上游岸线。从三峡蓄水以来的主流变化来看，2010 年 3 月在 2003 年 4 月基础上深泓左偏 300m。主流坐弯的同时，对应凸岸丙寅洲上边滩淤积，更加束窄了航槽，从而大马洲进口段航道十分弯曲，2010 年 3 月的测图深泓线弯曲半径仅约 900m。另外随着水位的下降，太和岭护岸乱石堆凸显，航道弯曲，流态越来越紊乱。

上段坐弯的主流被太和岭矶头挑向右岸丙寅洲中部边滩，在太和岭到丙寅洲之间形成第一过渡段。入口主流越弯，太和岭矶头的挑流作用就更强。从近期深泓线变化图上看出，2003 年深泓线在太和岭矶头以下稍微右摆迅即折回左岸，而 2010 年的摆动幅度很大，被太和岭挑向右岸直接顶冲丙寅洲中部边滩，深泓与岸线的距离仅 200m。由于主流在丙寅洲中部边滩受到顶冲以后，再次折回右岸，向横岭至沙家边一带过渡，这为大马洲水道的第二个过渡段。

主流沿沙家边边滩下行，进入大马洲水道的出口弯道河段，在弯道环流的作用下形成第三个过渡，从左岸沙家边向右岸凹岸过渡，之后沿右岸进入砖桥水道。从深泓图上可见 2003 年此处深泓从沙家边过渡到天字一号，而 2010 年深泓较 2003 年下挫到徐家垱，下挫达 1800m。

正是由于上游窑监河段出口主流的左摆，使得太和岭矶头挑流作用增强，和蓄水以前比较，在大马洲水道进口处增加一个自左岸向右岸丙寅洲边滩的过渡。也正是由于太和岭矶头引导水流顶冲丙寅洲边滩中部，造成滩槽出现不利变化，航道趋于弯曲，变差。

(3)滩槽变化特点

①三峡水库蓄水初期，窑监河段演变规律保持不变。

左汊进一步萎缩，右汊仍然为主汊，但在退水期至枯水初期，伴随着乌龟洲右缘的不断崩退及洲头心滩的冲刷后退，进口放宽段主流摆动幅度加大，多槽争流，流速减缓，水流归槽能力大幅降低。下深槽淤浅、坐弯，主流摆动幅度加大，航道条件变差。受洲头心滩、乌龟洲右缘及太和岭岸线冲刷的影响，河床总体向宽浅不利形态发展。随着窑监河段航道整治一期工程和乌龟洲守护工程的相继实施，作为航道左边界的洲头心滩和乌龟洲基本保持稳定，但主流的左摆依然存在，幅度有所减小。

a.乌龟洲洲头心滩及过渡段航槽变化。

乌龟洲洲头心滩萎缩变散，乌龟夹进口趋向宽浅，2003 年 9 月，洲头心滩面积为1.18 km^2。而后，心滩右缘受水流冲刷，滩体整体左移，同时滩体面积不断减小，到 2009 年 9 月，洲头心滩面积萎缩至 0.36km^2，仅为 2003 年的 30.5%。由于心滩位于乌龟夹进口凹岸，具有导引水流平顺集中进入夹内的重要作用，是乌龟夹进口的关键边界条件，随着滩体日趋散乱，再加上滩体受冲左移，使得浅区段展宽，形成多槽，束水作用减弱，乌龟夹进口日趋散乱，航道条件较差。

近期，在窑监河段航道整治一期工程实施以后，洲头心滩平面位置得到稳定，航槽由多槽口向单一槽口发展，主航槽展宽、冲深，南槽淤浅、衰退，中槽主航道条件得到明显改善。

b. 乌龟洲变化。

乌龟洲是下荆江最大的江心洲。在三峡蓄水初期，乌龟洲的变化主要表现为洲头的冲刷后退；2004 年以后，随着乌龟洲右缘顶冲点的逐渐下移，洲头及洲体右缘最大左移在 100m 以上。由于洲体的不断崩退，洲体面积由 2003 年的 8.28km^2 减小到 2009 年的7.25km^2（表 2.26）。

乌龟洲洲体（航行基面上 4m）**特征值历年变化**　　表 2.26

时间	洲长(m)	最大洲宽(m)	面积(km^2)	洲顶最大高程(基面上,m)
2003.11	6370	1790	8.28	13.1
2004.11	6250	1750	7.98	13.1
2006.10	6343	1771	7.86	13.2
2007.10	6280	1800	7.85	13.2
2008.10	6250	1750	7.71	13.2
2009.09	6000	1650	7.25	未测量

c. 窑监河段下深槽变化。

鉴于乌龟洲洲体右缘的变化较为剧烈，为更好地看出乌龟洲洲体变化对下深槽平面及水深的影响，进而对航道的影响，在乌龟洲洲体右缘布设了四个横断面，通过对横断面变化情况进行分析，来找出乌龟洲洲体变化对深槽及航道条件可能产生的影响。

在乌龟洲右缘中下段，乌龟洲洲体持续冲刷后退，其中下段冲刷后退的幅度较中段及尾部大。随着乌龟洲洲体右缘的冲刷后退，下深槽有一个明显的持续左摆变化。在深槽左摆的同时，下深槽表现为先冲后淤的变化特性，近期变化以淤积为主。

由于深槽趋于宽浅，使得水道主流难以稳定，摆动幅度加大，在中下段局部部位主流摆动幅度可达到 500m 以上。由于主流摆幅的加大，造成了局部深槽的不稳定，加剧了航道的不利变化。

②随着河道内主流的大幅摆动，大马洲水道内主要边滩都出现调整迹象，河道变得更加弯曲，由较好的滩槽形态向不利趋势发展。

a. 太和岭变化。

三峡蓄水以来，乌龟洲右缘下段和洲尾受冲，洲尾逐渐崩退凹陷于太和岭以内，太和岭矶头内侧也同时受到乌龟夹出口主流顶冲，岸坡崩退。至此乌龟夹出口主流平顺过渡至大马洲入口段的良好水流条件逐渐被改变，入口主流坐弯，并受太和岭原护岸水毁形成的乱石堆影响，流态紊乱，且在太和岭矶头形成较强的挑流，顶冲右岸丙寅洲边滩。

对比 2009 年 2 月和 2002 年 4 月 3m 等深线，太和岭矶头上游侧 3m 等深线左岸后退了 85m，右岸冲刷后退近 90m，左岸边滩向外展宽达 250m，右岸边滩后退 120m。2009 年 2 月在 2002 年 10 月基础上岸线崩退了 300m，乌龟洲洲尾崩退了 240m。因目前的太和岭矶头处水流顶冲相对减弱，岸坡土体又相对密实稳定，从而造就了向河心凸出的突咀矶头形态。太和岭一带的崩退和太和岭矶头的形成是入口航道弯曲和不稳定发展的重要原因之一。尽管 1987 年对太和岭上下实施了护岸工程，但效果并不好，反而护岸水毁后形成河床碍航乱石堆，扰乱了水流，且给行船带来了触礁隐患。

b. 丙寅洲边滩变化。

三峡蓄水来，由于监利主汊稳定在乌龟夹，丙寅洲洲体演变仍在继续，但变化幅度总体减小,演变趋势有所变化。主要表现为:与太和岭正对的上边滩淤积,挤压入口航槽且加大其弯曲度;中部低滩由于受到太和岭矶头挑流冲刷而逐渐后退;上游来沙在放宽段沉积,从而下边滩淤长淤宽,并受水流切割作用,在陈家码头到天字一号一带形成心滩。

根据维护资料分析,2008 年 11 月丙寅洲边滩最高高程 14.1m,最大洲宽约 1460m,与往年同期相比,边滩北缘有所冲刷,天字一号处边滩淤宽约 400m,洲尾被扫湾水切割形成浅点,并逐年淤长。2010 年与 2003 年的测图对比,与太和岭正对的上边滩外展 320m,中部边滩后退 300m,洲尾边滩淤宽淤长,并被切割成心滩,到 2010 年成为 0m 线宽约 180m、长约 1000m 的狭长型心滩。

c. 大马洲边滩变化。

三峡蓄水来,由于监利主汊稳定在乌龟夹,丙寅洲洲体演变仍在继续,但变化幅度总体减小,演变趋势有所变化。主要表现为:与太和岭正对的上边滩淤积,挤压入口航槽且加大其弯曲度;中部低滩由于受到太和岭矶头挑流冲刷而逐渐后退;上游来沙在放宽段沉积,从而下边滩淤长淤宽,并受水流切割作用,在陈家码头到天字一号一带形成心滩。根据维护资料分析,2008 年 11 月丙寅洲边滩最高高程 14.1m,最大洲宽约 1460m,与往年同期相比,边滩北缘有所冲刷,天字一号处边滩淤宽约 400m,洲尾被扫湾水切割形成浅点,并逐年淤长。2010 年与 2003 年的测图对比,与太和岭正对的上边滩外展 320m,中部边滩后退 300m,洲尾边滩淤宽淤长,并被切割成心滩,到 2010 年成为 0m 线宽约 180m、长约 1000m 的狭长型心滩。

d. 大马洲水道深槽变化。

大马洲水道深槽的变化与岸线及边滩变化一致,如太和岭上游左岸进一步后退,矶头更突出,则入口深槽进一步左摆;庙岭至横岭一带左边滩淤积,右边滩冲刷后退,则深槽右摆,使得原有的微弯顺直型航槽逐步向"S"型航槽发展,且进口航道将变得更加弯曲、狭窄,并在左边滩淤积成心滩的时候形成左右两槽;大马洲下边滩头部崩退下挫,丙寅洲下边滩淤长淤宽,则深槽被迫左摆,由于弯道的存在,上下深槽在此过渡,上深槽沿左岸下行,下深槽则沿右岸边滩上串,并切割丙寅洲下边滩,形成心滩,航槽更加弯窄。根据航道维护资料大马洲水道近年来河槽变化统计见表 2.27。

大马洲水道历年河槽变化 表 2.27

时间		水位(m)	大马洲河槽变化
2002.4.20~26		4.43	丙寅洲对开河心 3m 窄,5m 断开
2003.4.20~26		3.78	3m 通,较宽
2005.9.11		10.72	朱家港对开 3m 窄,5m 交错
2006.1		−1.8	3m 贯通,最窄 240m,5m 在庙岭交错
2007.8.11		11.03	朱家港对开 3m 窄,5m 断开
2008	1.9	1.52	3m 贯通,朱家港对开 5m 断开
	7.20	8.09	丙寅洲对开河心 3m 散包
	9~10	7	3m 贯通,朱家港对开 5m 断开
	11	8.7	3m 通,较宽
2009.2		1.74	3m 通,丙寅洲下边滩对开出现双槽
2010.3		2.24	3m 通,但下深槽出现分支,沿丙寅洲洲尾上串

对比大马洲水道年际横断面变化，太和岭矶头所在断面由于乌龟夹出流集中顶冲，2009 年深槽较 2003 年刷深约 13.5m。位于太和岭矶头以下的 2 号断面，2010 年深泓比 2003 年右移了 780m，可见在这个位置主流大幅右摆。3 号断面近年变化不明显，4 号断面位于大马洲沙家边至天字一号之间，因为主流在大马洲折冲点下移，造成左岸大马洲沙家边至窑湾一带边滩冲刷，右岸丙寅洲洲尾淤积下移，心滩形成，和 2002 年相比呈现了相反的河床形态。5 号断面位于大马洲出口段，从断面年际变化图来看，均表现为深槽淤积、左右岸冲刷后退，断面向宽浅型发展。

(4)浅滩演变分析

当窑监河段主汊稳定在右汊乌龟夹后，以前两汊争流的矛盾开始转化为主流稳定在右汊时进口段多槽争流和下段主流摆动引起航道条件不稳定的矛盾。而随着窑监河段航道整治一期工程和乌龟洲守护工程的实施，进口段多槽争流的航道问题基本得到解决。但由于右岸新河口边滩未得到控制，新河口边滩的变化会引起过渡段航槽不稳定。且由于新河口边滩中下段向江心的淤长，乌龟夹内深槽持续左偏，引起大马洲水道入流条件的变化，造成大马洲水道进口弯曲及出口过渡段航道条件变差。因此，在此重点分析在已有工程实施后浅滩变化的特点，重点在于新河口边滩变化对窑监河段过渡段航道条件变化的影响、窑监河段出流条件的改变对于大马洲水道航道条件的影响以及大马洲水道浅滩演变特点。

①窑监河段浅滩演变特点

a.新河口边滩变化特点。

新河口边滩滩头为滩体最不稳定区域，易受来水来沙条件变化发生冲淤变化。三峡水库蓄水以来，边滩的变化仍然以滩头变化为主，由此印证了滩头不稳定的认识。在蓄水初期的 2003～2005 年，滩体头部有所淤长上延，最大淤长展宽约 390m，其中 2004 中水小沙年新河口边滩冲刷消失，致使右汊进口段主流摆动频繁，水流分散，出现多槽争流的格局。2005 年以来，新河口边滩冲淤交替，2005～2007 年，边滩头部持续冲刷，其中在 2005～2006 年的一年时间内，滩头平均冲刷后退 250m，接近 2003 年的滩体头部位置。在 2007～2008 年，滩头大幅向上淤长延伸至江心，滩体中部受冲成槽，江心滩体与新河口边滩相连，使得新河口边滩范围增大；到 2009 年 1 月，滩体头部再次冲刷，滩体变得散乱；到 2010 年 1 月，边滩有所淤高长大，散乱的滩体变得完整；到 2011 年 1 月，边滩头部继续淤长上延。

由近期变化可以看出，新河口边滩近期的变化主要表现为滩头的冲淤交替，变化主要是由于乌龟夹进口段过宽，主流摆动空间大且频繁，从而造成了滩头的冲淤变化。当新河口边滩滩头位置靠下时，滩体易发生淤积变化；当滩头位置过于靠上时，易受到水流切割成槽。新河口边滩变化受来水来沙情况影响较大，当来流量较小，来沙量较高时，边滩滩头向上淤长、延伸，当上游来沙量较小(如三峡水库蓄水之后)，同时遭遇大、中水时，淤长的边滩滩头则会受冲后退或者被水流切割成槽，而新河口边滩中部和尾部整体呈现淤宽长大，且向河心延伸的变化规律。近期，新河口边滩中部和尾部整体向河心淤宽长大就引起了乌龟夹深槽内主流的左摆。

b.新河口边滩变化与窑监河段过渡段航道条件之间关系。

自 1995 年以来，窑监河段分汊河段的形式始终保持不变，目前演变周期主流走乌龟夹。由于弯曲分汊放宽，洪枯水流路不一致，主流动力轴线具有“低水傍岸、高水取直”的特点。动力轴线年内的变化规律，决定了浅滩的年内冲淤变化呈现涨淤落冲的变化规律。汛期水流受到河湾的壅阻及河床、乌龟洲表面阻力及分汊口的形态阻力的影响而产生壅水，比降减小,水流较为分散,挟沙能力减弱,泥沙淤积;汛后,随着水位退落,水流逐渐归槽,浅区冲刷力度加大。在汛后退水过程中,因浅滩形态的不同,浅滩冲刷部位、幅度的不同决定了碍航程度的不同。

窑监河段浅滩段主要位于乌龟夹口门过渡段,乌龟洲过渡段航道条件主要受到洲头心滩和新河口边滩变化的影响:当洲头心滩及新河口边滩高大完整时,过渡段航槽多以单一航槽形式出现,此时航道条件较好;当洲头心滩及新河口边滩受冲后退时,对于过渡段束水作用减弱,过渡段形成多槽,此时航道条件较差。

近期,洲头心滩不断冲刷后退,从而造成了乌龟夹口门处的放宽,主流摆动空间加大,引起新河口边滩头部冲淤交替,造成航道条件的不稳定。随着窑监河段航道整治一期工程的实施,洲头心滩也基本稳定,新河口边滩的变化直接决定着过渡段航道条件的好坏。当新河口边滩高大、完整且位置较上时,南槽萎缩,过渡段中槽得到稳定,此时航道条件较好;当新河口边滩位置靠上,但受水流冲刷滩体散乱,头部形成双槽过流时,此时航道条件次之;当新河口边滩较为低矮、散乱,且位置靠下时,过渡段放宽,易形成多槽,此时航道条件较差。

c.浅滩变化特点。

三峡水库蓄水以来,窑监河段演变规律不变,河势格局也未发生变化,仅分汊口门段滩槽形势有所调整。水道进口左岸洋沟子边滩头部冲刷、尾部不断淤积下延,乌龟洲洲头心滩冲刷左移,新河口边滩滩体外缘冲刷后退且红楼以上冲刷幅度大,致使分汊口门过于放宽,汛期泥沙大量落淤,枯季滩形散乱、易形成多槽争流局面,主流年内、年际摆动仍较大,航道维护困难。

目前,窑监河段已实施航道整治一期工程和拟实施乌龟洲守护工程。工程实施后,一定程度上改善了航道条件,左边界基本得到了控制。目前 3.5m 线贯通,但右边界仍未得到有效控制,汊道进口河槽仍然较宽,而右岸侧新河口边滩冲淤交替,其滩体易形成串沟,易于发展形成切滩,随着三峡水库持续运行,进口航道边界条件仍不稳定。在没有后续工程的情况下,将难以长期维持 3.5m 水深尺度。

②大马洲水道浅滩演变特点

1995 年监利主汊再次稳定在乌龟夹的时候,两汊正好在太和岭对中河心交汇,太和岭与乌龟洲洲尾相对。三峡蓄水以前窑监河段主要是乌龟洲洲头和右缘上段受冲,顶冲点逐渐下移,2004 年以后,则主要为乌龟洲右缘下段和洲尾受冲,洲尾逐渐崩退凹陷于太和岭以内,太和岭矶头内侧也同时受到乌龟夹出口主流顶冲,岸坡崩退。至此乌龟夹出口主流平顺过渡至大马洲入口段的良好水流条件逐渐被改变,入口主流坐弯,并受太和岭原护岸水毁形成的乱石堆影响,流态紊乱,且在太和岭矶头形成较强的挑流,顶冲右岸丙寅洲边滩。

历史上大马洲水道丙寅洲边滩总体演变趋势表现为:入口主流来自监利左汊则丙寅洲中下边滩冲刷后退,上边滩则淤积甚至与乌龟洲相连;主流来自右汊则中下边滩淤积下延,上边滩时冲时淤,每次监利主汊的易位都引起了洲体的较大变化。

三峡蓄水以后,由于监利主汊稳定在乌龟夹,丙寅洲洲体演变仍在继续,但变化幅度总体减小,演变趋势有所变化。主要表现为:与太和岭正对的上边滩淤积,挤压入口航槽且加大其弯曲度;中部低滩由于受到太和岭矶头挑流冲刷而逐渐后退;上游来沙在放宽段沉积,从而下边滩淤长淤宽,并受水流切割作用,在陈家码头到天字一号一带形成心滩。

近年来,上段滩槽的冲淤变化,给下段的来水来沙条件也带来了相应的改变。随着右岸丙寅洲边滩的逐渐下移,被丙寅洲边滩挑向左岸下泄的主流在左岸的顶冲点也相应下移,造成大马洲下边滩头部冲刷后退，河道展宽，过水断面增大，引起槽中水流分散，流速减缓，泥沙落淤，形成浅点或心滩。对比 2002 年 2 月、2008 年 2 月和 2009 年 2 月 3m 等深线，大马洲水道中段左岸 3m 等深线贴左岸下行，横岭以下边滩后退，2008 年 0m 线后退至护岸岸线后停止。出口段 3m 等深线逐年展宽，过水断面增大，引起槽中水流分散，流速减缓，造成槽口不稳定。

本章参考文献

[1] 刘万利. 长江下游江心洲—乌江河段河床演变宏观分析报告[R]. 天津：交通部天津水运工程科学研究所，2011.

[2] 余帆，等. 长江中游界牌河段工程可行性研究报告[R]. 武汉：长江航道规划设计研究院，1989.

[3] 李旺生，朱玉德. 长江中游沙市河段河床演变分析及趋势预测[J]. 水道港口，2006(10).

[4] 李旺生，朱玉德. 长江中游沙市河段航道整治思路探讨[J]. 水道港口，2006(8).

[5] 李旺生，朱玉德. 长江中游沙市河段航道治理方案专题研究报告[R]. 天津：交通部天津水运工程科学研究所，2006.

[6] 刘万利，等. 长江中游戴家洲河段天然水流特性试验研究[J]. 水道港口，2010(4).

[7] 李旺生，朱玉德，刘万利，等. 长江中游戴家洲河段河床演变初步分析报告[R]. 天津：交通部天津水运工程科学研究所，2007.

[8] 刘万利，李旺生，朱玉德，等. 长江中游戴家洲河段航道整治思路探讨[J]. 水道港口，2009，30(1)：31-36.

[9] 刘万利，朱玉德. 长江中游戴家洲河段航道治理工程物理模型定床试验研究[R]. 天津：交通部天津水运工程科学研究所，2007.

[10] 张明进. 长江中游戴家洲河段航道整治工程数学模型研究报告[R]. 天津：交通部天津水运工程科学研究所，2007.

第 3 章 | 分汊河段系统治理思路

3.1 系统治理的理念

系统治理[1-2]是指在河段内统筹考虑上下游河段之间，航道治理与河道整治、圈围造地、港口开发等相关工程之间，航道建设与水生生物资源养护、水生态环境保护之间，航道治理总体方案与分期实施之间等的关系，科学制定各河段的治理思路、建设方案、治理重点和实施序列，合理确定工程目标和建设规模，既有利于充分发挥河段系统治理的整体效应，又有利于项目的实施和推进。

具体来说，河段治理方案需从空间、时间、外部条件三方面综合考虑。

(1)空间

上下游河段(水道)间关联性、整体(工程区)与局部、平面与立面[3-9]。

(2)时间

总体方案及不间断跟踪调整优化、分期实施及治理时机、各阶段目标及工程。

(3)外部条件

航道工程与河道治理、造地、港口、桥梁等开发工程之间；航道工程与环境(取水、环境保护区)、防洪、通航安全之间。

3.2 分汊河段洲头水流分布特性

3.2.1 分流面的概念

所谓分流面是指：在洲头分流区局部河段依据两汊分流比计算得到的沿垂线方向的曲面。分流面的概念的提出，为分汊河段治理过程中洲头工程的合理布置提供了一种新方法[1]。

3.2.2 洲头分流区水流分布特性

通过数值模拟计算及物理模型试验，对分汊河段洲头水流分布特性进行了分析，较全面地揭示了洲头附近水流运动规律，进一步丰富了洲头水力运动的学科理论。

研究表明，戴家洲洲头的流向变化明显受制于洲头河段的地形和两汊地形变化以及两汊的阻力对比关系等因素，变化较为复杂(图 3.1)。

①当流量在 20000m^3/s 以下时，戴家洲洲头水流明显左偏，且流量越小，左偏角度越大。这是基本顺直河势下的来流在受到下游弯曲河势的影响以及直水道流量通过能力受限的条件下产生的现象，这种偏转现象可能同戴直水道洪水期塑造的地形形态及在落水期水流难以形成贯通良好的深槽密切相关。同时，偏转的水流对戴家洲洲头潜洲将产生一定的斜切冲刷作用。另外，由于偏转的水流受戴家洲洲头地形的影响，更多的是面流产生偏转，因此，上游来沙将可能更多的进入戴直，故而对戴直浅滩的枯水冲刷不利。

戴家洲洲头水流自右向左摆的现象体现在分流面曲线上就是分流面曲线从上游的靠近

右岸，逐渐向左过渡，直至洲头两汊分流点。

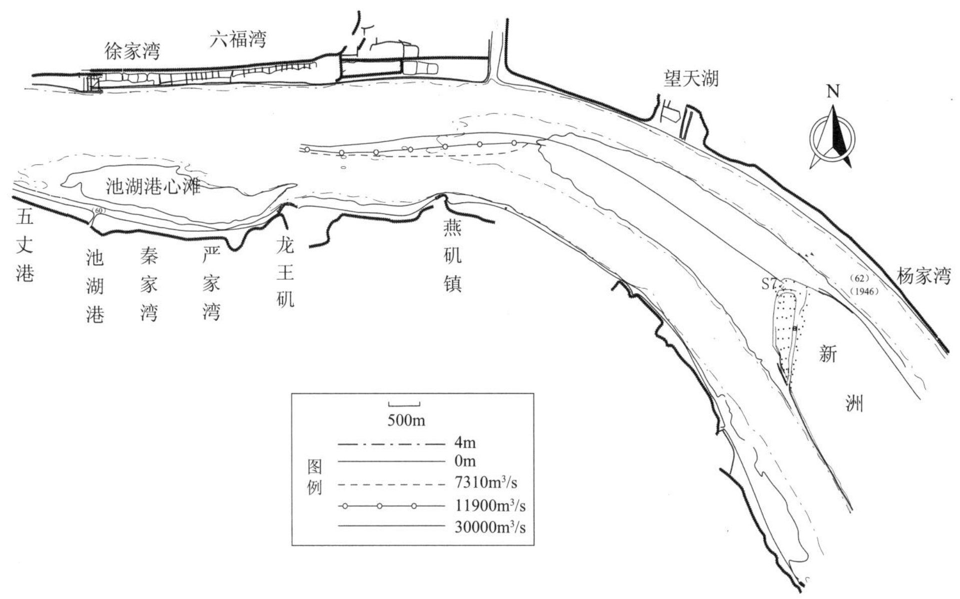

图 3.1　现状地形各级流量下戴家洲洲头分流情况

②当流量在 20000～30000m^3/s 之间时，戴家洲洲头上游水流无明显的偏角。这是因为当流量较大时，戴家洲洲头的滞流点位置由于水位抬高而进入弯道，分流区已位于弯道上段内，水流的横向分布和两汊的过流能力相匹配而达到均衡，故此，水流流向在洲头附近没有产生明显的偏一侧的现象。

③当流量在 30000～50000m^3/s 之间时，戴家洲洲头水流右偏。随着流量的进一步加大以及戴家洲洲头的滞流点位置的进一步下移，直水道过水面积随水位的增高而增大，且明显优于圆水道，由此直水道的过流能力的增值大于圆水道，而分流区的断面横向流速分布又更多的受弯曲河势的影响而偏右，限于圆水道的过流能力故而偏右。

洲头水流自左向右偏的现象体现在分流面曲线上就是分流面曲线从上游的略靠近左岸，逐渐向右过渡，直至洲头两汊分流点。

④当流量大于等于 50000m^3/s 时，由于水流漫过新洲，洪水水流取直，流向在洲头附近没有产生明显的偏一侧的现象。

通过以上对于戴家洲洲头水流分布变化情况的分析可知，如果在戴家洲洲头布置工程增加直水道（右汊）的枯水分流比，工程应尽量位于枯水分流面的左侧；同时，为了使工程不影响两汊洪水特性，洲头工程应尽可能布置在洪水分流面附近。以上分析可为弯曲分汊河段滩头工程方案布置起到借鉴作用。

3.3　通航主汊道的选择

航线的选择是航道整治工程设计中的核心问题，因为它的确定将派生和决定着航道整治工程的总体平面布局，而布局的合理性是工程成败的关键。通航主汊道的选择问题，实质上就是分汊河段的航线选择问题，不过它较单一河槽河型航线选择要复杂得多。

一般而言，通航主汊应选择分水多、分沙少、呈发展趋势的一汊，它是普适的，但具体到实际滩段该如何应用这个原则择汊则甚为棘手。作为选汊的重要一环，需从两汊的现状条件（如分流分沙、航道条件等）、航道尺度发展水域、河型特征等进行全面的对比，综合分析两汊各种利弊条件[2]。

3.4 航道整治目标河型

航道整治目标河型[2]主要包括以下3层含义：

①历史上特别是近期出现过的、洲滩布局合理、航道水深条件较好、中枯水流向基本一致、深泓微弯的河型。

②如果抓住有利的时机（建立在趋势预测的基础上）通过有效的工程措施实现和目标河型相似的河型，航道整治的工程量应该较为节省。

③河段通常在枯水期容易碍航，枯水航道相对也比较稳定，目标河型选择枯水期良好地形为佳。

因此若某研究河段的滩槽格局、航道水深条件等和目标河型相差较大，总体工程应该分期实施，先期应实施位置合理且可能存在较大变化的滩体守护工程，以营造有利的滩体形态，继而采取进一步的航道整治工程加以治理。

从以上航道整治目标河型的概念可以看出，目标河型的涵义与冲积性河流的基本河型的概念是不同的（冲积性河流包括顺直、弯曲、分汊和游荡等基本河型），它与研究河段的洲滩布局、航道条件等紧密结合，用于指导研究河段航道整治工程布局。

当然目标河型的选择是需要一定条件的（特别是水流动力条件和河岸、河床的地质条件等），不同的河型滩段其目标河型有所不同，则工程布局也有所不同。

①对于顺直型河段来说，由于流水趋向于弯曲的内在规律，顺直流路向曲流的转化是必然的，则通过稳定两岸位置合理且可能有较大变化的洲滩边界，将其稳定成微弯的枯水河槽形态，尽量避免深泓呈多次过渡的不良形态。

②对于弯曲河段来说，此种河段较顺直型河段更稳定，但过弯的河段也不稳定，即不要过直，也不能过弯。根据研究，河段曲率半径约为5～10km时河段较稳定，且弯曲河段要有足够的河长，否则也不稳定。即稳定的弯曲型河道需有合理的曲率半径，并有足够的河长。同时考虑到弯曲型河道河岸的抗冲性较差，需对合理岸坡位置进行守护。

3.5 河段治理时机

通常对于冲积性河流航道整治来说存在所谓的“有利时机”，但这个“有利时机”有时是稍纵即逝的，因为冲积性河流的洲滩变化很快。冲积性河流河槽断面积的大小同呈周期性变化的来流关系密切，虽河床冲淤发展同来水存在时间差，即河床的变形滞后，但一般而言还是大洪水或特大洪水年河槽断面积要大。同时，洲滩的切割也多发生在径流大的年份，此时多出现由弯到直的流路，很多的浅滩在这种条件下水深改善。如果单从浅滩水深而言，自然这种条件下是“有利时机”。研究认为这个“有利时机”是有条件的，它的断面形态、流路是和大洪水或特大洪水年这种径流条件相适应，它是一种极端的情况，至少它的浅滩断面大小和更多年份的来水来沙是不相协调的，河床一定是要回淤的。因此，如果将这种情况视为“有利时机”进行航道治理，要特别地加以小心。

对于“有利时机”的认识、把握和选择，更应该关注的是洲滩的合理布局，而不应拘泥于浅滩的水深大小，即重视对“目标河型”的认识、把握和选择，这个“目标河型”应更能适应一般的来水来沙年份，而不仅仅是代表性差的特殊年份。

认识一个滩段需要时间、研究它需要时间、工程实施还需要时间，所以在研究它的时候要预判一个滩段它将来是否有利。在预测的基础上，“适时”采取工程措施，对第一造床流量下的河势进行控制，以稳定或塑造航道整治的目标河型，这个“适时”就是有利时机。

3.6 航道整治工程区

由于长江中下游河道河宽较大，如若采用密集的“梳子”形丁坝群进行全河段整治则工程量将十分浩大，经济上也是不可行的。由于全控型航道整治措施的不可行，所以航道整治工程的总平面布置就凸现其重要性，局部控制型航道整治措施就成为长江航道整治的基本理念。由于局部控制，河床的平面变化就存在一定的空间，如何通过局部控制达到中水河势的基本稳定和航线的变迁在可控的范围之内，就成了研究的关键。为此，我们提出工程区的概念，所谓工程区就是我们需要实施工程的区域。对于一个滩段或一个河段，需要设置几个工程区、设在何处、每个工程区的功能是什么、工程区相互间的影响和配合如何等等，这些都是工程区概念的外延。合理的工程措施及布局可以起到事半功倍的功效。

3.7 典型分汊河段研究实例

3.7.1 江心洲—乌江河段航道整治目标河型、治理时机及整治思路研究

(1)江心洲—乌江河段通航汊道的选择

本河段包含多个分汊河段，有的河段自形成分汊格局以来，主汊稳定且地位明显，一直作为通航主汊道(如江心洲水道、马鞍山水道)，有的河段主支汊相对不稳，历史上曾出现过主支汊易位现象(如乌江、凡家矶水道)[10]。

凡家矶水道1995年成为通航主汊，目前分流比在60%以上，10m等深线宽度大于500m。而乌江水道10m槽2007年才贯通，航道宽度也相对较窄，10m等深线最窄处仅88m，局部河段0m线宽度仅360m，航道条件远较凡家矶水道差。并且由于小黄洲尾与新生洲头的低滩部分已基本相连，使得乌江水道与上游马鞍山水道已完全隔离，右汊凡家矶水道为呈发展趋势的一汊。且凡家矶水道与上、下游航槽衔接可形成微弯河槽形态。

因此选择江心洲水道、马鞍山水道和凡家矶水道作为本河段通航主汊道进行整治。

(2)江心洲—乌江河段航道整治目标河型研究

江心洲—乌江河段江中洲、滩较多，水流分汊，进口段主流不稳，历史上航槽经常发生较

大的摆动。在航槽摆动过程中，部分航段的水深仅 5m 左右，航道条件较差。目前河段总体河势比较稳定，河床演变也处在相对稳定期，除小黄洲洲头过渡段外，航道条件较好。河段具体表现：江心洲水道已形成微弯河型；小黄洲河段经过多年的整治，目前主支汊已相对稳定；凡家矶水道自成为主汊以来，航道条件一直保持良好。

在目前较好河势及航道条件下江心洲—乌江河段航道整治的关键是进一步稳定进口段主流，巩固较为完整的洲滩形态，维持目前江心洲水道微弯河型和小黄洲、新生洲及新济洲河段的分汊格局。对小黄洲洲头过渡段航道横、弯、窄水流条件进行适当治理。

基于以上认识江—乌河段航道整治的总体目标：采取工程措施，使江心洲水道稳定为航道条件较好的微弯河型；使乌江水道、凡家矶水道稳定为主支明显、航道条件较好的分汊河型；改变和调整小黄洲洲头过渡段的入流条件并拓宽航槽，根本改善小黄洲洲头过渡段航道的航行条件。使得江—乌河段主航道和小黄洲左汊及乌江水道较好的航道尺度得以长期保持，并满足规划建设标准的要求。对照这一整治目标，我们选定 2002 年 1 月河道形态为河段治理的目标河型(见图 3.2)。

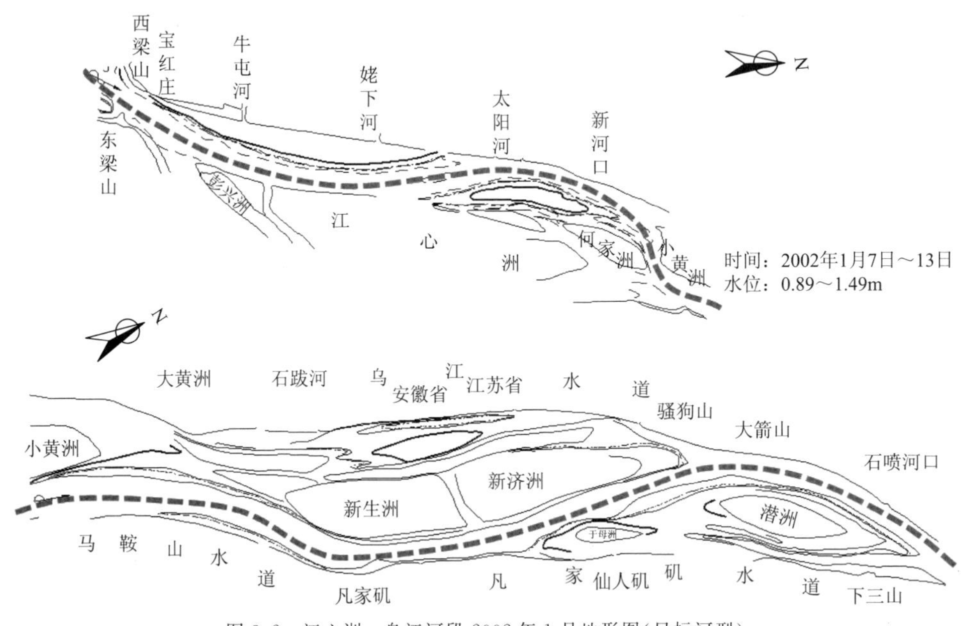

图 3.2　江心洲—乌江河段 2002 年 1 月地形图(目标河型)

(3)江心洲—乌江河段航道治理时机

从河演分析结果看，长江下游江心洲—乌江这一长复合型分汊河段存在的主要问题是主流摆动，滩槽不稳。在航槽摆动过程中，部分航段历史上水深仅 5m 左右，不能满足现行航道维护标准的要求。尽管目前本河段河床演变正处在相对稳定期，航道条件较好，航道尺度满足维护标准的要求，但河床演变的周期性表明，滩槽的进一步演变也同样可以将较好的航道条件转变到历史上的较差状态。由于本河段主流的不稳性仍然存在，也使得河段内的洲滩和航槽难以保持稳定，而这种不稳定性正是航道条件恶化的隐患。一方面，受进口左岸西梁山挑流的作用，江心洲水道进口段主流右偏，致使江中彭兴洲头和江心洲头及左缘崩岸不断，上深槽和主流也将越来越弯曲，上下深槽之间的过渡段越来越趋横，航道条件恶化；同时，由于江心洲水道主流的摆动，下游分汊河段的分流比也随之不断调整，航道条件也将不断变化。另一方面，该水道的左边滩(牛屯河边滩)为顺直河道中的新生边滩，其稳定性相对较差，容易被切割冲蚀。就目前和今后的来沙条件而言，这种切割冲蚀一旦发生，其还滩能力很低，恢复时间也将较长，河床有可能向宽浅方向发展，进而引起下游水道的河床发生连锁性改变。

目前的滩槽、洲岛的平面布局是多年水沙运动和河床周界相互作用的结果，它是均衡的、合理的，具备较好的稳定条件。但是，在现状条件下，这种稳定不可能长期得以保持。目前河段内部分洲滩已经显现向不利方向变化的趋势，如不及时加以整治，航道就有可能发生大的变化。同时由于现阶段航道条件较好，全线满足航道建设标准，只需通过适当的守护工程稳定现有洲滩形势，即可达到事半功倍的工程效果。因此，本河段目前处在相对比较有利的治理时机。鉴于目前的航道条件及今后可能发生的变化态势，同时根据小黄洲洲头段航道条件相对较差的现状，确定了航道整治的总体整治原则为：因势利导，综合协调；守护为主，整治结合；总体设计，分期实施。在江—乌长直多汊河段通航汊道的选择、治理目标及原则的基础上，提出了江—乌河段航道治理措施设想。

(4)江心洲—乌江河段系统治理思路研究

目前江心洲水道虽然航道条件较好，但是还存在两方面问题：一是主流摆动，深泓及滩槽不稳定；二是小黄洲左汊分流增加、汊道呈发展趋势，小黄洲洲头段航道相应趋横、趋窄。凡家矶水道 1995 年改为主航道以来，航道条件改善，但仍存在再次发生汊道兴衰变化的可能。这两处水道都需要采取工程措施进行控制，防止河道及航道条件向不利方向转化。

江心洲水道和凡家矶水道的治理都以维持现状为目标，保持现有航道条件，包括巩固主汊良好的航道条件，以及保留具有一定通航能力的支汊（太平府水道、小黄洲左汊、乌江水道）的通航条件。其中江心洲水道是此次治理的重点。根据以上情况和航道治理原则，提出江—乌河段航道治理措施的设想如下：

①江心洲水道

a. 治理措施一。

在牛屯河边滩上部边缘修建控导工程（顺坝或丁坝），一方面促使牛屯河边滩进一步淤高淤大，防止主流摆动切割；另一方面也可以适当改善右汊（太平府水道）进口的入流条件，有利于右汊航道条件的改善。

此措施暂时不考虑江心洲左缘上段的崩岸问题，待其崩退到一定程度，航道线型更加合理时，再考虑护岸工程和小黄洲洲头段的控导工程。

b. 治理措施二。

结合治理措施一，在小黄洲左汊进口上游一带建导流潜丁坝，控制小黄洲左汊的分流比及其发展，同时调顺小黄洲洲头段水流走势，使贴小黄洲头主流右移，同时对何家洲尾实施切滩，使小黄洲洲头段枯水河宽保持在 1000m 左右，降低该段的流速，尽快改善该段的航道条件。

c. 治理措施三。

结合治理措施二，对彭兴洲头、江心洲左缘崩岸段进行平顺守护。

d. 治理措施四。

在江心洲水道最佳治理方案的基础上，对右汊太平府水道进口—姑溪河口段进行整治。初步设想是：进口段整治和疏浚结合，先整后疏。整治建筑物为丁坝群或丁、顺结合，整治线宽度 300m 左右。

②乌江、凡家矶水道

乌江、凡家矶水道已列入水利部门的规划治理范围，拟采取的措施包括对新生洲与新济洲间串沟进行封堵；对新生洲洲头左右缘、新济洲洲尾右缘和七坝段抛石护岸。航道治理措施应与水利部门充分协调。

通过物理模型试验及数学模型计算最终确定的河段总体工程方案布置(见图3.3)为：在牛屯河边滩自上而下布置五条护滩带，在护滩带上仍修建锁坝封堵串沟；江心洲左缘上段护岸；在江心洲水道心滩、下何家洲、江心洲之间的支汊内建锁坝，使支汊水流在中枯水期归槽，调整小黄洲过渡段入流条件，并避免支汊在小黄洲过渡段汇流；在新生洲头部低滩布置鱼骨型护滩工程，防止新生洲头低滩冲刷后退。

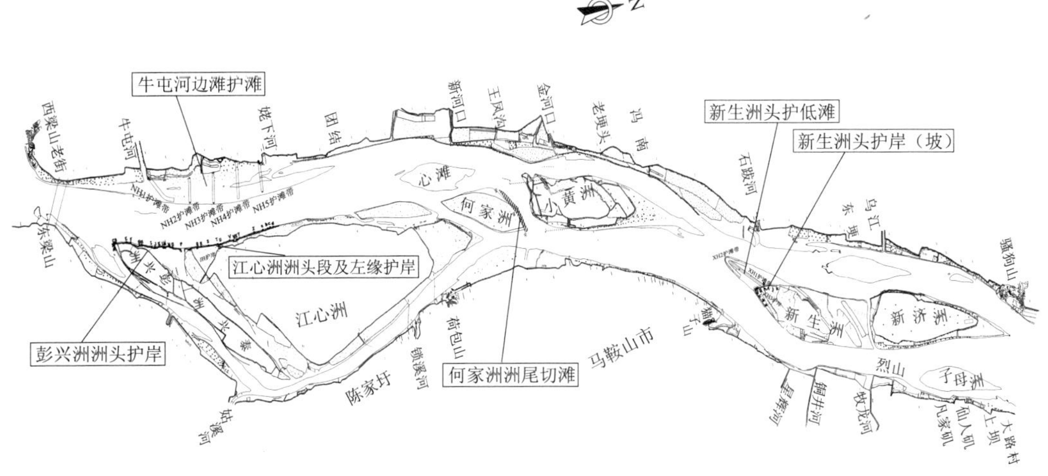

图3.3 江一乌河段总体工程治理方案布置图

根据分析，总体治理工程不宜一步到位，有必要分多期实施，先期实施牛屯河边滩护滩带及江心洲左缘上段护岸工程；根据一期工程对江心洲水道平面形态调整情况，再实施心滩区域守控工程；然后在进一步跟踪分析的基础上，再实施剩余工程。

3.7.2 戴家洲河段航道整治目标河型、治理时机及整治思路研究

(1)戴家洲河段通航主汊道的选择

对戴家洲河段直水道左、右两汊的现状条件、航道尺度发展水域、巴河边滩问题、河型特征等进行了全面的对比分析(表3.1)。

戴家洲圆水道和直水道边界与航道条件对比一览表　　表3.1

序号	圆水道		直水道	
	条件	属性	条件	属性
1	圆水道位于弯曲分汊河段的凹岸，汊内弯道水流运动特征明显，断面呈显著的弯道形态	有利	航道里程相对较短	有利
2	圆水道凹岸较为完整的护岸工程，构成为主导河岸且较为圆顺	有利	河面较为宽阔，高水时对船舶安全航行有利	有利
3	圆水道河势、河床相对较为稳定	有利	中洪水分流量较大	有利
4	圆水道港内水深条件较好，无明显碍航的浅滩	有利	戴家洲洲头特别是较高的部分明显偏北	有利
5	目前枯水分流量要大于直水道	有利	龙王矶、燕矶镇沿岸深槽多年存在且下延至直水道汊内	有利

续上表

序号	圆水道		直水道	
	条件	属性	条件	属性
6	汊内存在采砂，对圆水道分流量加大可能有益处	有利	直水道进口未出现过边滩	有利
7	进口位于大的河势的凹岸，但凹岸特点表现不明显	中性	戴家洲洲头堵塞直水道进口的现象未发生过	有利
8	河道的水面宽度相对较为狭窄	中性	直水道出口航道走向较为顺直，同下游的桥梁通航孔衔接较好	有利
9	汊道内有支流汇入	中性	进口存在洲头浅埂，即巴河通天槽常常碍航	不利
10	出口存在浅滩，但一般不碍航	中性	水面较宽，枯水水流分散，水流动力轴线变化的空间较大	不利
11	中洪水分流量明显小于直水道	不利	位于大的河势的凸岸，直水道特性较为明显	不利
12	汊内存在采砂，给船舶安全航行带来隐患	不利	枯水分流量小于圆水道	不利
13	圆水道较直水道航道里程长	不利	直水道内的戴家洲右缘岸滩存在坍塌现象	不利
14	进口存在历史上出现过的巴河边滩，该边滩的淤长对圆水道的进口航道条件有影响	不利	边滩发育不完整，且边滩多变，在大的河势的凸岸即戴家洲的右缘存在边滩	不利
15	戴家洲的洲头潜洲左偏对圆水道进口航道条件不利，历史上存在洲头封堵圆水道现象	不利	各级流量下水流的动力轴线不一致，目前深泓在直水道存在多次过渡	不利
16	圆水道出口处由于左岸廻风矶的存在，航行水流条件不好	不利	存在一处或多处碍航浅滩	不利
17	圆水道出口的下游待建的鄂州大桥以及相距很近的已建的黄石大桥对进出圆水道航道的影响要大些	不利	两岸的岸线均不太圆顺，右岸存在矶头挑流	不利

①由于选择圆水道难以解决巴河边滩存废问题，而巴河边滩的存在和发育将阻塞圆水道进口航道，航道整治工程对于改善浅滩是可期的，但要改变边滩的形成条件困难大甚至难以实现。同时，因涉及河势控制问题，廻风矶节点部分切滩工程难以实施，则位于园港出口廻风矶附近的不良流态问题难以解决，且紧临廻风矶下游拟建大桥桥区航线和圆水道航线难以平顺衔接。

②直水道近几十年来绝大多数年份为通航主汊。目前，该汊存在的主要问题有三：一是分流不稳定，枯水期分流比变小；二是弯道特性变弱；三是枯水河道变直变宽。而这三个问题均可以通过工程措施来解决。此外，直水道航道与拟建的鄂东长江公路大桥通航孔可平顺对接，也不存在不良流态问题。

故此，选择航程短、水域宽阔且为船舶优择航线但目前航道条件暂时仍然不好的直水道为枯水期通航主汊[11]。

(2)戴家洲河段航道整治目标河型

根据前述航道整治目标河型的概念，结合研究河段近三十年来的地形观测资料和对地形特征的认识，选择右汊即直水道为通航主汊道的目标河型为 1998 年 3 月测图(见图 3.4)所表达的河床洲滩布局。

(3)戴家洲河段治理时机

从目标河型来看，戴家洲河段目前的滩槽格局与目标河型有较大的差距，因此总体治理工程涉及的工程区很多，且工程量很大。若首先通过关键部位的整治来诱导其他碍航河段的滩槽格局向有利方向发展，则是一个较佳的选择（工程量将大为减小，后续工程效果更为突出）；戴家洲河段浅滩的成因包括新洲头滩地形态不良及河道变直变宽两大方面，治理对策应包括对滩地形态的调整和枯水河床调整、束水攻沙两大方面。通过对滩地形态的调整达到调控汊道分流比，增强直水道弯道特性的目的。调整工程实施后，直水道枯水河床及水流条件必将发生相应变化，枯水整治应根据巴河通天槽和直水道河床调整后的滩槽分布重新布置。显然，戴家洲水道的航道整治应分多步实施（分期实施），先期实施起到承上启下作用的江心洲头部滩地形态调整工程，然后再实施巴河通天槽和直水道内枯水航道整治[11]。

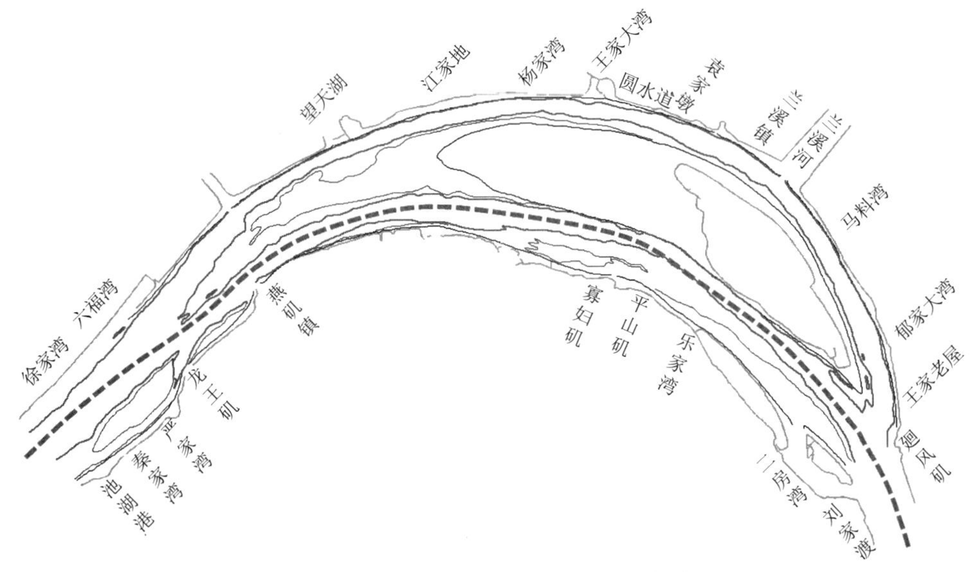

图 3.4　戴家洲河段 1998 年 3 月地形图（直水道目标河型）

(4)戴家洲河段整治原则、工程区及系统治理思路

①治理原则

a. 关于整治原则的基本思考。

(a)关于分汊问题。

戴家洲水道长期以分汊河型的形态存在，这表明这种河型和来水来沙是适应的、和谐的、稳定的。基于中枯水的航道整治工程不应该改变，也不可能改变这种两汊相对均衡的稳定格局，这是从宏观考虑。但只要在河床内实施工程，无论是守滩护岸的防守性工程还是改变水流的进攻性工程，都将不同程度地影响两汊的分水分沙。一般而言，航道整治工程的实施难以动摇这种分汊格局，不过对于弯曲分汊河型存在枯水座弯、洪水取直的特点，因而对于凹岸一侧的汊道枯水分流比的减小要适当加以控制。

(b)巴河通天槽问题。

巴河水道在不同的来流条件下，它的水动力条件变化分别表现为三种不同河型的特征，一为顺直放宽河型特点（流量为 20000m^3/s 以下时，在戴家洲洲头存在由右向左的横流），二为分汊河型特点（流量为 60000m^3/s 以上时，在戴家洲洲头无明显横流），三为弯曲河型特点（流量为 30000～60000m^3/s，在戴家洲洲头存在由左向右的横流），这三种不同的特点的共同作用，使得这个河段的河床变形很复杂。

从 1980 年后，长江出现了两次比较大的洪水，即 1983 年（年平均流量为 27700m^3/s）和 1998 年（年平均流量为 28900m^3/s）年均流量相近，1983 年的最高水位 28.10m，而 1998 年的最高洪水位为 29.43m,比 1983 年要高;27.00m 水位以上持续的天数,1983 年为 22d、1998 年为 78d;24.00m 水位以上持续的天数,1983 年为 122d(中间有几天较低的未扣)、1998 年为 98d;两年的峰型特征相近,均为单峰型且峰型较胖。同为大洪水,但洪水过后的河床变形特点表现的差别较大。1998 年大洪水后,随着巴河边滩的发育和冲蚀,戴家洲洲头在不断地后退,巴河通天槽的航道条件恶化,戴家洲直水道航道条件也在变差,特别是近几年来,年年都需通过移标、改汊或疏浚等航道维护措施来保障枯水期的航道畅通。1998 年的大洪水是近期河床演变的重要节点。

巴河通天槽位置从概念上说来它还不能完全归属于浅滩,当然,如果将戴家洲、巴河边滩和戴家洲的圆水道(左汊)整个视为下边滩,池湖港心滩及其右汊视为上边滩,则巴河通天槽就是一个过渡段浅滩,这是从宏观上看;同时,若将池湖港心滩及其右汊、戴家洲及其右汊视为边滩的话,这个边滩就是一个弯道河型的凸岸边滩,巴河通天槽只是边滩的滩唇而已,这同样是从宏观上来看的;从微观看,通天槽实际上是池湖港心滩的滩尾和戴家洲洲洲头的延伸体。

位于顺直放宽的巴河通天槽是进入圆水道和直水道航道的首选航线,水浅、位移是其基本特点。因此,适度的缩窄枯水河宽、改变水流是改善巴河通天槽的有效途径。

(c)戴家洲洲头和巴河边滩问题。

戴家洲洲头是充分发育的,其左偏右移、上提下挫,横向和纵向的变化幅度很大,原因有二:一是上游的动力轴线在不同年际间、在不同的流量过程条件下它是变化的,尽管变化的幅度不大,但也足以引发戴家洲洲头的冲淤变化;二是河道放宽,使得这种变化有足够大的空间。

池湖港心滩、巴河边滩和戴家洲洲头的冲淤变化以及上游来流动力轴线的位置决定着巴河通天槽、圆水道进口的航道条件,当巴河边滩较为发育时,戴家洲洲头一般上提且左偏,即上游的主流动力轴线偏右,直水道无论枯水、中水还是洪水都为主汊;当巴河边滩冲蚀的时候,表明上游的动力轴线左偏,戴家洲洲头下挫右偏,圆水道枯水分流量加大而直水道枯水分流量减小,巴河通天槽航道条件变差。

戴家洲洲头是本河段的敏感点,航道水深和位置的变化往往由它的变化表征。因此,我们以为守控位于中枯水下顺直放宽河段的戴家洲洲头可能存在进一步后退,同时在现状地形下适当上延洲头,对于改善巴河水道的水深条件和抑止巴河边滩的发育(相对较大的河宽处往往存在边滩或心滩,洲头的上延相当于塑造心滩,从而减小了河宽,自然边滩的形成水域得以有效压缩)是十分有利的。

(d)直水道港内浅滩问题。

由于直水道河宽较大,弯曲不明显,所以整个直水道内弯曲的河床断面形态在寡妇矶以上表现得非常不明显,以宽浅为主要特征,而在寡妇矶以下则有所表现,寡妇矶对冲的戴家洲主体一般年份难以满顶;由于直水道的这种特点,不同年份的边滩和浅滩位置不定,边滩或左或右,与此对应地存在着一个或多个过渡段浅滩。

目前直水道的中枯水分流量相对较小、河宽相对较大、弯曲半径过大,因而形成浅滩是非常自然的,适当加大直水道分流量、减小河宽是解决直水道浅滩碍航的有效途径。当然,如果直水道的中枯水分流量足够大,而河宽不再增大,则直水道浅滩碍航将有可能不治而愈。

(e)直水道凹岸不规顺问题。

虽名为“直水道”,但由于戴家洲水道为弯曲河型,直水道亦属微弯河型,其凹岸即戴家洲右缘岸线十分不规顺，且局部岸壁还在坍塌，根据目前进行中崩塌位置偏下游的基本状况，这种坍塌还难以自然形成较为规则的弧线岸线。

基于岸线的崩退将导致直水道河宽继续增大，故而对戴家洲右缘进行守护是十分必要的。

(f)工程布局和协调问题。

研究河段滩多、河长，条件复杂，因此，需要设置若干工程区，各工程区的功能和作用需要加以界定，其作用可能存在利弊两面，通过工程的总体合理布局，使各工程区形成合力、消弭弊端，协调解决整个河段的航道整治问题。

(g)守护和整治问题。

较差的航道条件表明，戴家洲河段的洲滩格局是不良的，它和我们要达到的航道目标是不匹配的。因此，目前在长江中下游较为广泛采用的全守护治理原则我们以为不太适宜，戴家洲河段需要通过包括进攻类和防守类工程来改变这种非常被动的航道维护现状。

b. 整治原则及目标。

基于上述分析，并根据《长江干线航道发展规划》，确定戴家洲河段航道整治的总体目标为：改善巴河水道的航道条件，减小和消除航道维护的困难局面；以戴直为枯水期通航主汊，将中高水航线和枯水航线归于戴直；航道尺度达到 4.5m×200m×1050m，保证率为 98%。

戴家洲河段的河段治理原则为：维持分汊、择汊直水道，守控洲头、调整水流、护岸守滩，总体治理、分期实施，综合布局、统筹兼顾。

②工程区及布局

择汊直水道的各工程区位置及工程总平面布置设想：

进入直水道的巴河通天槽航道位置不稳定是长期的，同时在一些年份还存在航道尺度不足的状况；直水道内在一些年份存在一个或多个出浅浅滩，应该说整治直水道航道的难度主要体现在线长面广。治理直水道自上而下宜设置 4 个工程区（见图 3.5），Z1 和 Z2 分别为巴河边滩工程区、戴家洲洲头工程区，其目的是稳定和改善巴河通天槽航道、两汊分流、稳定戴家洲洲头等，二者要求相互配合、合理设置；Z3 为直水道凸岸边滩（右边滩）工程区，该工程区的目的是利用直水道微弯的河势构筑和稳定边滩，形成微弯的枯水河槽；Z4 为直水道戴家洲右缘（直水道左岸）的护岸工程，该工程区的实施目的是限制直水道的进一步拓宽，和 Z3 工程区相呼应。

③系统治理思路

a. 总体治理思路。

根据分析，戴家洲洲头是本河段的关键部位，直水道航道水深和航槽位置与之的变化密切相关。因此，稳定并适当上延洲头，稳定两汊分流条件，并适度缩窄巴河通天槽枯水河宽，可改善巴河通天槽过渡段、直水道进口浅区航道条件。

直水道河宽较大，弯曲不明显，由于直水道的这种特点，不同年份的边滩和浅滩位置不定，边滩或左或右，与此对应地存在着一个或多个过渡段浅滩。因此利用直水道微弯的河势构筑和稳定边滩，有利于形成微弯的枯水河槽。

位于直水道凹岸的戴家洲右缘岸线十分不规顺，且局部岸坡不断坍塌，这种坍塌还难以自然形成较为规则的弧线岸线。基于岸线的崩退将导致直水道河宽继续增大，故而对戴家洲右缘进行守护是十分必要的。

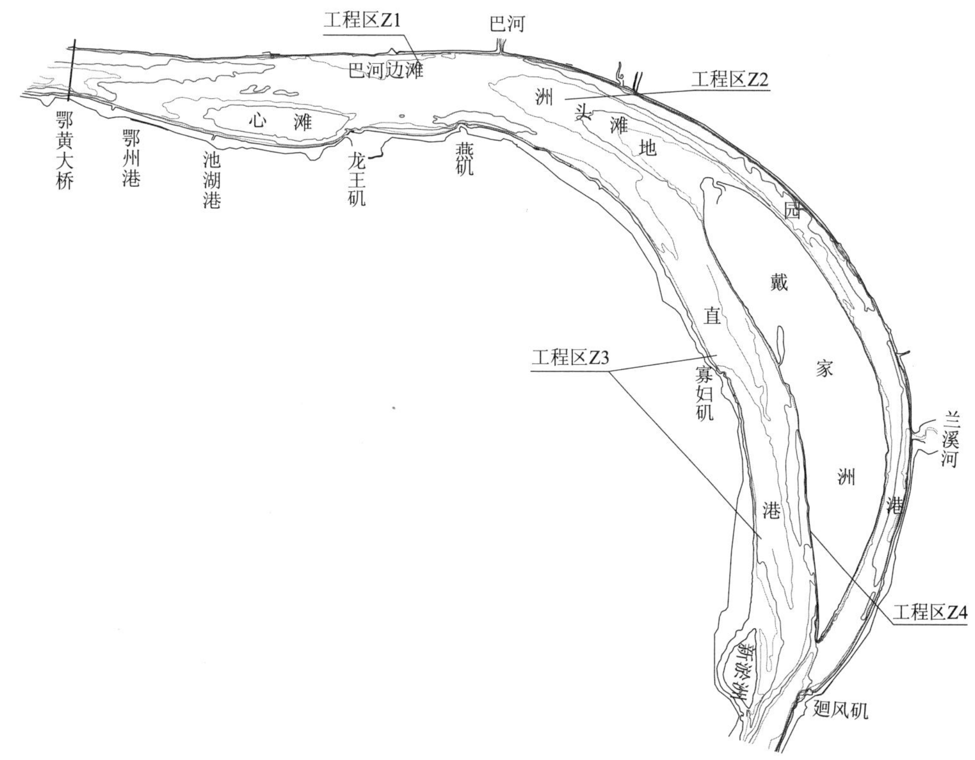

图 3.5　择汉直水道的工程区位置示意图

研究河段滩多、分布广、演变复杂，因此，对本河段的治理不宜一步到位，有必要分期实施。先期实施在总体治理工程中承上(巴河边滩工程区)启下(直水道港内工程区)并起到核心作用的戴家洲洲头工程，根据河道变化情况，再适时实施直水道内治理工程。

b. 总体治理方案实施的思路。

在上述总体治理思路认识的基础上，基于多组方案的试验研究，提出了总体治理方案(见图 3.6)。最初的总体方案是基于 2006 年 2 月地形形成的，当时滩槽多次过渡，形态不良。洲头守护工程实施后，对总体方案进行了优化，形成两类总体方案。研究结果表明，总体方案可以较好地实现工程的总体治理目标。

根据分析，总体治理工程不宜一步到位，有必要分期实施。

一期工程实施思路：主要实施总体方案中的鱼骨坝工程，使变低后退的滩地得到一定程度恢复，形成有利滩地形态，稳定直港分流比，同时塑造直港进口凹岸的弯道边界，增强进口段枯水期直港弯道水流特性，以及两岸稳定性，为总体整治方案的实施奠定基础。近期维持直、圆港交替通航的格局。

后续工程实施思路：根据一期工程实施后的整治效果，在对总体方案优化的基础上适时实施总体方案中的其他工程(包括巴河边滩、直港内低水丁坝群工程及洲体右缘护岸工程等)，调整枯水河床，稳定深泓，缩窄枯水河宽，集中水流，冲刷浅区，达到 2020 年规划标准。

c. 一期工程实施效果。

一期工程实施后，本河段河床形态的调整十分有利于直水道航道条件的改善。

从一期工程实施以来的测图分析来看，与工程实施前测图相比，新洲头滩地 0m 线淤积前伸，一期工程鱼骨坝区域普遍表现为淤积。

两汊进口的分流条件一定程度上得到稳定，直水道枯水期分流比较工程前也有所增加。

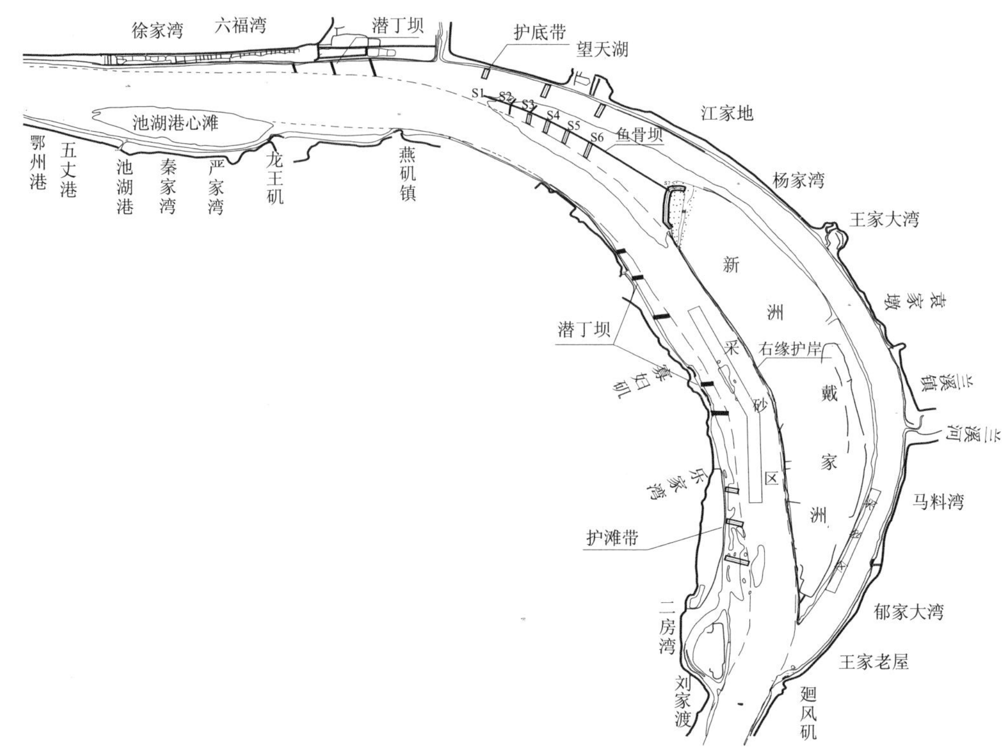

图 3.6　优化后的总体方案平面布置图

目前圆水道内 4.5m 等深线贯通，进口段巴河边滩已冲蚀。

巴河水道进入直水道的过渡段浅区（直水道进口浅区）水深有所增加，航行基面下 4.5m 等深线贯通。

直水道入流条件在鱼骨坝的作用下得到了有效控制，维持了目前较为有利的深泓一次过渡的形态，同时直水道内深槽有所冲刷且几乎全线贴戴家洲右缘，呈现理想的发展趋势；从“观补”向下直至新淤洲河段，直水道凸岸边滩有所淤积，一般为航行基面下 2.0～－0.5m，呈明显发育状态。

位于直水道中段的上浅区水深略有增加，但仍为碍航浅区，碍航段有所缩短；原中浅区得到根本改善，4.5m 等深线已贯通。

位于直水道出口处的临戴家洲洲尾右缘低矮边滩冲刷明显，直水道下过渡段左移，该处浅区（直水道下浅区）水深有所增加，航行基面下 4.5m 等深线贯通。

可见，一期工程鱼骨坝稳定了两汊分流条件，同时鱼骨坝工程有效延长了直水道弯道凹岸边界，增强了直水道进口段弯道水流特性，巴河通天槽过渡段浅区有所改善，直水道内滩槽形态也有所改善，且汊内浅区水深也略有增加，为本河段后续工程的实施创造了有利条件并奠定了良好基础，与设计目标是基本一致的。

d. 后续工程实施思路。

根据总体治理思路，本河段航道整治工程选取直水道作为主通航汊道进行整治。一期工程实施后，直水道航道呈现明显向好的发展趋势，直水道内一次过渡的良好的滩槽格局基本形成，深泓贴凹岸，凸岸边滩有所淤积，且戴家洲右缘中上段崩退岸线已十分接近理想弯曲线型，这和彰显直水道微弯河型特征相协调。河段航道整治目标河型为深泓沿戴家洲右缘坐弯的河型，总体治理思路为直水道形成微弯的枯水河槽，目前的滩槽格局与目标河型基本一致，与总体治理思路相协调。同时，直水道进口浅区航道条件有所改善，直水道出口段下浅区航道条件得到了稳定。可见，使本河段航道尺度达到规划目标的治理时机目前已形成。

考虑到直水道弯道特性不强，弯道环流强度较弱，直水道内深泓近期呈一次过渡与多次过渡交替变化的基本演变态势，若不及时加以控制，则直水道深槽必然再次形成多次过渡的不利局面，若遇特殊水文年，直水道滩槽格局转化的进程将会明显加快，航道条件恶化，直水道目前较好的治理时机将逐渐失去。根据研究，直水道中段是控制直水道滩槽格局进而影响直水道航道条件的关键位置，因此，为巩固和发展直水道内较好的滩槽格局，进一步改善浅区航道条件，与已实施工程平顺衔接，有必要及时实施二期整治工程（直水道中上段凸岸边滩整治工程及戴家洲右缘护岸工程）。

二期工程实施后，需对河段连续不间断地跟踪分析，深入探讨后续工程的治理时机（如巴河边滩治理工程等）。

3.7.3　沙市河段目标河型、治理原则、治理思路研究

(1)沙市河段目标河型

根据近期河段地形资料以及分析情况，如果沙市河段航道整治工程需立即实施的同时若没有大桥的话，我们认为 2005 年 11 月的河型是一个非常适合于进行航道整治的目标河型。由于大桥的存在，这种河型不可能作为沙市河段航道治理的目标河型，因此这里就不再对这种河型的优势和特点进行分析。

根据相关研究成果分析，选择 1992 年的汛末河型作为航道整治的目标河型（见图 3.7），这个河型的典型特征就是三八滩右汊枯水分流比较小，估计在 20%左右。

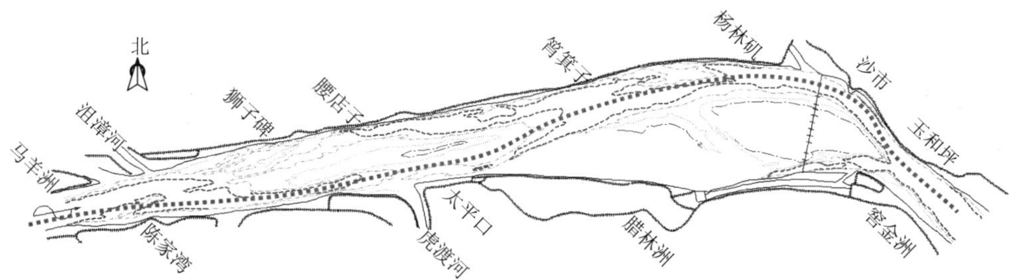

图 3.7　沙市河段 1992 年 11 月地形图（目标河型）

从流路的选择上，我们认为“南槽”（太平口心滩）“北汊”（三八滩）走势较为合理，因为它符合“微弯”原则，同时“南槽”走向和上游的动力轴线的走向是相容的、和谐的。

如果航道整治工程实施时的河型和目标河型相差较大，应该先实施主体工程，以营造有利的滩体态势，继而采取进一步的航道整治工程加以保护[12]。

(2)沙市河段航道治理原则

航道治理原则的确定来源于河床演变分析和对其趋势的预测，这里对河床演变分析做简单的归纳。

①自陈家湾到观音寺整体河势表现为酷似“头盔”状的缓弯型大弯道，其中沙市河段两头窄中间宽，特别是自陈家湾到杨林矶 13km 的河段呈顺直的喇叭形放宽；沙市河弯顺直河型特征较微弯河型特征表现相对要明显。

②在研究河段的放宽段自上而下存在太平口心滩、腊林洲边滩和三八滩，各滩体在不同

的水沙条件作用下消长不定，这是沙市河段河床演变的基本特征；较为强盛水流作用于由松散的中细沙组成的河床，使得河床的活动性较大。

③太平口心滩的滩头、滩尾及滩沿、滩顶在水流的作用下不断地变化，两槽的分流比也随之变化不定，心滩中部的斜向串沟的生成和位置的移动表明其存在被解体的可能。

④腊林洲高边滩滩头近年来持续后退，主槽的宽度不断增加，增加了太平口心滩和三八滩间过渡段主流摆动的平面尺度；滩头如果不加控制的话，它将继续冲蚀后退。

⑤三八滩的滩头及其右缘近年来在不断的冲刷后退，它是腊林洲边滩滩头后退的衍生结果，因为边滩对三八滩的掩护作用减弱，使得三八滩处于主流的顶冲位置，2000 年汛期三八滩冲失是经年冲刷的终极结果，它完成于该年的 7 月中下旬的落水期。

⑥新三八滩在老三八滩冲失的同年生成，我们推断它应该成长于该年的 8 月 2 日至 11 月 4 日间，因为这个时段有足够高的水位、足够的沙量和足够的淤积时间。新三八滩形成之后，就处在不断冲刷和淤积之中，从而不断地变形、移位；2005 年 11 月测图所显示的三八滩滩形、滩位以及左、右汊的断面形态表明，守护当前的三八滩对改善该河段的航道条件益处不大。

⑦已建的荆州长江公路大桥的主通航孔设置在左汊岸边、副通航孔设置在右汊岸边，就目前的河型、河势条件而言，要保证主、副通航孔都能通航可能是比较困难的。

⑧沙市河段主槽内虽存在两个较大的江心洲(滩)，但二者对水流的作用相对于水流对它们的作用而言处于弱势，即水流更容易改变它们；由于水流更易改变滩形，故而顺直的本河段水流的动力轴线未受较强的束缚，所以变化和摆动是该河段水流动力轴线变化的常态。

归结为一条，河段内的太平口心滩和三八滩都是不稳定的、多变的，它们对水流的改变作用有限，而水流改变它们相对容易，三峡水库运用后这种状况不会改变，只会加剧。

由此，提出如下的航道治理原则：整治为主、疏浚为辅，中水整治和高水导流相结合，守护固滩和低滩促淤并重。

(3)沙市河段治理思路

在治理原则的指导下，为实现航道整治的目标河型，提出如下工程布置措施。

①马羊洲洲尾设置一条导尾坝

该导尾坝设置目的是控制其下游主流可能的摆动，工程实施后，要密切注意马羊洲两汊分流比的变化和马羊洲的稳定。

②太平口心滩河段的左侧设置一组丁坝

该组丁坝的主要目的是封闭枯水左槽，集中中枯水水流于右槽。该组工程措施不是为了改变汛期水流的流向，如果能将洪水和中枯水的水流动力轴线统一并稳定于右槽，那么该工程将事半功倍。根据汉江中游航道整治工程研究中关于施工顺序的研究成果以及工程实施后的成功经验，该组工程可采用总体设计、分期施工的方式进行，这种工序将起到节省工程投资的目的。

③守护腊林洲边滩，采取护坡工程守护腊林洲边滩头部(斜线部分)，其目的是阻止腊林洲边滩滩头的进一步后退，避免河宽的再加大给航道整治工程增加难度。

④腊林洲边滩头部修建导流坝，沿腊林洲边滩头部的斜线方向修建导流坝，该导流坝要伸向河心，与此同时适当开挖三八滩左汊，增大该汊的过水面积，其目的是将中洪水以下的主流诱导、挤压至贴临左岸。这个导流坝的坝顶高程应较高，当其掩护区内泥沙淤积滩面抬高到一定的高程后它的主要功能就完成了，应及时降低高程避免其长期存在影响防洪。

⑤守护“三八滩”

在腊林洲边滩头部导流坝工程实施后，密切跟踪三八滩左汊的发展情况，一旦左汊的发展断面形态适宜，立即将三八滩沿左汊滩缘加以守护，包括修建分流咀和导流坝呼应。这里需强调的是，要保证大桥的主、副通航孔都通航是困难的，工程量也将较大。故此研究的工程措施是保主弃副。

本章参考文献

[1] 刘万利.长江长河段系统治理[R].天津：交通部天津水运工程科学研究所，2011.

[2] 刘万利.长江中下游典型长河段系统治理技术研究[D].天津：交通部天津水运工程科学研究所，2013.

[3] 李旺生.长江中下游航道整治技术问题的几点思考[J].水道港口，2007(12).

[4] 刘万利，李旺生，李一兵，等.长江中游典型微弯分汊河段择汊问题探讨[J].水运工程，2012，8：141-144.

[5] 李元生.鹅头型分汊河段变化特征及治理措施[J].水运工程，2013，4：113-116.

[6] 潘庆燊.长江中下游河道演变趋势及对策[J].人民长江，1997，28(5)：22-24.

[7] 潘庆燊，胡向阳.长江中下游分汊河段的整治[J].长江科学院院报，2005，22(3)：13-16.

[8] 李志宏，付中敏，郑惊涛，等.弯曲分汊河段浅区成因研究[J].泥沙研究，2012，33(1)：36-38.

[9] 李明，黄成涛，刘林，等.三峡工程清水下泄条件下分汊河段控制措施[J].水运工程，2012，10：30-34.

[10] 刘万利.长江下游江心洲—乌江河段河床演变宏观分析报告[R].天津：交通部天津水运工程科学研究所，2011.

[11] 刘万利，李旺生，朱玉德，等.长江中游戴家洲河段航道整治思路探讨[J].水道港口，2009，30(1)：31-36.

[12] 李旺生，朱玉德.长江中游沙市河段航道整治思路探讨[J].水道港口，2006(8).

第 4 章 | 三峡蓄水后长江中游长河段设计水位

4.1 设计水位计算方法总结

4.1.1 设计水位定义

设计最低通航水位是确定航道标准尺度的起算水位，即要求通航河流在通航期内允许符合该航道等级的标准船舶航行的最低起算水位，一般简称为设计水位。设计水位的高低和船舶航运效益、航道建设和维护的投入紧密相关，是航道工程规划、设计和施工的依据。设计水位一般是根据河段所在地区的运输任务、枯水流量和工程量大小，经过水文系列分析及技术经济论证后综合确定的[1]。

4.1.2 设计水位计算方法

国内外航道整治工程中设计水位的确定方法主要有三种：算术平均法、综合历时曲线法和保证率频率法，其中算术平均法虽然概念简单，但局限性大，应用越来越少；综合历时曲线法和保证率频率法是目前设计水位的主要确定方法[2]。

(1)算术平均法

算术平均法是将历年最低水位的算术平均值作为设计水位。它可以概括该水文系列中各种水文年的出现情况，机遇均等。为了避免因丰水年过多导致设计水位偏高，可在水文系列中选出枯水年，然后取各枯水年的最低水位，求其算术平均值作为设计水位。算术平均法的缺点是：要求的水文系列较长，否则误差较大，主观性强，没有频率的概念，受特别枯水年的影响大，目前较少采用。

(2)综合历时曲线法

历时曲线又称保证率曲线、累积频率曲线，取每年的逐日平均水位或流量资料，分级统计各级天数累积的曲线，根据保证率要求，求出相应水位即年保证率水位值；综合历时曲线则以多年逐日平均水位或流量分级统计各级天数累积曲线，根据保证率要求，求出相应水位即为多年保证率水位值。假设某河段具有20a水位或流量资料，无封冻，全年365d通航，如水位设计保证率标准为95%，则表示：20a中有20×365×95% =6935d，或平均每年有346.75d的水位高于设计保证率水位，20a中有20×365×5% =365d，或平均每年有18.25d的水位低于设计保证率水位。

绘制综合历时曲线的具体步骤如下：

①根据统计资料年份内逐日平均水位最高值与最低值的变幅，将水位分为若干级，航道等级高则分得细些，如水位差可取5cm、10cm、20cm为一级。长江干流以5cm为一级，一般河流以10cm为一级，统计逐日平均水位不同级出现的次数。

②由高至低逐级进行累积统计，得出各级水位的出现天数和累积天数，进行各级水位出现天数的保证率累积频率计算，保证率为多年逐日平均水位总次数除以各水位级相应的累积出现次数(以%表示，见表4.1)。

③以水位为纵坐标，保证率为横坐标，在方格纸上把各保证率值点绘于相应水位级的下限处，连接各点即成水位历时曲线。

水 位 历 时 统 计　　表 4.1

水位级别	发生历时(d)	累积天数(d)	保证率(%)
9.99～9.90	4	4	0.5
9.89～9.80	15	19	2.5
…	…	…	…
4.99～4.90	17	728	99.59
4.89～4.8	3	731	100

综合历时曲线法考虑了全部水位，比较合理，但同样要求有较长的水文系列，否则，误差也较大。

(3)保证率频率法

保证率频率法是由历时曲线及频率分析两部分构成。其含义为：如果水位设计标准为 95%，频率 80%，则表示在所选水文系列年中年保证率 95%对应的水位值低于设计最低通航水位的情况，平均 5a 出现 1 次[3]。

保证率频率法的计算步骤如下：

①将每年逐日平均水位或流量资料，按历时曲线法绘制每年的日平均水位或流量历时曲线。

②根据航道等级的设计标准，确定保证率和频率。

③从各年的历时曲线上，选取与保证率相应的水位或流量。

④将选出的水位按照从高到低进行排序，并用经验频率公式 $P=\dfrac{m}{n+1}\times 100\%$ 绘制经验频率曲线，式中 m 为计算系列由大到小的排列序号，n 为计算系列的总年数。

⑤将选取的水位或流量作样本，按频率分析方法进行理论频率计算，绘制理论频率曲线，并与经验频率曲线适线。

其中统计参数计算如下。

算术平均值 $\bar{X}$：

$$\bar{X}=\frac{1}{n}\sum X_i \tag{4.1}$$

变差系数 C_V：

$$C_V=\sqrt{\frac{\sum_{1}^{n}(X_i-\bar{X})^2}{(n-1)\overline{X^2}}} \tag{4.2}$$

偏差系数 C_S：

$$C_S=\frac{n\sum_{i\approx 1}^{n}(X_i-\bar{X})^3}{(n-1)(n-2)\overline{X^3 C_V^3}} \tag{4.3}$$

式中：$\sum X_i$——历年水文特征值计算总和，即多年水位或流量样本的总和。

⑥根据航道等级标准要求的重现期，从频率曲线中查得相应的设计水位(流量)。频率与重现期 T 的换算如下。

当频率 $P\leqslant 50\%$，计算洪水时：

$$T = \frac{1}{P} \tag{4.4}$$

当频率 $P>50\%$，计算枯水时：

$$T = \frac{1}{1-P} \tag{4.5}$$

式中：P ——频率，以小数或百分数计；

T ——重现期，以年计。

4.1.3 设计水位的有关规范

关于设计最低通航水位[4]，《全国内河通航试行标准》（简称 63 标准）中提出的是用国际上常用的综合历时曲线法求水位或流量，在 1991 年颁布的国家标准《内河通航标准》（GBJ 139—90）（简称 90 标准）中确定"天然河流的设计最低通航水位可采用保证率频率法或综合历时曲线法计算"，在 2004 年新颁布的《内河通航标准》（GB 50139—2004）（简称 04 标准）中重申："不受潮汐影响和潮汐影响不明显的河段，设计最低通航水位可采用综合历时曲线法计算确定，其多年历时保证率应符合表 4.2 的规定；也可采用保证率频率法计算确定，其年保证率和重现期应符合表 4.3 的规定。"同时，《内河航道与港口水文规范》（JTJ 214—2000）及《航道整治工程技术规范》（JTJ 312—2003）都规定天然河流设计最低通航水位可用综合历时曲线法或保证率频率法予以确定。

天然河流设计最低通航水位综合历时曲线法　　表 4.2

航道等级	保证率（%）	航道等级	保证率（%）
Ⅰ、Ⅱ	≥98	Ⅴ～Ⅶ	90～95
Ⅲ、Ⅳ	95～98		

天然河流设计最低通航水位保证率频率法　　表 4.3

航道等级	保证率（%）	重现期（年）
Ⅰ、Ⅱ	98～99	5～10
Ⅲ、Ⅳ	95～98	4～5
Ⅴ～Ⅶ	90～95	2～4

4.1.4 国内外研究及应用

①美国、欧洲各国和前苏联均采用综合历时曲线法，如美国一类水道保证率为 95%～98%；前苏联一类水道保证率为 95%～99%，二类水道为 90%～95%，三类和四类水道为 80%～90%。莱茵河是一条国际通航河流，水位受季节和地区条件影响很大，但自然流量多年平均值几乎不变，莱茵河航道委员会规定的最小航道尺度相当于保证率 94.5%对应的水位。多瑙河是流经八个国家的国际通航河流，航段上可调节的最低水位相当于我国航道的设计最低通航水位，其保证率为 94%。因此从与国际惯例接轨角度考虑，综合历时曲线法使用起来较为方便[5-7]。

②1949 年以后，我国一直参考使用苏联标准，63 标准是 1959 年杭州会议通过，经 4 年各部门协调平衡后，由国家批准执行的，该标准将综合历时曲线法定为推求设计水位的方

法。1963 年 10 月中国水利学会召开的“山区性中小河流航道整治问题学术讨论会”上提出了在通航水位标准中引入频率概念的意见，此后便将该方法定名为保证率频率法。在 1990 年制定的《内河通航标准》(GBJ 139—90)中，确定两种方法均为推求设计最低通航水位的基本方法。虽然有了 90 标准，但由于各种原因，许多地方仍在使用 63 标准。例如：长江科学院在 1994 年编制的“三峡库区变动回水区最低通航水位计算分析报告”就采用了综合历时曲线法。长江界牌工程设计水位 14.72m，保证率 98%；江苏运河设计水位保证率 98%；贵州乌江设计水位保证率 90%；江西信江设计水位保证率为 95%时通 500 吨级船舶，为 76%时通 1000 吨级船舶等均使用的是综合历时曲线法。《航道整治工程技术规范》(JTJ 312—2003)中将综合历时曲线法作为确定最低通航设计水位的主要方法，而 2000 年经原交通部审批通过的《船闸总体设计规范》(JTJ 305—2001)中明确推荐综合历时曲线法为唯一方法，船舶调度以及运营经济的通过能力计算也采用该方法。由此可见，综合历时曲线法也是我国航运工程实践中采用较多的方法。其优点是：一条曲线上不同水位的保证率一目了然，非常直观，改变水位的保证率不需要重新计算，因此该方法为多种规范的推荐方法。相对来讲，保证率频率法需要两次计算，方法相对烦琐，且每改动一次保证率都要重新计算，在湖区、河网区、运河区、倒灌壅水河段用保证率频率法时需十分慎重。

4.2　三峡水库蓄水后设计水位计算方法

三峡水库蓄水后，下泄水流含沙量大幅减少，水沙特性改变明显，导致下游河段发生较大幅度的变化，河床处于不断冲淤调整之中。受其影响，基本水文站测流断面冲淤变化过程中，蓄水前的水位保证率曲线、水位流量关系曲线不再适用。设计水位计算取用的水位、流量资料应为水库蓄水后的观测资料，不能将蓄水前后资料混作一个序列进行计算。如果水库刚建成或建成时间短，下游河床尚未达到平衡，观测资料代表性差，计算设计水位、设计流量就可能出现较大误差。在这种情况下，李万松曾建议采用水文比拟法，即参照类似电站调流前后下游水文站的观测资料变化情况，对本站资料进行修正、延长或补充，从而进行有关的水文计算；也可直接对比类似的水电站和水文站在调流前后设计水位和流量变化情况，根据本水文站调流前的设计水位和流量来类推调流后的设计水位和设计流量。但上述方法要求两个水电站的来流条件、调度规则、水文特点都比较接近，而每条河流都有自身特点，水库大小及调度方式各异，条件相似的水电站十分稀少；尤其大型水库下游河床变形较大，在河床调整过程中水位流量关系始终在变化，即使出库流量稳定，下游不同河段水位变化也会有所不同。因此，上述方法仍难以广泛适用于水库蓄水后下游河段的设计水位计算中，水库蓄水后下游河段设计水位如何计算，仍值得进一步研究[8-9]。

为保证水库蓄水前后设计水位的连续性，原有的河床冲淤基本平衡或变化不大条件下的设计水位概念需要延伸至水库蓄水后河床调整期内。通过结合一维水沙数学模型计算成果，采用设计水位修正的方式，当河床冲淤幅度达到一定程度时(即将河床调整期划分为若干时段)对设计水位进行修正，作为冲淤变化过程中的设计水位。具体方法为：计算上游来流经水库调节后下泄的长系列流量过程，由此获得分时段固定河床条件下的长系列流量资料，并利用该资料进行统计分析获得设计流量修正值；根据每个时段末河床地形条件下水位流量关系计算对应的设计水位。每个时段都可获得一个设计水位值，最终得到设计水位随时间变化的系列。上述方法与04标准中提出的枢纽下游河段由设计流量推求设计水位的思想基本一致，更具有可行性。这种方法能够综合考虑河床冲淤变形、水库流量调节两个方面对设计水位的影响，降低了已有类比一修正方法的经验性，因而更具普适性。

三峡水库于2003年6月开始蓄水运用，水库的调节作用使下泄流量汛期略减，枯期增加，年内变幅减小，而水库对泥沙的拦截作用则造成坝下游河床下切，同流量下水位降低，因而设计水位将受到河床冲淤变化和流量调节的双重影响。根据上文的方法，本书中三峡水库蓄水后长江中游的设计水位确定方法具体如下：

①以1981～2002年的水文系列代表未来的来水情况，并将下游各站的流量过程分解为宜昌来流和区间来流两部分，其中区间来流为各站逐日流量与宜昌站逐日流量之差(考虑传播时间)。

②三峡水库蓄水后，宜昌流量过程的调整可根据三峡水库的调度规则进行演算得到，宜昌以下的区间流量可考虑江湖关系变化等方面因素而得到，宜昌流量和区间流量逐日合成之后得到三峡水库蓄水后的流量系列，根据该流量系列开展频率统计分析可得到各站设计流量，具体以综合历时曲线法为主。

③根据长河段一维水沙数值模拟计算可以得到不同时期各站的水位流量关系，分时间段选取水位流量关系代表不同时期的河床冲刷状况。

④根据设计流量以及不同时期各站的水位流量关系，得到各站不同时期的设计水位。

以上计算方法，既保持了设计水位的频率概念，同时也兼顾了水库对枯期流量的补偿、不同时期的河床冲刷变形，其流程如图4.1所示。

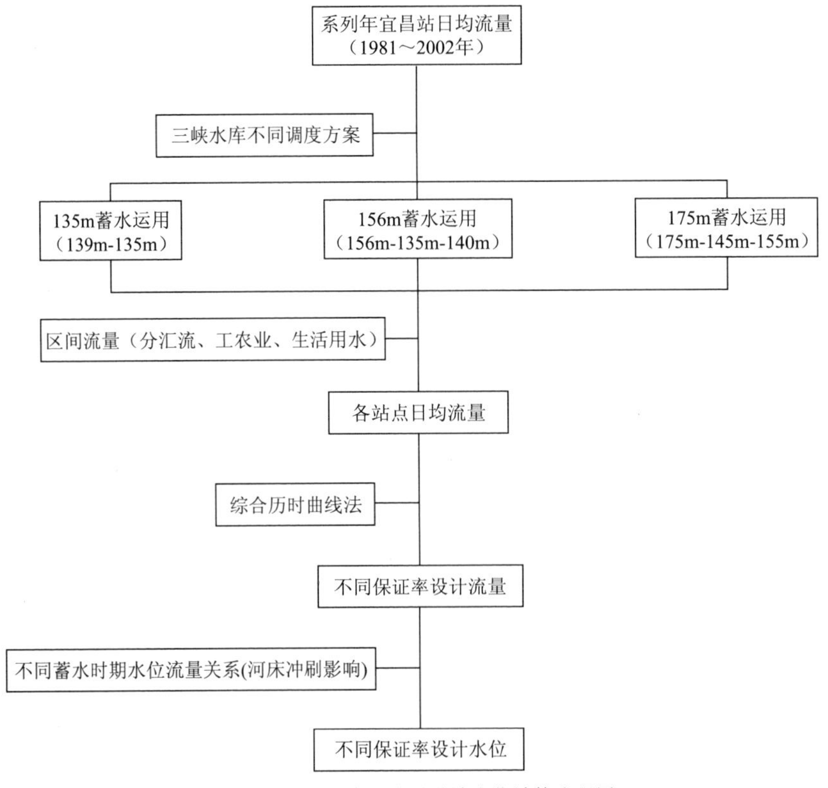

图4.1 三峡水库蓄水后设计水位计算流程图

4.3 计算实例

4.3.1 武汉—湖口河段基本概况

(1)研究河段河道概况

武汉—湖口河段全长约为 276km，上、下两端分别有汉江和鄱阳湖汇入，河道呈宽窄相间的藕节状外形，窄段一般由濒临江边的山丘和基岩构成控制节点，宽段则由江心洲分为两支或多支分汊(图 4.2)。本河段共有水道 16 个，各水道浅滩特性见表 4.4。由于河道内汊道、洲滩众多，一方面枯水水流分散，容易在分汊进口的过渡段形成碍航浅滩，另一方面主流摆动频繁，造成航槽的上下、左右移位，航道稳定性差，两者交织在一起形成了武桥、天兴洲、湖广、罗湖洲、戴家洲、牯牛沙、武穴(鲤鱼山)、新九、张家洲等重点碍航河段[10]。

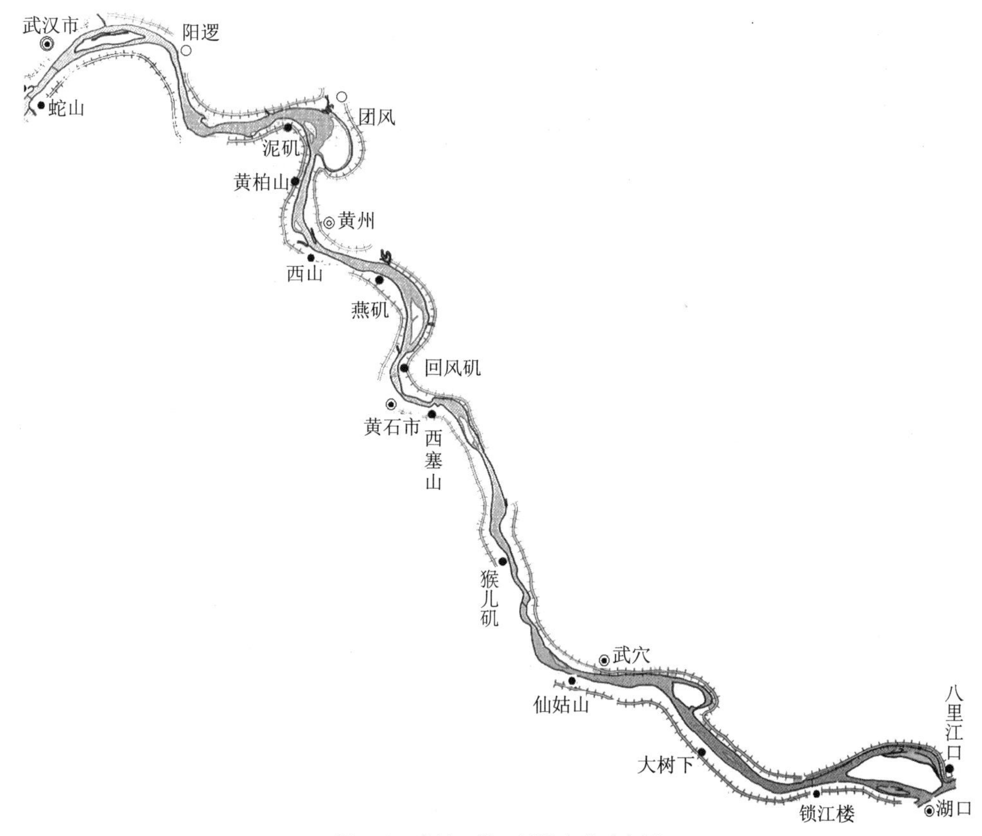

图 4.2　武汉—湖口河段水道示意图

武汉—湖口河段内已陆续开展了多个水道航道整治工程的前期论证和建设工作，见表 4.5。

(2)研究资料情况

自 20 世纪 50 年代初，长江流域综合利用规划工作开展以后，对长江主要水文站的水文资料进行了一次较全面的收集、审查和整编工作。之后，在葛洲坝工程初步设计、三峡工程论证及长江流域规划、主要支流规划时，又对长江干支流主要水文站的观测资料进行了系统的收集、分析、复核和整编工作。

武汉—湖口河段浅滩特性 表 4.4

阳逻水道	顺直缩窄，主流贴稳定左岸；岸线稳定。近百年来尽管上游天兴洲汊道发生变化，主泓左右更替，但主流出汊后在阳逻水道的走向基本未变
牧鹅洲	阳逻—泥矶（叶家洲河段）边界受天然山矶的制约，限制了河道平面摆动，主流稳定。牧鹅洲水道近百年来的主要变迁表现为河型由微弯分汊型转变为微弯单一河道
湖广水道	顺直，较宽；有泥矶等节点控制，岸线稳定。近百年来河道演变主要表现为主流随右岸边滩的发展左移，导致泥矶的挑流作用有所减弱
团风鹅头分汊	鹅头型汊道。近百年来河道演变主要表现为随着上游泥矶挑流作用的变化及罗湖洲的演变出现主槽的易位
黄柏山缩窄段	顺直缩窄段，有黄柏山等节点控制，岸线稳定，长度适中，主流稳定，近百年来河势稳定不变
德胜洲	平面呈上下窄中段宽的微弯藕节状，左岸有狭长的黄洲边滩，常与江心洲相连，主航槽在右岸一侧，河道稳定。近百年来沙洲受冲刷变小，与此相应左岸黄洲边滩有所扩大。近几年来，德胜洲—樊口河口岸滩不断崩退，岸线变得略为顺直
沙洲、巴河水道之间缩窄段	顺直缩窄，稍宽，有西山等节点控制，岸线稳定，近百年来河势稳定。但巴河水道为一放宽段，水流分散，泥沙淤积，可能出现心滩或浅滩碍航
戴家洲	戴家洲河段位于长江干线武汉—安庆航段内，为长江中游重点浅水道之一。本河段由巴河水道和戴家洲水道组成。鄂城观音阁—巴河口段为巴河水道，顺直放宽，主流摆动频繁；巴河口—回风矶段为戴家洲水道，微弯分汊，近期左右两汊交替通航。本河段已实施了一期工程及戴家洲右缘下段守护工程，二期工程准备实施
黄石水道	微弯缩窄段；岸线为岩质，稳定，有回风矶、猫儿矶、西塞山等节点控制，近百年来没有明显变迁
牯牛沙	由于本水道两岸有多处矶头控制，两岸岸线较为稳定，多年来河道平面外形变化不大，近期演变主要表现为深泓的局部摆动、河床的冲淤及洲滩的局部消长变化
蕲春水道	河势稳定，航道条件长期良好，预计将来也不会有大的变化
搁排矶水道	河势稳定，航道条件长期良好，预计将来也不会有大的变化
鲤鱼山水道	主流线有一定摆动。于 2003 年汛后在张树柏对开江中出现心滩，该心滩不断淤积长大并大幅右摆，导致南槽航宽不断缩窄，至 2005 年汛后，心滩滩型基本趋于稳定
武穴水道	顺直缩窄，岩质河岸，右岸有仙姑山、马头矶、狗头矶等节点控制，近百年来河势稳定不变，主流微弯靠右岸
龙坪鹅头分汊	近百年来，左岸不断崩塌，弯顶下移，新洲也相应向左岸扩展下移，但鹅头弯分汊形态不变。新洲将河道分为左右两汊，主航道在南汊，右岸有足够水深时，航道在江心。北汊上连武穴左槽，河道弯曲，水深甚浅
九江水道	河道顺直，右岸有大树下节点，岸线基本稳定
人民洲	人民洲微弯汊道近百年来，由于右岸崩塌展宽，左岸边滩不断扩大淤高，最后水流切割边滩而演变成人民洲分汊河道。河槽主流不断南移，形成南刷北淤，河床束窄，主流逼近南岸，岸脚淘刷严重，造成九江堤岸极不稳定。随着整个河段河势控制工程和护岸工程的兴建，岸线进一步稳定，河道演变主要表现为河床冲深、河势的局部调整
九江水道	河段顺直，长度较短，右岸有锁江楼节点，岸线较为稳定
张家洲	目前河势仍不稳定，左右汊分流比亦不稳定，且碍航问题严重
湖口水道	顺直缩窄到放宽段八里江口；右岸有龙潭山节点，岸线较为稳定

长江水利委员会水文局历年来对长江中下游防洪、河道综合整治及水利工程建设进行了大量的水文河道原型观测工作，收集了大量的水文、河道及专项观测资料。长江中游武

汉—湖口河段主要涉及的水文站有汉口(武汉关)、九江和湖口水文站，水位站有石矶头、黄石港、武穴和码头镇水位站，其水文测验方法、测验成果、整编方法和整编成果均正确可靠。其中汉口(武汉关)水文站、九江水文站以及黄石港水位站均具有自新中国成立以来 50 余年的长系列观测资料，其水文资料系列具有较高的代表性，见表 4.6。2001 年以来，长江水利委员会水文局于历年汛后对长江中下游干流河道宜昌—城陵矶段共进行了 10 次固定断面资料测量，为本项目的实施奠定了良好的基础。

武汉—湖口河段航道整治建设项目统计　　表 4.5

序号	项目名称	工可完成时间	初设完成时间	施工图完成时间	开工时间	竣工验收时间
1	长江中游罗湖洲水道航道整治工程	2003 年 7 月	2004 年 10 月	2004 年 12 月	2005 年 1 月	2008 年 11 月
2	长江中游戴家洲河段航道整治一期工程	2008 年 5 月	2008 年 10 月	2008 年 12 月	2009 年 1 月	2012 年
3	长江中游牯牛沙水道航道整治一期工程	2008 年 12 月	2009 年 5 月	2009 年	2009 年	2012 年
4	长江中游武穴水道航道整治工程	2005 年 12 月	2006 年 10 月	2006 年 12 月	2006 年 12 月	
5	长江中游新洲—九江河段航道整治工程	2010 年	2011 年	2011 年	2011 年	—
6	长江下游张南水道下浅区航道整治工程	2001 年	2002 年	2002 年	2002 年 12 月	2008 年
7	长江下游张南水道上浅区航道整治工程	2007 年 10 月	2008 年 10 月	2008 年 12 月	2009 年 1 月	

武汉—湖口段水文(位)站统计　　表 4.6

水系	站名	站别	站址	设站年份	附注
长江干流	石矶头	水位	湖北省嘉鱼县六码头乡石矶头	1986	武穴水位站于 2006 年撤销，之后下迁 1.6km至江西省瑞昌市，并更名为码头镇水位站
长江干流	汉口(武汉关)	水文	湖北省武汉市	1865	
长江干流	黄石港	水位	湖北省黄石市黄石港区	1934	
长江干流	武穴	水位	湖北省武穴市武穴镇	1950	
长江干流	码头镇	水位	江西省瑞昌市码头镇	2006	
长江干流	九江	水文	江西省九江市滨江路	1904	
鄱阳湖区	湖口	水文	江西省湖口县双钟镇	1922	

(3)研究思路

①在总结目前国内外已有设计水位计算方法的基础上，对各方法进行比较检验，分析其合理性，为本章研究的设计水位计算方法的选取奠定基础。

②根据三峡水库蓄水前 1981～2002 年的实测资料，分析武汉—湖口沿程主要测站的设计水位变化，并与已有的 71 基面、82 基面进行比较，分析三峡水库蓄水前设计水位与已有设计基面的偏差及其产生的原因。

③考虑水库蓄水后下游河床处于非平衡的实际情况，提出了三峡水库蓄水后的设计水位计算方法，并运用实测资料对其进行检验。

④基于上述方法，根据三峡水库蓄水后的水库调度情况，并结合坝下游长河段一维水沙数学模型计算成果，分析三峡水库蓄水后不同时段的武汉—湖口河段沿程设计水位变化趋势。研究思路示意图如图 4.3 所示。

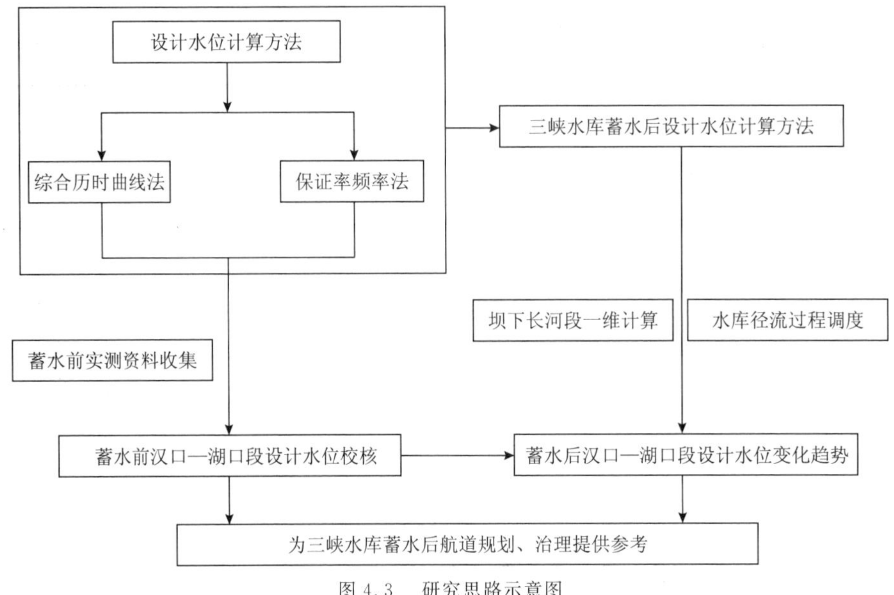

图 4.3 研究思路示意图

4.3.2 三峡水库蓄水后武汉—湖口河段设计水位计算

(1)三峡水库蓄水后流量系列换算

按照前文所述的水库蓄水后设计水位确定方法，采用 1981～2002 年逐日流量过程作为典型系列，将各站的流量系列分解为宜昌来流和区间来流。三峡水库蓄水后，宜昌来流的变化可用蓄水前的宜昌来流通过水库调度计算而得到；区间入流中，假设蓄水前后沿岸的工农业及人民生活取用水条件不变，即引起区间入流变化的主要原因仅是江湖关系调整，由于武汉—湖口河段位于荆江河段以下，没有分流，主要是支流入汇，汉口及下游各站 1981～2002 年逐日区间流量系列可用各站逐日流量减去宜昌逐日流量表示，则三峡水库蓄水后各站流量等于调节后的宜昌流量加上对应的区间流量。根据以上计算方法，即可得到不同保证率下武汉—湖口河段主要控制站汉口、黄石、武穴、九江、湖口等站的设计流量。作为比较，对应不同保证率的各站蓄水后的设计流量及蓄水前设计流量见表 4.7。

三峡水库蓄水前后设计流量比较(单位：m/s) 表 4.7

站点＼时段	1981～2002 年(蓄水前)			175m 蓄水后		
	98%	99%	99.5%	98%	99%	99.5%
汉口	6708	6120	5880	8110	7890	7695
黄石	6802	6321	6005	8233	7976	7763
武穴	6848	6421	6067	8293	8019	7797
九江	6880	6490	6110	8325	8048	7820
湖口	9000	8530	8240	10034	9623	9494

由表 4.7 可知，与蓄水前相比，各站蓄水后的设计流量普遍增加。以保证率为 98% 为

例，汉口—湖口各站设计流量分别增加了 1402m³/s、1431m³/s、1445m³/s、1385m³/s 和 1104m³/s，这充分体现了三峡水库对枯期径流的调蓄作用。各站相比，汉口—武穴各站增加略多，湖口增加略少，而这主要是由于湖口有鄱阳湖入汇，干流与区间流量组合重新排序也会在一定程度上对设计流量产生影响。从沿程来看，汉口—湖口各站设计流量呈递增趋势，与流量沿程增大规律定性一致，也进一步表明了本章研究计算的设计流量的合理性。

(2)三峡水库蓄水后设计水位变化

根据三峡水库下游长河段一维数模计算成果，通过统计水库蓄水后 30 年不同时段的武汉—湖口沿程各站水位流量关系变化，结合前文设计流量计算成果，得到了三峡水库蓄水后 30 年不同时段(7 年、10 年、15 年、20 年、25 年、30 年)各站的设计水位变化，见表 4.8。

三峡水库蓄水后武汉—湖口各站设计水位随时间变化(单位:m)　　表 4.8

站点＼时段	蓄水后 7 年			蓄水后 10 年		
	98%	99%	99.5%	98%	99%	99.5%
汉口	11.581	11.383	11.240	11.532	11.331	11.221
黄石	8.160	7.975	7.784	7.996	7.860	7.749
武穴	7.284	6.969	6.848	7.106	6.910	6.836
九江	6.244	6.072	6.034	6.229	6.021	5.987
湖口	5.166	5.011	4.955	5.139	4.957	4.898
站点＼时段	蓄水后 15 年			蓄水后 20 年		
	98%	99%	99.5%	98%	99%	99.5%
汉口	11.355	11.238	11.121	11.289	11.120	11.046
黄石	7.889	7.734	7.632	7.827	7.689	7.581
武穴	6.953	6.829	6.711	6.865	6.769	6.635
九江	6.148	5.904	5.761	6.033	5.883	5.750
湖口	5.103	4.888	4.835	5.045	4.873	4.804
站点＼时段	蓄水后 25 年			蓄水后 30 年		
	98%	99%	99.5%	98%	99%	99.5%
汉口	11.211	11.081	10.963	11.198	11.018	10.957
黄石	7.792	7.611	7.514	7.737	7.604	7.468
武穴	6.859	6.722	6.603	6.806	6.700	6.566
九江	6.007	5.811	5.678	5.949	5.837	5.676
湖口	5.028	4.819	4.771	4.999	4.816	4.715

由于三峡水库的调蓄作用，下泄流量过程发生了变化，枯水期流量有所增加，同时随着清水下泄，坝下游河段不断冲刷发展，河床高程降低，以上两方面因素使各时段设计水位呈现不同的变化规律。由于三峡水库已于 2008 年开始 175m 试验性蓄水，并即将进入 175m 正常蓄水运用阶段，因此，表 4.8 中重点分析了 175m 蓄水后各站设计水位的变化趋势，其中蓄水后 7 年对应着 175m 蓄水第一年。为便于比较，以保证率 98%的情况为例，表 4.9 给出了各站设计水位随时间变化，图 4.4 给出了三峡水库蓄水前后武汉—湖口河段沿程设计水位变化(为作为比较，将 71 基面、82 基面数据也绘在图中)。

98%保证率武汉—湖口设计水位随时间变化(单位:m)　　表 4.9

测站	蓄水前	蓄　水　后					
		7 年	10 年	15 年	20 年	25 年	30 年
汉口	11.037	11.581	11.532	11.355	11.289	11.211	11.198
黄石	8.115	8.16	7.996	7.889	7.827	7.792	7.737
武穴	7.111	7.284	7.106	6.953	6.865	6.859	6.806
九江	6.099	6.244	6.229	6.148	6.033	6.007	5.949
湖口	5.144	5.166	5.139	5.103	5.045	5.028	4.999

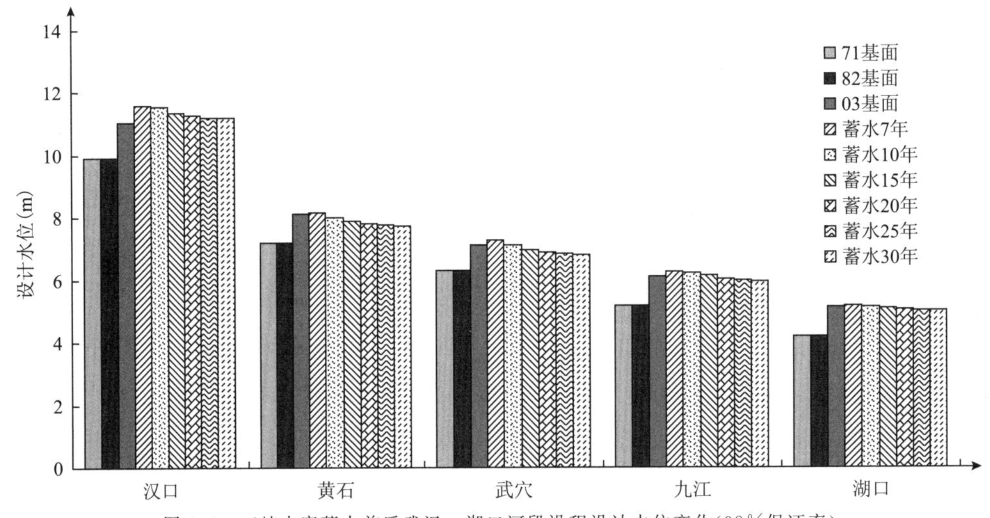

图 4.4　三峡水库蓄水前后武汉—湖口河段沿程设计水位变化(98%保证率)

由图 4.4、表 4.9 可知:

①三峡水库蓄水前,82 基面与 71 基面相比,武汉—湖口各站基本一致。03 设计水位与 82 基面相比,武汉—湖口各站设计水位有明显抬高,汉口站抬高最多,为 1.127m,其他各站在 0.8～0.95m 之间。下文对蓄水后各阶段的设计水位的比较,均以 03 设计水位为基准。

②175m 蓄水后,三峡水库对下泄流量的调节明显增强。175m 蓄水初期(蓄水后 7 年),各站设计水位较蓄水前均有抬升,汉口站抬升值最大,为 0.544m,湖口站抬升值最小,为 0.022m。从 175m 蓄水初期到 175m 蓄水运用的 10 年间,由于各站设计流量变化不大,同时河床继续冲刷下切,两者综合作用下,设计水位明显回落,除汉口、九江外,其他各站设计水位已略低于蓄水前设计水位;随着 175m 蓄水的继续运行,河床的持续冲刷使各站设计水位不断降低,但各站点降低的幅度不同,其中汉口站在蓄水后第 30 年年末,设计水位较蓄水初期降低了 0.383m;武穴站降低最多,为 0.478m;湖口站降低最少,为 0.167m。可以预见,随着河床冲刷的继续发展和下移,汉口以下河段的设计水位仍将进一步下降。

本章参考文献

[1] 王秀英.冲积河流航道整治设计参数确定方法研究[D].武汉:武汉大学,2006.

[2] 赵太平.分汊河段水流数学模型研究[R].南京:河海大学,1997.

[3] 段文忠,郑亚慧,刘建军. 长江城陵矶—螺山河段水位抬高及原因分析[J]. 水利学报,2001(2):29-34.

[4] 闵朝斌. 关于最低通航设计水位计算方法的研究[J]. 水运工程,2002(1).

[5] 荣天富,万大斌. 略谈长江干流航行基面及其有关问题[J]. 水运工程,1994(8):27-30.

[6] 刘万利,邓金运. 三峡蓄水后长江中游武汉—湖口河段设计水位研究[R]. 2012.

[7] 李万松. 水库调流下游河段航道整治使用设计方法[J]. 交通科技,2000(6).

[8] 武汉大学. 三峡水库蓄水后长江中下游一维水沙数值模拟研究[R]. 2009.

[9] 三峡水库下游宜昌至大通河段冲淤一维数模计算分析(二)[C]//长江科学院. 长江三峡工程泥沙问题研究(第七卷). 北京:知识产权出版社,2002:258-311.

[10] 交通运输部天津水运工程科学研究院. 三峡蓄水后长江中游汉口—湖口段设计水位专题研究报告[R]. 2011.

第 5 章 | 河工模型

5.1 长江河工模型设计

多年来，长江航道无论单一河段还是分汊河段的治理研究大多采用河工模型作为重要技术手段，研究工程河段水流运动一般采用定床模型，研究工程前、后河床演变采用动床模型。航道治理河工模型技术手段在解决重大的关键技术性问题中(如三峡工程、长江口治理、长江中下游航道治理等)发挥了重要作用，取得了大量的研究成果，为长江航道治理做出了突出贡献。

5.1.1 主要相似条件

5.1.1.1 模型主要相似条件[1]

河工模型在我国应用十分广泛，前人对模型相似理论曾做过精辟的研究，其中理论最完善的是谢鉴衡的研究[2]。他根据水流运动及泥沙运动基本方程导出动床模型的下列主要相似条件，即

(1)水流运动相似条件

惯性力重力比相似(弗氏数相似)比尺：

$$\lambda_U = \lambda_h^{1/2} \tag{5.1}$$

惯性力阻力比相似(阻力相似)比尺：

$$\lambda_U = \left(\frac{1}{\lambda_n}\right)\frac{\lambda_h^{2/3}}{e^{1/2}} \tag{5.2}$$

其中 $e = \lambda_l/\lambda_h$，称为变率。

水流运动时间比尺：

$$\lambda_{t_1} = \frac{\lambda_l}{\lambda_U} \tag{5.3}$$

(2)泥沙运动相似条件

起动流速相似比尺：

$$\lambda_{U_c} = \lambda_U \tag{5.4}$$

泥沙悬移相似比尺：

沉降相似
$$\lambda_\omega = \frac{\lambda_U}{e} \tag{5.5}$$

悬浮相似
$$\lambda_\omega = \frac{\lambda_h^{1/2}}{e^{1/2}} \tag{5.6}$$

(3)水流输沙相似条件

悬移质挟沙相似比尺：

$$\lambda_S = \lambda_{S_*} \tag{5.7}$$

推移质输沙相似条件：

$$\lambda_{g_b} = \lambda_{g_{b*}} \tag{5.8}$$

(4)河床变形相似条件

河床变形相似条件可由河床变形时间比尺表示。

悬移质河床变形时间比尺：

$$\lambda_{t_2} = \frac{\lambda_{\gamma'}\lambda_l\lambda_h}{\lambda_{g_s}} \tag{5.9}$$

推移质河床变形时间比尺：

$$\lambda_{t_3} = \frac{\lambda_{\gamma'}\lambda_l\lambda_h}{\lambda_{g_b}} \tag{5.10}$$

式中：γ' ——淤积物干重度。

模型设计是在几何比尺确定后，由上述 10 个方程来确定流速比尺 λ_U 、泥沙粒径比尺 λ_D 、时间比尺 λ_t 、悬移质含沙量比尺 λ_s 及推移质输沙率比尺 λ_{g_b} 。显然方程多于未知数，不得不有所取舍，如何抓住主要矛盾，照顾或放弃次要矛盾，做到基本相似，这不仅是模型设计的艺术，更是模拟成败的关键，这便是实体模型的主要问题。

5.1.1.2　模型几何比尺的限制条件

模型的几何比尺受制于场地等多条件和因素的限制。长江是我国第一大河，单一水道长度和宽度本身体量较大，长河段的模拟对模拟场地空间和时间的要求更多，因此长江长河段治理河工模型一般不得选择变态模型。对于变态模型设计，首先要考虑的是平面比尺和垂直比尺，由此确定合适的模型变率。其中平面比尺主要由研究河段长度根据制模场地、供水条件等综合考虑决定，在长江中下游治理实践中平面比尺一般选择 300～600 之间；垂直比尺的确定主要应保证模型水流为紊流（$Re_m > 1000 \sim 2000$）及表面张力不干扰水流运动（$H_m > 1.5\text{cm}$），同时保证模型水流基本处于阻力平方区，最大水深比尺满足式（5.11）：

$$\lambda_{H_{\min}} \leqslant 4.22\left(\frac{V_P H_P}{\nu}\right)^{2/11} \alpha_p^{8/11}\lambda_l^{8/11} \tag{5.11}$$

其中 $\alpha_p = \dfrac{2gn_p^2}{H_p^{1/3}}$ ，下标 p 为天然情况下因子。

5.1.2　起动相似

起动相似不仅对推移质输沙十分重要，悬移质与床沙不断交换，对悬移质也十分重要，应予以满足。

5.1.2.1　推移质模型

推移质模型起动相似应以满足阻力相似为主要条件，即需联解式（5.4）和式（5.2）。

(1)粗沙河床

粗沙及砾卵石为散粒体，无黏性，其起动流速可用沙莫夫公式计算，即

$$U_c = 1.14\left(\frac{h}{D}\right)^{1/6}\sqrt{\frac{r_s - r}{r} gD} \tag{5.12}$$

若模型沙也为散粒体，式（5.12）也同样适用，于是可得：

$$\lambda_{U_c} = \lambda_{\frac{r_s - r}{r}}^{1/2}\lambda_D^{1/3}\lambda_h^{1/6} \tag{5.13}$$

在泥沙起动时，床面平整，其阻力相似可由式（5.12）确定，即

$$\lambda_n = \lambda_D^{1/6} \tag{5.14}$$

代入式（5.2）可得：

$$\lambda_U = \frac{\lambda_h^{2/3}}{\lambda_D^{1/6} e^{1/2}} \tag{5.15}$$

由式(5.4)、式(5.13)和式(5.15)可得：

$$\lambda_D = \frac{\lambda_{\frac{r}{r_s - r}}\lambda_h}{e} \tag{5.16}$$

如果起动相似采用起动拖曳力和剪力相似条件，即

$$\lambda_{\tau_c} = \lambda_\tau \tag{5.17}$$

也同样可得到式(5.16)。此式既满足阻力相似，也反映模型变率的影响。

式(5.13)是在原型与模型床沙均为散粒体时才能成立，这种条件下所获得的式(5.16)在任何水流条件和任一粒径都满足起动相似，是一种全面相似。

(2)中、细沙河床

中、细沙含有一定黏性，式(5.12)不再适用，能够适用黏性泥沙的起动流速公式有张瑞瑾[5]、唐存本[6]、窦国仁[7]和沙玉清[8]等公式。现将该四式在模型水深范围内的计算结果列入表5.1。可见，在给定的范围内，四式中沙玉清公式计算值最大，窦国仁公式计算值最小，张瑞瑾公式适中，因此建议在无模型沙起动试验资料时可用张瑞瑾公式计算模型沙的起动流速。新近王延贵、胡春宏等(2007)用广泛的轻质沙试验资料对张瑞瑾公式进行了修正[9]，如：

$$U_c = \left(\frac{h}{D}\right)^{0.14}\left[17.6\left(\frac{\rho_s - \rho}{\rho}D + 2.75\times10^{-7}\gamma_s^{0.8}\frac{10+h}{D^{0.331\gamma_s^{0.8}}}\right)\right]^{1/2} \tag{5.18}$$

其中 γ_s 单位以 t/m^3 计，长度单位以 m 计，U_c 单位以 m/s 计。当 $\gamma_s = 2.65t/m^3$ 时，此式即为张瑞瑾原式。图5.1为式(5.18)计算与实测的比较。可见吻合良好，用于轻质沙更具代表性。

泥沙起动流速计算值(单位：cm/s)　　表5.1

D(mm)	h(cm)	张瑞瑾公式	唐存本公式	窦国仁公式	沙玉清公式
0.05	5	25.02	23.59	23.91	25.98
	10	27.63	26.48	26.59	29.84
	15	29.30	28.33	28.19	32.36
0.10	5	20.69	21.15	18.74	22.35
	10	22.84	23.74	20.82	25.67
	15	24.21	25.40	22.05	27.84
0.20	5	20.10	23.18	17.51	22.86
	10	22.16	26.02	19.44	26.25
	15	23.48	27.84	20.58	28.47
0.30	5	21.27	25.73	18.71	24.81
	10	23.45	28.88	20.77	28.50
	15	24.83	30.90	21.98	30.91
0.40	5	22.69	28.00	20.39	26.83
	10	25.01	31.43	22.63	30.82
	15	26.47	33.63	23.94	33.42
0.50	5	24.08	30.01	22.13	28.73
	10	26.54	33.68	24.57	33.00
	15	28.09	36.04	25.99	35.78

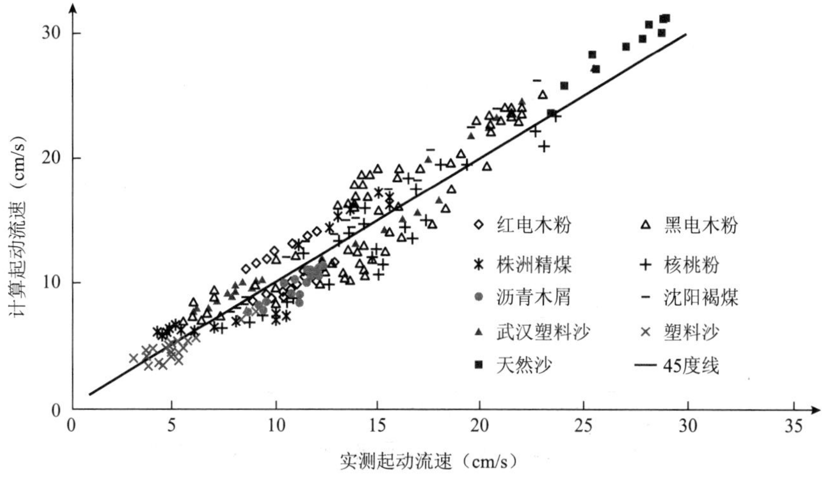

图5.1　各种模型沙起动流速计算值与试验值的对比

上述公式都来自室内试验资料，并没有得到天然大水深的检验。有的公式对水深影响特别敏感，尤其是窦国仁公式。然而事实并非如此，万兆惠通过水压对细颗粒起动流速影响的试验表明，只有极细泥沙，如 $D=0.004$mm，水压力才对起动有明显影响[10]。李昌华和窦国仁在模型设计中，原型沙的起动流速均采用沙玉清公式[4,11]，即

$$U_c = h^{0.2}\left[0.43D^{3/4} + \frac{1.1\,(0.7-\varepsilon)^4}{D}\right]^{1/2} \tag{5.19}$$

其中 ε 为床沙孔隙率，一般为0.40；D 以mm计，U_c 以m/s计。

由于床沙起动时床面平整，式(5.4)可由式(5.18)、式(5.19)及式(5.2)、式(5.12)联解，通过试算求得 λ_D。由于式(5.18)及式(5.19)中的 U_c 是水深的函数，使得 λ_D 只能做到满足某一流量级和某一粒径级的部分相似，不可能做到全面相似，而这种部分相似应选取既能满足生产问题需要的，又能顾全局的某一流量级，代表粒径一般可取中值粒径 D_{50}，对其他流量级及粒径级应进行校核，要求模型与原型处于相同的状态(动或静)。

5.1.2.2　悬移质模型

悬移质模型起动相似应以满足弗氏数相似为主要条件，即联解式(5.4)和式(5.1)。

悬移质模型河床一般为中、细沙，主要是细沙，其起动相似条件应是应用式(5.18)、式(5.19)及式(5.1)求得 λ_D，由于允许阻力相似条件有所偏离，问题要简单得多，但是由于 U_c 是水深的函数，同样也只能做到部分相似。

5.1.3　悬移相似

悬移相似有式(5.5)和式(5.6)两个方程，只有正态模型而且同时满足阻力相似和弗氏数相似两式才能统一。变态模型 $\lambda_U \neq \lambda_{U*} \neq \lambda_h^{1/2}$，导致流速垂线分布不相似；同样，变态模型 $\lambda_\omega \neq \lambda_U \neq \lambda_{U*}$，导致含沙量垂线分布不相似。含沙量垂线分布不相似就意味着泥沙垂向交换不相似，即河床冲淤变形不相似，式(5.5)、式(5.6)两式恰恰均是如此，无论选用哪一种比尺都不可回避河床变形不相似这一要害问题。

要做到河床纵向变形相似，就必须做到泥沙垂向交换相似。为了回避变态模型含沙量垂向分布不相似的问题，可对三维泥沙扩散方程沿水深积分，得到式(3.13)，即

$$\frac{\partial}{\partial t}(hs) + \frac{\partial}{\partial x}(Uhs) + \frac{\partial}{\partial y}(Vhs) + \alpha\omega(s - ks_*) = \frac{\partial}{\partial x}\left[\varepsilon_{sx}\frac{\partial}{\partial x}(hs)\right] + \frac{\partial}{\partial y}\left[\varepsilon_{sy}\frac{\partial}{\partial y}(hs)\right]$$

再进行相似变换，并以 $\lambda_s\lambda_h/\lambda_t$ 遍除式中各项，得下列相似条件，即

$$\frac{\lambda_U\lambda_t}{\lambda_l}=\frac{\lambda_V\lambda_t}{\lambda_l}=1 \tag{5.20}$$

$$\frac{\lambda_\alpha\lambda_\omega\lambda_t}{\lambda_h}=1 \tag{5.21}$$

$$\frac{\lambda_s}{\lambda_{s_*}}=1$$

$$\frac{\lambda_{\varepsilon_{sx}}\lambda_t}{\lambda_l^2}=\frac{\lambda_{\varepsilon_{sy}}\lambda_t}{\lambda_l^2}=1 \tag{5.22}$$

式(5.20)实际是输沙率位变与时变比相似条件，等同于水流时间比尺，即式(5.6)；式(5.22)是平面扩散与惯性输沙比相似条件，变态模型该条件不能满足，但因该项较小，常常予以忽略；式(5.7)为挟沙相似条件。以上各相似条件与谢鉴衡由三维扩散方程所获得的相似条件基本一致[3]，唯一不同的是式(5.21)取代了式(5.5)和式(5.6)两式，该式是在满足式(5.7)条件下，分子分母同消去 λ_s 后获得的，其物理意义是垂向泥沙通量与输沙率时变比相似，亦即泥沙垂向交换通量相似。在同时满足该条件及式(5.7)挟沙相似条件下，悬沙质冲淤便可达到相似。

以式(5.20)代入式(5.21)便得泥沙交换相似条件，即

$$\lambda_\omega=\frac{\lambda_U}{e\lambda_\alpha} \tag{5.23}$$

在含沙量饱和条件下，$\alpha=\alpha_*$ 。α_* 由下式确定[12]：

$$\alpha_*=\frac{7}{8}\frac{e^{\frac{8}{3}\pi z_*}-1}{\int_0^1\eta^{1/7}f(\eta)\mathrm{d}\eta} \tag{5.24}$$

$$f(\eta)=e^{\frac{16}{3}\pi z_*\arcsin(1-\eta)^{1/2}}$$

在河床纵向变形相似条件下，应有输沙率位变比相似，也就有 $\lambda_\alpha=\lambda_{\alpha_*}$ 。由式(5.24)不难看出，当 $\lambda_{z_*}=1$ 时，必有 $\lambda_{\alpha_*}=1$，即式(5.6)：

$$\lambda_\omega=\lambda_{U_*}=\frac{\lambda_h}{e^{1/2}}$$

而 $\lambda_\alpha=\lambda_{\alpha_*}=1$ 时，式(5.22)即为式(5.5)：

$$\lambda_\omega=\frac{\lambda_U}{e}$$

两者相互矛盾，意味着 $\lambda_{z_*}\neq1$，即变态模型垂线含沙量分布不相似，$\lambda_\alpha=\lambda_{\alpha_*}\neq1$ 。以

$$\lambda_{z_*}=\frac{\lambda_\omega}{\lambda_{U_*}}=\frac{\lambda_\omega e^{1/2}}{\lambda_h^{1/2}} \tag{5.25}$$

代入式(5.23)得：

$$\lambda_\alpha=\lambda_{\alpha_*}=\frac{\lambda_U}{\lambda_h^{1/2}\lambda_{z_*}e^{1/2}} \tag{5.26}$$

由式(5.26)和式(5.24)可求得 λ_α，该二式在 $\lambda_{z_*}\geqslant1$ 时无解，只有 $\lambda_{z_*}<1$ 时才有解，且 $\lambda_\alpha\leqslant\lambda_{z_*}<1$ 。在 $\lambda_\alpha=\lambda_{z_*}<1$ 条件下，由式(5.25)、式(5.26)可得：

$$\frac{\lambda_h^{1/2}}{e^{1/2}}>\lambda_\omega\geqslant\frac{\lambda_U^{1/2}\lambda_h^{1/4}}{e^{3/4}} \tag{5.27}$$

如取 $\lambda_U = \lambda_h^{1/2}$，则上式可写成：

$$\lambda_\omega = \frac{\lambda_h^{1/2}}{e^m} \tag{5.28}$$

其中 m 的变化区间为[0.5,0.75]。

由式(5.24)及式(5.25)可求得 m 与原型悬浮指标 z_{*p} 之间的关系，如图 5.2 所示。

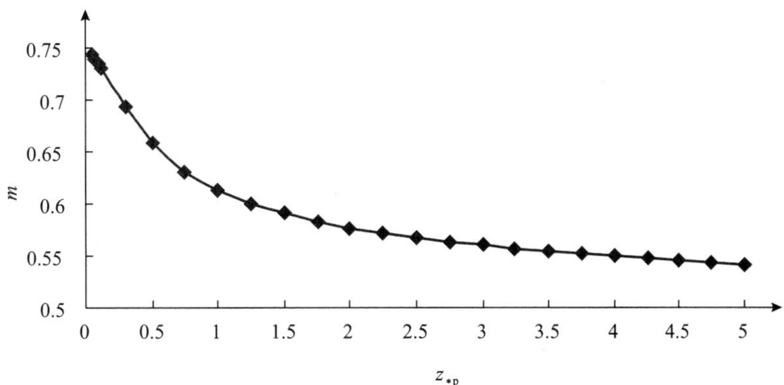

图 5.2　指数 m 与原型悬浮指标 z_{*p} 的关系

图 5.2 中适线方程为：

$$m = \begin{cases} 0.1021 z_{*p}^2 - 0.2479 z_{*p} + 0.7581 & (z_{*p} < 1) \\ 0.6119 z_{*p}^{-0.0772} & (z_{*p} \geqslant 1) \end{cases} \tag{5.29}$$

由图 5.2 可见，当 $z_{*p} > 1$ 时 m 变化很小，由于原型三维性强，取 $m=0.6 \sim 0.75$ 比较适宜。沉速公式可由张瑞瑾公式确定，即

$$\omega = \sqrt{\left(13.95\frac{\nu}{d}\right)^2 + 1.09\frac{\gamma_s - \gamma}{\gamma}gd} - 13.95\frac{\nu}{d} \tag{5.30}$$

式中：d ——悬沙粒径；

ν ——水流运动黏滞性系数。

由式(5.30)可得悬沙交换相似的粒径比尺为：

$$\lambda_d = 0.0179\frac{d_p\omega_p}{\nu\lambda_\omega}\left[\left(1 + 121.6\frac{\gamma_{sm} - \gamma}{\gamma}g\nu\lambda_\omega^3/\omega_p^3\right)^{1/2} - 1\right] \tag{5.31}$$

至此，我们得到了三种泥沙粒径比尺，即阻力相似粒径比尺、床沙起动相似粒径比尺 λ_D 和悬沙交换相似粒径比尺 λ_d。对于推移质模型，无疑前两种粒径比尺必须相等；对于悬移质模型，就床沙质而言，也必须使 $\lambda_d = \lambda_D$，这样就使泥沙粒径以及模型沙材料的选择大大受到限制。

5.1.4　水流输沙相似

5.1.4.1　悬移质挟沙相似

悬移质挟沙相似比尺为式(5.7)。其中 S_* 为水流挟沙能力，若采用式(3.76)，即

$$S_* = K\frac{\gamma_s\gamma}{\gamma_s - \gamma}\frac{UJ}{\omega} = K\frac{\gamma_s\gamma}{\gamma_s - \gamma}\frac{f}{g}\frac{U^3}{R\omega} \tag{5.32}$$

写成比尺形式即为：

$$\lambda_{S_*} = \frac{\lambda_K\lambda_{\frac{\gamma_s\gamma}{\gamma_s-\gamma}}\lambda_f\lambda_U^3}{\lambda_h\lambda_\omega} \tag{5.33}$$

或
$$\lambda_{S_*}=\lambda_K\lambda_{\frac{\gamma_s\gamma}{\gamma_s-\gamma}}\frac{\lambda_U}{\lambda_\omega}\lambda_J$$

在满足弗氏数相似条件下，$\lambda_U=\lambda_h^{1/2}$；$\lambda_f=\lambda_J=1/e$。以式(5.28)代入以上二式均可得：

$$\lambda_{S_*}=\lambda_K\lambda_{\frac{\gamma_s\gamma}{\gamma_s-\gamma}}e^{m-1} \tag{5.34}$$

由于原型与模型的紊动相差悬殊，由紊动而产生的水流挟沙能力自然不会一样，原型挟沙系数 K 理应大于模型，即 $\lambda_K>1$。不过 λ_K 在定量上究竟如何确定，目前还没有研究成果，全靠率定试验来确定，部分试验经验表明 λ_K 可取 2.5。式(5.34)还有另一个特点，就是 λ_{S_*} 还是变率 e 的函数。由于 $m-1<0$，e 愈大，λ_{S_*} 愈小。

5.1.4.2 推移质输沙相似

推移质输沙相似比尺为式(5.8)，其中 g_{b*} 为推移质单宽饱和输沙率，若采用式(4.18)，即

$$g_{b*}=k\gamma_s DU_*(\theta-\theta_c)\left(1-0.7\sqrt{\frac{\theta_c}{\theta}}\right)$$

在满足起动相似，即式(5.15)条件下，可得到相似比尺为：

$$\lambda_{g_{b*}}=\lambda_{\frac{\gamma_s\gamma}{\gamma_s-\gamma}}\left(\frac{\lambda_h}{e}\right)^{3/2} \tag{5.35}$$

顺便指出，如果输沙能力公式改用式(4.25)，即

$$g_{b*}=k\rho_s D(U-0.7U_c)\left(\frac{U}{U_c}\right)^3\left(\frac{D}{h}\right)^{1/6}$$

在满足起动相似，即式(5.16)的条件下，可获得与式(5.35)完全一样的结果。

5.1.5 时间比尺

这里共涉及 λ_{t_1}、λ_{t_2} 和 λ_{t_3} 三个时间比尺，λ_{t_1} 是水流时间比尺，λ_{t_2} 和 λ_{t_3} 是河床变现时间比尺，水流时间比尺和河床变现时间比尺一般是不相等的，不仅如此，悬移质和推移质河床变现时间比尺 λ_{t_2} 和 λ_{t_3} 一般也不相等。如何统一与取舍是模型设计中的又一难题。

5.1.5.1 水流时间比尺

由于泥沙模型所研究的问题主要是河床变形问题，无疑河床变形时间比尺必须遵守，这样就出现了水流时间比尺的偏离，模型中水流运行时间发生变态，导致水流运动滞后，影响水力要素相似，从而也影响河床变形相似[2]，水流愈不恒定这种影响也就愈大。

径流河道，水流来自上游，来水过程一般较平稳，变化平缓，可以概化为不同梯级的准恒定流。恒定流水力要素不随时间变化，模型也就不存在水流运动滞后问题，放弃水流运动时间比尺，对河床变形并不产生多少影响。

按准恒定流处理，在平水期自然问题不大，但是在洪峰期就有问题了。问题之一就是削峰会使洪峰坦化。由于水流输沙率，无论是推移质还是悬移质，都与流速的高次方成正比，削峰无疑会使输沙率变小，河床变形不相似。问题之二就是把非恒定流变为恒定流。非恒定流涨水输沙率远大于落水输沙率，恒定流输沙率均化，导致河床变形过程不相似，洪峰愈陡峻愈不相似。水流时间变态，从根本上讲不可能解决洪水过程中河床变形相似问题。即使采用某种变态办法，其有效性也难把握。为此，需要进行预备试验，寻求与洪峰输沙及河床变形总效果相等价的恒定的"当量流量"，以取代洪峰过程。式(4.66)是清水冲刷条件下的推移质输沙"当量流量"经验关系式。在未进行预备试验条件下，悬移质可暂由式(2.15)作近似处理，即

$$Q_* = \left(\frac{\sum Q_i^2 T_i}{\sum T_i}\right)^{1/2} \tag{5.36}$$

式中：i——洪峰分级序号；

T_i——第 i 级流量 Q_i 的持续时间。

5.1.5.2 河床变形时间比尺

悬移质河床变形时间比尺 λ_{t_2} 与推移质河床变形时间比尺 λ_{t_3}，两者一般不相等，也必须有取舍。对于卵、砾石及粗沙河床，床沙基本不可悬，河床变形主体是推移质，河床变形时间比尺应取 λ_{t_3}，与 λ_{t_2} 基本无关。

对于中、细沙河床，床沙既可做悬移运动，又可做推移运动，两者不断发生交换和转化，当悬移质次饱和时部分推移质上浮充当悬移质，当悬移质过饱和时，部分悬沙又转化为推移质，两者难舍难分。然而，两者运动的力学机理不同，导致出现不同的河床变形时间比尺，因此，不得不区分不同性质的问题，以某一时间比尺为主，兼顾另一比尺。从宏观意义上看，中、细沙河床沙质推移质输沙率只是悬移质床沙质输沙率的 1/10 左右，河床变形悬移质往往起决定作用，自然应取 λ_{t_2}；对于坝下冲刷、弯道凸岸演变、汊道分沙、浅滩演变等问题，推移质运动常常又起主导作用，宜取 λ_{t_3}。但是无论取用哪一个比尺，都必须兼顾另一比尺。

(1)悬移质模型

悬移质模型河床变形时间比尺应取 λ_{t_2}，模型悬移质加沙率为：

$$g_{sm} = \frac{g_{sp}}{\lambda_{g_s}} \tag{5.37}$$

应兼顾推移质，推移质河床变形时间比尺为 λ_{t_3}，要使其统一到 λ_{t_2}，就必须调整推移质加沙率，使模型在 λ_{t_2} 时段内的输沙量与 λ_{t_3} 时段的输沙量相等，即

$$g'_{bm} t_2 = g_{bm} t_3$$

式中：t_2、t_3——分别为模型悬移质和推移质放水时间；

g'_{bm}——因时间变态而调整的推移质加沙率。

故有

$$g'_{bm} = g_{bm}\frac{t_3}{t_2} = g_{bm}\frac{\lambda_{t_2}}{\lambda_{t_3}} = \frac{\lambda_{t_2}}{\lambda_{t_3}}\frac{g_{bp}}{\lambda_{g_b}} \tag{5.38}$$

比较式(5.9)和式(5.10)，有

$$\frac{\lambda_{t_2}}{\lambda_{t_3}} = \frac{\lambda_{g_b}}{\lambda_{g_s}}$$

于是

$$g'_{bm} = \frac{g_{bp}}{\lambda_{g_s}} \tag{5.39}$$

g'_{bm} 即为悬沙模型中推移质加沙率。

(2)推移质模型

推移质模型河床变形时间比尺应受 λ_{t_3} 控制，推移质加沙率为：

$$g_{bm} = \frac{g_{bp}}{\lambda_{g_b}} \tag{5.40}$$

同样应兼顾悬移质，悬移质河床变形时间比尺为 λ_{t_2}，将其统一到 λ_{t_3}，需要调整悬移质加沙率，按上述同样的方法演绎，可得在推移质模型中悬移质中的床沙质加沙率为：

$$g_{sm}^{'} = \frac{g_{sp}}{\lambda_{g_b}} \tag{5.41}$$

5.1.5.3 比尺调整

上述有关比尺关系是由水流运动或泥沙运动的力学规律确定的，理应不可更改，但是个别比尺由于其母体具有一定的经验性，例如水流挟沙能力及推移质输沙率公式，由此所导出的 λ_{g_s} 和 λ_{g_b} 就不一定十分精确，需要通过实测资料予以检验和调整。由于 λ_{t_2} 和 λ_{t_3} 是 λ_{g_s} 和 λ_{g_b} 的函数，当 λ_{g_s} 及 λ_{g_b} 进行调整时，λ_{t_2} 及 λ_{t_3} 也必须随之调整。

其次由于 $\lambda_{t_2} \neq \lambda_{t_3}$，在同一模型上，同时模拟悬移质和推移质，其 $g_{bm}^{'} \neq g_{bm}$，$g_{sm}^{'} \neq g_{sm}$，不符合输沙相似要求，必须率先调整。

由式(5.35)、式(5.36)可得：

$$\lambda_{g_s} = \lambda_U \lambda_h \lambda_s = \lambda_K \lambda_{\frac{\gamma_s \gamma}{\gamma_s - \gamma}} e^{m-1} \lambda_U \lambda_h \tag{5.42}$$

$$\frac{\lambda_{g_s}}{\lambda_{g_b}} = \lambda_K e^{m+0.5} \left(\frac{\lambda_U^2}{\lambda_h}\right)^{1/2} > 1 \tag{5.43}$$

故有

$$g_{bm}^{'} = \frac{g_{bp}}{\lambda_{g_s}} = g_{bm} \frac{\lambda_{g_b}}{\lambda_{g_s}} < g_{bm} \tag{5.44}$$

$$g_{sm}^{'} = g_{sm} \frac{\lambda_{g_s}}{\lambda_{g_b}} > g_{sm} \tag{5.45}$$

调整方法：

假定 $\lambda_K = 2.5$，取 $m = 0.65$，由有关公式求得 λ_{g_s}，λ_{t_2}；λ_{g_b}，λ_{t_3}；g_{sm}，$g_{bm}^{'}$；g_{bm}，$g_{sm}^{'}$。放水初试，测取试验时段内河床变形平面分布、河段冲淤总量及床沙粒径分布，与原型河床变形进行对比分析，找出差异的原因，尽可能地区分出悬移质和推移质所造成的影响，以便修改推移质和悬移质加沙量。推移质模型只修改 $g_{sm}^{'}$ 时，λ_{t_3} 不变，但 $g_{sm}^{'}$ 不宜小于 g_{sm}；悬移质模型只修改 $g_{bm}^{'}$ 时，λ_{t_2} 不变，但 $g_{bm}^{'}$ 不宜大于 g_{bm}；需要调整 g_{bm} 或 g_{sm} 时，λ_{t_3} 或 λ_{t_2} 也应相应调整。

由于推移质和悬移质的冲淤不易区分，从冲淤平面分布、粒径变化和分布或许可以看出一点端倪。比尺调整试验，亦即通常所说的验证试验，需要耐心仔细，反复进行。

以上仅仅为径流泥沙模型设计中的一些主要问题，可见矛盾很多，使得模型的相似性大打折扣，试验成果的精度，甚至可靠性会受到不同程度的影响，因此，除了输入资料准确、操作认真、验证试验仔细外，还要认真地对试验成果进行合理性分析，做到理论分析、演变规律分析和数值模拟等多种途径相结合，方可得到可信而又可靠的成果。

潮流泥沙模型问题更多，更为复杂，其相似性也更差。潮流为非恒定流，时间比尺 λ_{t_1} 不能变态，且要满足河床变形时间比尺；潮位既不恒定，又受径流影响；在径流与潮水交汇段来水方向不同、径流和潮水含盐度不同，掺混状态不同，泥沙絮凝特性也不同；海相动力的多元化和来沙的多变性、不确定性等都给模拟带来了极大的困难，无疑更难做到较严格的相似，试验成果的精度和可信度不可避免地要比径流泥沙模型更差，当然对于定性分析和工程方案对比仍然有其价值。

由于推移质和悬移质河床变形时间比尺等不能统一，全沙模型几乎不可能实现，不可避免地要分别进行，以某一种模型为主，兼顾另一种模型。其设计原则可归结如表 5.2。

推移质模型和悬移质模型应遵循的主要相似条件　表 5.2

相似条件	公式选用	
	推移质模型	悬移质模型
水流运动相似	式(5.2)	式(5.1)
泥沙起动相似	粗沙:式(5.16) 中、细沙:式(5.18)、式(5.19)与式(5.2)联解	式(5.18)、式(5.19)与式(5.1)联解
泥沙悬移相似		式(5.29)
挟沙相似	式(5.36)	式(5.34)
时间相似	式(5.10)	式(5.9)
加沙率	式(5.40)及式(5.41)	式(5.37)及式(5.39)

5.2 系列模型设计

5.2.1 系列模型原理

长江中下游一般建设丁坝、潜坝、桥梁会因建筑物阻水、建筑物周围绕流引起周边局部流态的较大变化。周边的马蹄形旋涡、下向水流运动动等复杂的三维流态,对建筑物周围的床面产生较强的下切淘刷,由此形成范围较大的局部冲刷坑。深度较大的局部冲刷坑,将对建筑物的安全及使用带来威胁甚至危害。对于建筑物局部冲刷深度问题,一般整体大比尺河工模型很难解决。而相关研究表明影响局部冲刷的因素有三个方面:一是描述建筑物本身三维尺度的物理指标,二是描述水流运动的力学指标,三是描述河床泥沙性状的物化指标,包括在深度上的变化。应该说,影响建筑物局部冲刷的因素已基本清楚,但如何进行量化界定十分困难,如泥沙颗粒尺度分布、颗粒结构、河床质黏性等。因此,研究中需要加入很多的限制条件进行抽象概化,只能考虑认为是主要的因素。通常认可的主要因素有以下 8 个:水(ρ、ν、g)、土(d、ρ_s)、流动(v、h_0)、建筑物(b),由此冲刷深度由下列函数关系表达:

$$h_s = f(\rho、\nu、g、d、\rho_s、v、h_0、b) \tag{5.46}$$

其中 ρ 为流体密度;ν为流体运动黏度;g 为重力加速度;d 为泥沙粒径;ρ_s 为泥沙密度;v 为行近流速;h_0 为行近水流深度;b 为建筑物特征宽度。

由于理论还不成熟,采用公式计算局部冲刷坑深度不是一个好的选择,因此,物理模型试验在局部冲刷坑尺度预报中发挥着重要的作用。由于局部冲刷坑的形成是复杂的三维水流运动引发的,故而预测局部冲刷坑深度和范围的物理模型必须为正态动床模型(即平面比尺和垂直比尺相同)。因是局部问题,要求几何比尺尽可能小(模型尽量大),长江大河宽、水深宽的情况下只能选择正态局部动床模型。

在局部冲刷模型中,要想实现模型与原型相似,模型沙的选择尤为重要。在实际工作中,由于选沙困难,常常进行变通处理,即借助于系列模型进行研究,通过开展一系列满足水流运动相似条件而不满足输沙相似条件的不同比尺的正态模型试验,通过延伸试验结果间接得到原型的极限冲刷坑的预报尺度。

根据相似原理,若要取得正确的试验成果,模型必须按照相似准则和相似比尺关系设计。系列模型是由几个不完全相似的比尺模型组成，试验后用各个模型的试验结果延伸到比尺相似模型，以消除偏差，实现模型试验成果与原型相同。

设完全符合相似条件的正态模型几何比尺为 λ_{h_0}，系列模型拟选用的不相似模型几何比尺为 λ_h，当模型完全满足正态模型相似条件时，$\lambda_{h_s}=\lambda_h=\lambda_{h_0}$（$\lambda_{h_s}$ 为冲淤深度比尺）；当模型偏离正态模型相似条件时，$\lambda_{h_s}\neq\lambda_h\neq\lambda_{h_0}$。$\lambda_{h_s}$ 之所以偏离 λ_h，是由于 λ_h 偏离 λ_{h_0} 造成的。λ_{h_s} 偏离 λ_h 的程度大小，取决于 λ_h 偏离 λ_{h_0} 的程度大小，如把这种关系用函数关系式表示出来，则有：

$$\frac{\lambda_{h_s}}{\lambda_h}=\left(\frac{\lambda_{h_0}}{\lambda_h}\right)^n \tag{5.47}$$

由于冲淤深度比尺 $\lambda_{h_s}=\dfrac{h_p}{h_m}$，式(5.47)可改写为：

$$h_p=\lambda_h.h_m\left(\frac{\lambda_{h_0}}{\lambda_h}\right)^n \tag{5.48}$$

在双对数纸上以 h_m 为纵轴，λ_h 为横轴，作图成直线关系，当 $\lambda_h=\lambda_{h_0}$ 时，$h_p=h_m\lambda_h$，即可求出原型冲淤深度 h_p，也可直接利用系列模型其中两个比尺模型的 h_m 和 λ_h 值求出 n 值即式(5.49)，再用式(5.48)直接计算出原型冲淤深度。

$$n=\frac{l_g h_{m_2}\lambda_{h_2}-l_g h_{m_1}\lambda_{h_1}}{l_g\lambda_{h_2}-l_g\lambda_{h_1}} \tag{5.49}$$

5.2.2 模型设计

5.2.2.1 惯性力重力比相似

局部冲刷模拟，系列模型水流主要应满足惯性力重力比相似，即

$$\lambda_V=\lambda_h^{1/2} \tag{5.50}$$

5.2.2.2 系列模型的限制条件

系列模型除满足惯性力重力比相似比尺，还应满足如下限制条件：

①模型沙的起动流速不能过大也不能过小，否则影响试验精度。大量试验表明，模型流速 V_m 和模型沙的起动流速 $V_{c,m}$ 应满足下列限制条件：

$$V_{c,m}\leqslant V_m\leqslant(2.5\sim3.0)V_{c,m} \tag{5.51}$$

②系列模型的不相似仅指泥沙运动不相似，水流运动必须按正态模型相似要求设计，因此，模型水流必须是紊流，即要求模型雷诺数 $Re_m>1000\sim2000$。

③模型最小水深 $H_m>1.5$ cm，以消除模型表面张力影响。

④为使冲刷坑几何形态相似，模型沙与原型沙的水下休止角(φ)应相等。

5.3 河工模型设计中几个问题的探讨

5.3.1 模型的变态问题

河工模型试验中常遇到的变态问题有两类：一类是水平比尺和垂直比尺的不一致产生的几何变态，另一类是原型沙和模型沙不同而引起的时间比尺变态。

5.3.1.1　几何变态

多家研究单位曾采用系列模型试验研究了几何变率对汊道、弯道和顺直段流场相似性的影响，以及对河床变形、丁坝局部冲刷深度相似性的影响等。通过对成果进行综合分析，得出如下认识：

变率小于 10，且模型宽深比 $(B/h)_m > 2$ 的变态定床模型，只要满足重力相似与阻力相似，变态模型与正态模型比较，顺直段和弯道段的水流动力轴线及垂线平均纵向流速沿横向与沿流程的分布基本一致，相对误差一般小于 10%。在汊道交角较小的条件下，汊道分流比也基本一致。变率小于 10 的变态定床模型纵向流速沿垂线分布偏离程度随变率增大而增大，一般偏离 30%以内；横向流速沿垂线分布偏离达 70%以上。

模型变态对泥沙冲淤相似的影响较对流场的影响更为敏感。在变率小于 4，且模型宽深比 $(B/h)_m > 5$ 的条件下，变态模型与正态模型的水流动力轴线、深泓线、冲淤部值和冲淤量基本一致；而在变率小于 10，且模型宽深比 $(B/h)_m > 2$ 的条件下，变态模型与正态模型在顺直段的冲淤部值基本一致。根据该试验成果，各段冲淤量偏离在 24%以下，但弯道段局部冲淤量则偏离较大，可达 38%。

对变率大小的选择应根据河道特性、研究问题的性质，及其模型技术要求等因素在下述允许范围内确定：定床模型变率小于 10，模型河道宽深比 $(B/h)_m > 2$；动床模型变率小于 6，模型河道宽深比 $(B/h)_m > 5$。但在长江口河段冲淤河床十分宽浅，为二元水流流场，其模型变率可增至小于 15。

5.3.1.2　时间变态

长江中下游模型试验，一般采用水平比尺 λ_l 大于垂直比尺 λ_h 的几何变态模型；为满足模型泥沙起动相似，一般须采用轻质沙，而带来时间比尺变态问题。当模型的垂直比尺过大时，模型的水深过小，就有可能导致模型水流的流速过小、模型水流雷诺数过小，不能保证模型水流的充分紊动与原型相似，模型沙选择较为困难。但从理论上讲，变态模型并不完全满足相似理论的要求。特别是在水流三度性很强的河段，例如弯道、汊道、窄深河段和局部扩宽或缩窄的河段，不论在流场或泥沙运动方面，均可能产生不同程度的相似偏离。

动床模型试验中，按水流连续原理，可以得到水流运动的时间比尺为：

$$\lambda_{t_1} = \frac{\lambda_l}{\lambda_h^{1/2}} \tag{5.52}$$

根据河床变形方程，可得河床变形的时间比尺为：

$$\lambda_{t_2} = \frac{\lambda_{\gamma'} \lambda_l \lambda_{\gamma_s - \gamma}}{\lambda_V \lambda_{\gamma_s} \lambda_\gamma}$$

比较以上两式，可以看出，只有当

$$\frac{\lambda_{\gamma'} \lambda_{\gamma_s - \gamma}}{\lambda_{\gamma_s} \lambda_\gamma} = 1$$

时才有 $\lambda_{t_1} = \lambda_{t_2}$，即只有在模型采用与原型比重、干重度完全一致的泥沙时，才有可能使水流运动时间比尺和河床变形时间比尺完全一致，而这在动床河工模型试验中是几乎不可能的。令时间比尺变态率为：

$$\eta_t = \frac{\lambda_{\gamma'} \lambda_{\gamma_s - \gamma}}{\lambda_{\gamma_s} \lambda_\gamma} \tag{5.53}$$

可以看出，如果采用的模型沙比重、干重度越小，则时间比尺变态率 η_t 就越大，也就是河床变形的时间比尺将远大于水流运动的时间比尺。在动床河工模型试验中，为了保证泥沙冲淤和河床变形相似，一般只能遵循河床变形时间比尺进行试验，而使水流运动时间比尺发生较大偏离，这就使模型中流量和水位的调整时间比水流运动实际需要的时间缩短了 η_t 倍。这样在模型河道中的槽蓄过程不可能与原型相似，即在涨水过程中沿程水位不能按原型的相应时间涨上去，流速当然也不能及时达到要求值，降水过程依然，水位及流速均滞后于原型的变化。只有在恒定流的情况下，没有槽蓄变化，时间变态才不会对流量、水位、流速产生影响。

为减小时间变态所带来的影响，在河工模型动床试验中，应合理选择模型沙，控制时间变率的大小，不宜过大。对于较长的河工模型则需要考虑非恒定流影响，常采用分段的方法来解决。各分段的长度和范围除需根据时间变态的控制要求来确定外，还要考虑各个河道的特性，如各模型进口断面应设在相对较窄处，以保证模型试验的整体性和连续性，通常下游模型的进口与上游模型的出口设置一重复段。研究表明，上游进口段长度应大于 20～50 倍的水深或河宽的 3～6 倍；出口段长度应大于河宽的 2～5 倍，其模型流速流态可调整到与原型一致，模型设计可参考上述结果来确定重复段的长度，并采取尽可能选择密度偏大的沙作为模型等措施来减少时间变态对试验成果的影响。

5.3.2 模型糙率问题

对于变态模型无论采用何种方法所确定的模型加糙手段，开始总是难以完全满足模型水线与原型一致的要求，因此需调整糙率直到水面线相符，这个过程即所谓的糙率校正工作。

为求得水面线相符，有同时满足阻力相似和弗劳德条件、允许弗劳德条件有所偏离、阻力相似与弗劳德条件都有所偏离三种方法。

5.3.2.1 同时满足阻力相似和弗劳德条件

若要同时满足阻力相似和弗劳德条件，模型可能需要加糙。长江河工模型加糙方式主要有以下三种：

①第一种是颗粒无间距排列叠加的加糙方式。由于这种加糙方式目前具有足够精确的关于粗糙高度与水流条件的试验关系，同时这种加糙方式较少破坏河底水流结构，因此，如可能，应尽量采用这种加糙方式。

通用的两种计算方法：一种是 A. N. 蔡克士大方法，另一种是巴普洛夫斯基或曼宁公式法。当原型及模型肯定处于阻力平方区时，可用巴普洛夫斯基或曼宁公式进行计算，比较简便。

②第二种是颗粒有间距排列的加糙方式。根据试验研究，这样的加糙方式可达到较大的糙率值。故当要求的模型糙率很大时，可以采用这种方法加糙。常用梅花加糙，将选用来加糙的沙或砾或卵石按梅花形均匀粘牢在河床上。

梅花加糙虽然比相同颗粒的密实加糙更能增加糙率(前者最大可达到后者的 1.3 倍)，但将改变河床的糙率分布状况，特别是当颗粒较粗时，这种改变可能是十分严重的，以致影响到紊动结构和流速分布的相似性。因此，这种梅花加糙的办法，用于研究一度流和平面二度流的问题应该是可以的。对于研究三度流则存在一些问题，如果要在模型中使用泥沙指示剂，存在的问题就更大了。在每一颗粒后面的绕流影响区内都将发生淤积，妨碍泥沙指示剂的运行。使用梅花加糙，颗粒不宜过大，粒径与水深的比值宜控制在 5%以内，最大不应超过 10%。

梅花加糙由于受到一些限制,不可能达到很高的糙率,当要求较高的模型糙率时只能采取在模型表面塑制凹槽等其他办法。

③第三种是其他方法:若模型加糙程度甚小,可以在模型粉面过程中采用粗糙粉面法或略加打毛。若模型加糙程度很大,也有将模型表面做成凹槽,或采用铁屑、铁丝网、植塑料草等固定于河床上的办法。

若需加糙较大宜通过水槽预备试验,优选加糙方法和材料。

5.3.2.2　满足阻力相似而允许弗劳德条件有所偏离

采用加大(变态)模型或减小(正态)模型流速比尺的方法(又称改变流量比尺方法),求得水面线近似相似。

长江模型实践经验表明,其偏离程度应不大于 50%,即

$$1-\frac{\lambda_{\mathrm{V}}}{\lambda_{\mathrm{h}}^{1/2}}\leqslant 50\% \tag{5.54}$$

当弗劳德数偏离时,模型弗劳德数与原型弗劳德数应同位于一个区域内,即同时小于 1,或同时大于 1,这样可以保证模型水流与原型水流同为缓流或同为急流。

5.3.2.3　阻力相似条件与弗劳德条件均有所偏离

当模型变率较大,致使加糙材料过大或过密时,对水流结构影响也较大,因此,可采用上述方法来达到水面线与原型相符。

5.3.3　宽级配泥沙运动规律与模拟

在长江泥沙河工模型试验中,往往所模拟的泥沙粒径在小于 0.01mm～200mm 的宽级配范围。即模型需同时模拟悬移质、沙质推移质和卵石推移质运动。对于包括三者的宽级配泥沙运动的模拟来说,除了各类泥沙模拟中自身的问题之外,还有特殊的技术难点,其核心问题是如何保持三者的时间比尺统一在一起。

①沙质推移质与悬移质的时间比尺之所以可以统一是因为两者会发生交换,这便意味着不同运动状态的交换。而卵石和悬移质之间不产生交换,在河流中始终保持着不同的运动状态,遵循不同的运动规律,因此两者的时间比尺无法统一,即使选用了某个输移率公式计算后数值一样,也不能说明两者的运动状态、对河床变形作用时间的相似性是一样的。目前常用的处理方法是试验时统一选用悬移质时间比尺,适当调整推移质加沙量。一般认为,采用同一种模型沙同时模拟悬移质、沙质推移质和卵石移质为宜,其时间比尺容易统一。

②模拟卵石推移质的时间比尺作了调整之后,便要相应调整卵石输沙率,这样可以保证在某一时段内河段进口的加沙量满足设计要求。但是并不等于卵石输移量也能满足设计要求。对本模型来说,卵石的补充靠区间输移补给,卵石的输移是由水流运动造成的。而卵石是以滑动、滚动、跳跃的形式一步一步向前移动,不像悬移质随水流运动可以在一个时段内保持输沙总量的相似。因此,准确地模拟卵石输移十分困难。

③在模拟宽级配泥沙时,选沙要考虑的另一个问题是该模型沙要满足粒径大小不同时,其干重度变化较少或不变。

④宽级配砂卵石河床的糙率由沙粒阻力、沙波阻力及形态阻力构成,所选模型沙在形成床面后能否做到阻力相似很难保证。可采用几个主要流量级的糙率满足要求,其余流量级的阻力相似应允许有些偏离。

5.3.4 模型沙问题

长期以来,实体模型试验一直是解决水利工程技术问题的重要手段。近几十年来,人们围绕河道、水库、河口等问题进行了大量的实体模型试验研究,在相关的模拟技术方面也取得了巨大的进展。在这些泥沙河工模型试验中,模型沙的选择及其物理运动特性的研究是泥沙模型试验的技术关键,是保证模型与原型泥沙运动及河床冲淤相似的关键,直接影响到模型试验结果的可靠性。模型沙既要满足水流运动相似要求中的阻力相似,同时还要满足泥沙运动相似要求中的起动相似和悬移相似。由于各相似条件的物理本质不一致,以至表述各相似条件的理论公式完全不一样,因而在同一模型试验设计中因满足不同的相似条件而导出不同的粒径相似比尺的现象很常见,往往互为矛盾,顾此失彼,因此,模型沙的选择是全沙动床河工模型试验中一个相当重要的问题,其选择的合理与否直接关系到模型试验的成败。对各种模型沙特性的把握是成功选择模型沙的前提条件。随着泥沙模型试验技术的发展,国内外众多学者在模型沙的研制,尤其是在对某些化学性质稳定、密度及粒径可以人为控制、不含黏性且能够大量制备的模型沙的找寻方面做了大量的研究工作,并取得了一定的进展,为全沙模型选沙提供了基础。但在新型模型沙研究方面,还有大量的工作需要开展。

在泥沙实体模型中,采用的模型沙主要有10余种,包括:煤粉、粉煤灰、电木粉、木屑(不同方法处理)、酸性白土粉、核桃壳粉、滑石粉、拟焦沙、塑料沙、PS模型沙、BZY模型沙、阳离子树脂、塑料合成模型沙等,天然沙和港泥在一些模型中也得到了应用。模型沙选择参考的性能参数主要包括:①模型沙的物理特性,如颗粒几何形态、密度及干密度、流变特性、水下休止角等;②模型沙的力学特性,如抗压抗剪特性、固结特性等;③模型沙的运动特性,如沉降特性、起动流速、阻力特性等。此外,细颗粒模型沙表面的物理化学特性也常为人们所关注。

5.3.5 其他方面问题

(1)水文系列的代表性

动床模型中水文系列一般包括典型水文年、不利水文年、长系列水文年。如何选择合适的水文过程成为试验结果是否合理的关键。长江中下游航道治理模型中,水文系列一般选择2003年三峡蓄水运用以来的资料,因三峡蓄水运用以来,其下游河段的来水来沙条件发生了很大的变化,特别是来沙量大幅度减小,这种现象会一直持续,而三峡工程运用前的来水来沙情况今后可能很难再发生。三峡蓄水后水沙条件基本涵盖大、中、小水年,但缺乏特大洪水年,若分析表明特大洪水对河段影响较大,试验中确需选用三峡蓄水前水文系列的也必须对水沙资料进行一些必要的处理。

(2)边界条件

模型试验中关于边界条件的模拟包括河岸、工程建筑物的可动性模拟等。目前关于这类问题的模拟,理论上还不是很成熟,一般根据经验进行处理。

(3)模型进口加沙问题

动床试验时另一个棘手的问题是模型试验时各流量级下如何加沙。一般来讲,床沙粒配范围较广的河段,枯水、中水、洪水每一级流量,所能输移的泥沙的粒径及其组成有所差异。模型试验在各级流量的加沙量,如果加同一种模型沙,则在较小流量时,就会出现河床淤积偏多的情况，表明各级流量的泥沙粒径及其级配是不同的，而实际上一般又缺少原型各流量级的实测级配资料。这个问题比较复杂，彭润泽等提出了水槽试验模拟法，直接从水槽试验得出不同流量级的粒配及输沙率。

(4)模型制作、操作、量测和验证的精细性和严谨性

在河工模型试验中，对流量、含沙量、地形和水位的控制精度要求高，测定水位、流速、含沙量、地形等试验要素工作量亦大，因此需要一整套相应完善的测量控制仪器设备与先进的量测技术，以确保模型试验的测试精度和成果质量，缩短模型试验周期，提高科研水平，适应现代化建设的需要。

 5.4　模型设计实例

5.4.1　长江中游戴家洲河段物理模型设计

5.4.1.1　模型几何比尺

研究河段全长约为 34km。模型试验在交通运输部天津水运工程科学研究院试验大厅开展，受制模场地和研究河段长度限制，模型平面比尺确定为 $\lambda_L=400$。根据实测资料，在流量 $Q=9250\text{m}^3/\text{s}$ 时，戴家洲浅区附近断面流速 $V_p=0.80\text{m/s}$，水深 $H_p=7.3\text{m}$，糙率 $n_p\approx 0.024$，为保证模型水流基本处于阻力平方区，代入最大水深比尺应满足式(5.51)，故有：$\alpha_p=0.00582$，$\lambda_{H_{min}}\leqslant 129.5$。取垂直比尺为 $\lambda_h=125$，相应的模型变率为 $e=3.2$。戴家洲河段宽深比较大，该变率在容许范围之内。上述情况实际上反映了同时能够满足模型水流为紊流（$Re_m>1000\sim2000$）且表面张力不干扰水流运动（$H_m>1.5\text{cm}$）这两个限制条件。

5.4.1.2　模型比尺确定

(1)水流运动相似

$$\lambda_U=\lambda_h^{1/2}=11.18$$

$$\lambda_n=\frac{\lambda_h^{2/3}}{\lambda_L^{1/2}}=1.25$$

$$\lambda_Q=\lambda_l\lambda_h\lambda_U=\lambda_l\lambda_h^{3/2}=559016$$

$$\lambda_{t_1}=\frac{\lambda_l}{\lambda_h^{1/2}}=35.78$$

(2)泥沙运动相似

戴家洲河段的河床变形是以悬移质输移为主的冲淤变化。河床在冲刷过程中，床面泥沙除局部位置较细颗粒直接进入悬浮状态外，较粗颗粒的泥沙是以推移质形式向下游运动的，且悬移质中的床沙质泥沙与推移质泥沙又经常相互交换，因此，设计中，应以满足悬移质泥沙中床沙质运动相似关系为主，兼顾推移质泥沙的输移，忽略悬移质中冲泻质泥沙的运动。

①悬移相似

根据本河段资料，可求出沿程各断面水深 h 及河段比降 J，计算出枯水和中水期的摩阻流速 $U_*=\sqrt{ghJ}$，从计算结果可知该河段悬浮指标枯、中水期均在 $\frac{1}{16}<\frac{\omega}{kU_*}<1$ 范围内，

故 $\lambda_{\omega} = \lambda_U(\lambda_h/\lambda_l)^m$ 中，取 $m=0.75$。

采用宁夏石嘴山精煤滤料作为模型沙，比重为 1.39t/m³，干重度为 0.80 t/m³；天然沙比重为 2.65t/m³，干重度为 1.40 t/m³。由相似关系可知，$\lambda_{\omega}=4.67$，据此关系可推算出原型沙不同粒径时的沉降速度，相应地可求得模型沙的沉降速度和粒径与粒径比尺的关系，结果见表 5.3。

模型沙粒径及其比尺计算　　表 5.3

d_p(mm)	0.010	0.030	0.050	0.100	0.200	0.300	0.500	0.700	1.000	2.000
ω_p(cm/s)	0.008	0.071	0.197	0.545	1.972	3.698	6.731	9.066	11.780	17.997
ω_m(cm/s)	0.002	0.015	0.042	0.117	0.422	0.792	1.441	1.941	2.521	3.854
d_m(mm)	0.010	0.029	0.048	0.095	0.182	0.254	0.358	0.435	0.520	0.750
λ_d(mm)	1.051	1.051	1.051	1.058	1.099	1.181	1.397	1.609	1.923	2.667
备注	$\lambda_l=400$，$\lambda_h=125$，$\lambda_{\omega}=\lambda_U\frac{\lambda_h}{\lambda_l}=4.67$									

②起动相似

模型沙进行了专门的水槽试验，得到了少量动时的模型沙起动流速公式：

$$V_{0m}=1.1028\left(\frac{h}{d}\right)^{1/6}\sqrt{\frac{\gamma_s-\gamma}{\gamma}gd}$$

分别采用水深 h=20m、15m、10m 和 5m 求得不同粒径和不同水深情况下原型沙和模型沙的起动流速比值介于 9.30～11.74 之间(平均 $\lambda_{U_c}=10.15$)，起动流速比尺计算值与流速比尺值($\lambda_U=11.18$)较接近。因此，选用模型沙基本满足起动相似的要求。

按前述各相似关系最终求得比尺汇总见表 5.4。

戴家洲模型比尺汇总　　表 5.4

名　称	符　号	数　值	名　称	符　号	数　值
平面比尺	λ_l	400	泥沙粒径比尺	λ_d	1.051～2.67
垂直比尺	λ_h	125	含沙量比尺	λ_s	0.34
模型变率	η	3.2	泥沙起动流速比尺	λ_{U_c}	9.30～11.74
流速比尺	λ_U	11.18	挟沙力比尺	λ_{s_*}	0.34
流量比尺	λ_Q	559016	干重度比尺	$\lambda_{\gamma'}$	1.75
糙率比尺	λ_n	1.25	悬移质输沙率比尺	λ_{Q_s}	190065
水流时间比尺	λ_{t_1}	35.78	河床冲淤变形时间比尺	λ_{t_2}	184
泥沙沉速比尺	λ_{ω}	4.67			

5.4.2 长江下游马鞍山长江公路大桥桥墩局部冲刷系列模型设计

5.4.2.1 河段概况

马鞍山长江公路大桥位于长江下游江心洲分汊河段，通过桥墩局部冲刷系列模型试验，研究不同水文条件下三塔悬索桥方案中的中塔墩极限冲刷深度、冲刷坑形态和发生位置；从桥墩局部冲刷角度，分析桥墩局部冲刷对通航的影响，为设计部门在确定桥墩结构形式、最大冲刷深度以及护底范围等方面提供科学依据。

5.4.2.2　模型比尺确定

系列模型的模型沙选择宁夏石嘴山精煤滤料作为模型沙，比重为 1.39t/m³，干重度为 0.80 t/m³。

按符合水流相似条件 $\lambda_V=\lambda_h^{1/2}$ 和泥沙起动相似 $\lambda_{V_c}=\lambda_V$ 计算符合相似条件的模型比尺 λ_{h_0} 和模型沙粒径 d_{50}。

试验前开展了原型沙抗冲性能预备试验，试验表明，在 20m 水深时原型沙起动流速为 0.74m/s 左右。

同时在玻璃水槽中也进行了精煤滤料（模型沙）起动流速试验，得到了精煤滤料（模型沙）少量动起动流速公式：

$$V_{0m}=1.1028\left(\frac{h}{d}\right)^{1/6}\sqrt{\frac{\gamma_s-\gamma}{\gamma}gd}$$

马鞍山长江公路大桥中塔桥墩所处水深约为 20m，通过试算得出模型采用精煤滤料满足相似条件的几何比尺 λ_{h_0} 为 9（表 5.5），模型沙中值粒径 $d_{50}=0.9$mm。

相似比尺 λ_{h_0} 计算　　表 5.5

模型比尺 λ_h	原型沙起动		模型沙起动		起动流速比尺 λ_{V_c}	流速比尺 λ_V
	水深(m)	起动流速(m/s)	水深(m)	起动流速(cm/s)		
9	22.32	0.74	2.48	0.23	3.22	3
9	22.91	0.75	2.55	0.23	3.26	3
9	23.27	0.75	2.59	0.23	3.26	3

显然，采用严格符合相似条件的正态模型（比尺 $\lambda_{h_0}=9$）进行试验，无论是场地、供水等都存在很大的困难，因此选择系列模型延伸法进行。通过 $\lambda_h>9$ 的多个满足水流运动相似的模型进行试验，利用所得的试验资料建立外插方程式延伸试验结果，从而得到原型的极限局部冲刷深度。为保证试验精度，兼顾场地、供水等试验条件，同时满足系列模型各相似性的限制条件，选择 $\lambda_{h_1}=80$、$\lambda_{h_2}=100$、$\lambda_{h_3}=120$ 三种几何比尺进行试验。

5.4.2.3　泥沙休止角相似

原型沙水下休止角按张红武天然沙公式 $\varphi=35.3d^{0.04}$ 计算得 $\varphi=32.80°$。模型沙按天津大学室内试验得出的粒径与休止角关系式 $\varphi=32.5+1.27d$（$d=0.2\sim4.37$mm）计算得 $\varphi=33.77°$。

用选用的精煤滤料进行桥墩局部冲刷试验基本满足了水下休止角相等的要求。

大桥于 2013 年 12 月建成，中塔墩极限冲刷深度、冲刷坑形态与试验成果相吻合。

本章参考文献

[1] 乐培九，张华庆，李一兵. 坝下冲刷[M]. 北京：人民交通出版社，2013.
[2] 谢鉴衡. 河流模拟[M]. 北京：中国水利电力出版社，1989.
[3] 朱代臣. 长江防洪实体模型阻力特性研究[D]. 武汉：长江科学院，2008.

[4] 李昌华,金德春.河工模型试验[M].北京:人民交通出版社,1981.
[5] 张瑞瑾.河流泥沙动力学[M].北京:中国水利水电出版社,1991.
[6] 唐存本.泥沙起动规律[J].水利学报,1963(2).
[7] 窦国仁.论泥沙起动流速[J].水利学报,1960(4).
[8] 沙玉清.泥沙运动学引论[M].北京:中国工业出版社,1965.
[9] 王延贵,胡春宏,朱毕生.模型沙起动流速公式的研究[J].水利学报,2007,38(5):518-523.
[10] 万兆惠,宋天成,何青.水压力对细颗粒泥沙起动流速影响的试验研究[J].泥沙研究,1990(4):62-69.
[11] 窦国仁,等.330工程坝区泥沙模型验证报告[R]//南京水利科学研究院研究报告汇编(1966～1979)河港分册.
[12] 乐培九.悬移质扩散方程的应用[J].水道港口,2000(3).

第 6 章 | 数学模型

6.1 数学模型基本原理

数学模型采用拟合坐标系下平面二维水流泥沙数学模型理论，该模型能够较好地模拟复杂边界条件下的水流和泥沙运动。该模型的主要特点是采用正交曲线网格，同时借用求解紊动输运标准的 SIMPLEC 计算程式，具有单元物理量守恒性好、废网格少和稳定性好等优点[1-2]。

6.1.1 正交曲线网格的生成

根据有势流的等势线和流线正交的机理生成正交曲线网格，其转换方程为：

$$h_2^2 x_{\xi\xi} + h_1^2 x_{\eta\eta} + J^2(x_\xi P + x_\eta Q) = 0 \tag{6.1}$$

$$h_2^2 y_{\xi\xi} + h_1^2 y_{\eta\eta} + J^2(y_\xi P + y_\eta Q) = 0 \tag{6.2}$$

式中：(ξ,η)——变换平面坐标；

(x,y)——物理平面坐标；

h_1、h_2——正交曲线坐标系中的拉梅系数。

$$h_1 = \sqrt{x_\xi^2 + y_\xi^2}, h_2 = \sqrt{x_\eta^2 + y_\eta^2}$$

$$J = h_1 h_2$$

$$P = -\frac{1}{h_1}\frac{\partial(\ln k)}{\partial\xi}, Q = \frac{1}{h_2}\frac{\partial(\ln k)}{\partial\eta}$$

$$K = \sqrt{h_1/h_2}$$

上述方程组是一组椭圆形非线性方程，可采用常用的有限差分方法离散和 TDMA 技术求解。采用贴体坐标形成的网格系统可灵活地控制网格疏密和网格走向，它在$(\xi、\eta)$平面上所对应的是矩形网格系统，给计算程序的编制及提高程序的通用性带来了方便。应用交通运输部天津水运工程科学研究院成熟的软件 TK-2DC，可进行网格自动生成。

6.1.2 拟合坐标系下水流运动控制方程

水流连续方程：

$$\frac{\partial H}{\partial t} + \frac{1}{C_\xi C_\eta}\frac{\partial}{\partial\xi}(huC_\eta) + \frac{1}{C_\xi C_\eta}\frac{\partial}{\partial\eta}(hvC_\xi) = 0 \tag{6.3}$$

ξ 方向动量方程：

$$\frac{\partial u}{\partial t} + \frac{1}{C_\xi C_\eta}\left[\frac{\partial}{\partial\xi}(C_\eta u^2) + \frac{\partial}{\partial\eta}(C_\xi vu) + vu\frac{\partial C_\eta}{\partial\eta} - v^2\frac{\partial C_\eta}{\partial\xi}\right] = -g\frac{1}{C_\xi}\frac{\partial H}{\partial\xi} + fv - \frac{u\sqrt{u^2+v^2}n^2 g}{h^{4/3}} + \frac{1}{C_\xi C_\eta}\left[\frac{\partial}{\partial\xi}(C_\eta\sigma_{\xi\xi}) + \frac{\partial}{\partial\eta}(C_\xi\sigma_{\eta\xi}) + \sigma_{\xi\eta}\frac{\partial C_\xi}{\partial\eta} - \sigma_{\eta\eta}\frac{\partial C_\eta}{\partial\xi}\right] \tag{6.4}$$

η 方向动量方程：

$$\frac{\partial v}{\partial t} + \frac{1}{C_\xi C_\eta}\left[\frac{\partial}{\partial\xi}(C_\eta vu) + \frac{\partial}{\partial\eta}(C_\xi v^2) + uv\frac{\partial C_\eta}{\partial\xi} - u^2\frac{\partial C_\xi}{\partial\eta}\right] = -g\frac{1}{C_\eta}\frac{\partial H}{\partial\eta} - fu - \frac{v\sqrt{u^2+v^2}n^2 g}{h^{4/3}} + \frac{1}{C_\xi C_\eta}\left[\frac{\partial}{\partial\xi}(C_\eta\sigma_{\xi\eta}) + \frac{\partial}{\partial\eta}(C_\xi\sigma_{\eta\eta}) + \sigma_{\eta\xi}\frac{\partial C_\eta}{\partial\xi} - \sigma_{\xi\xi}\frac{\partial C_\xi}{\partial\eta}\right] \tag{6.5}$$

其中 ξ、η 分别表示正交曲线坐标系中两个正交曲线坐标；u、v 分别表示沿 ξ、η 方向的流速；h 表示水深；H 表示水位；C_ξ、C_η 表示正交曲线坐标系中的拉梅系数：

$$C_\xi = \sqrt{x_\xi^2 + y_\xi^2}, C_\eta = \sqrt{x_\eta^2 + y_\eta^2}$$

$\sigma_{\xi\xi}$、$\sigma_{\xi\eta}$、$\sigma_{\eta\xi}$、$\sigma_{\eta\eta}$ 表示紊动应力：

$$\sigma_{\xi\xi} = 2\upsilon_t\left[\frac{1}{C_\xi}\frac{\partial u}{\partial \xi} + \frac{v}{C_\xi C_\eta}\frac{\partial C_\xi}{\partial \eta}\right]$$

$$\sigma_{\eta\eta} = 2\upsilon_t\left[\frac{1}{C_\eta}\frac{\partial v}{\partial \eta} + \frac{u}{C_\xi C_\eta}\frac{\partial C_\eta}{\partial \xi}\right]$$

$$\sigma_{\xi\eta} = \sigma_{\eta\xi} = \upsilon_t\left[\frac{C_\eta}{C_\xi}\frac{\partial}{\partial \xi}\left(\frac{v}{C_\eta}\right) + \frac{C_\xi}{C_\eta}\frac{\partial}{\partial \eta}\left(\frac{u}{C_\xi}\right)\right]$$

其中 υ_t 表示紊动黏性系数，一般情况下，$\upsilon_t = \alpha u_* h$，$\alpha = 0.5 \sim 1.0$，$u_*$ 表示摩阻流速；对于不规则岸边、整治建筑物、桥墩作用引起的回流，可采用 k-ε 紊流模型 $\upsilon_t = C_\mu k^2/\varepsilon$，$k$ 表示紊动动能，ε 表示紊动动能耗散率。

正交曲线坐标系下，紊动动能输运方程：

$$\frac{\partial hk}{\partial t} + \frac{1}{C_\xi C_\eta}\left[\frac{\partial}{\partial \xi}(uhkC_\eta) + \frac{\partial}{\partial \eta}(vhkC_\xi)\right] =$$

$$\frac{1}{C_\xi C_\eta}\left[\frac{\partial}{\partial \xi}\left(\frac{\upsilon_t}{\sigma_k}\frac{C_\eta}{C_\xi}\frac{\partial hk}{\partial \xi}\right) + \frac{\partial}{\partial \eta}\left(\frac{\upsilon_t}{\sigma_k}\frac{C_\xi}{C_\eta}\frac{\partial hk}{\partial \eta}\right)\right] + h(G + P_{kv} - \varepsilon) \tag{6.6}$$

紊动动能耗散率输运方程：

$$\frac{\partial h\varepsilon}{\partial t} + \frac{1}{C_\xi C_\eta}\left[\frac{\partial}{\partial \xi}(uh\varepsilon C_\eta) + \frac{\partial}{\partial \eta}(vh\varepsilon C_\xi)\right] =$$

$$\frac{1}{C_\xi C_\eta}\left[\frac{\partial}{\partial \xi}\left(\frac{\upsilon_t}{\sigma_\varepsilon}\frac{C_\eta}{C_\xi}\frac{\partial h\varepsilon}{\partial \xi}\right) + \frac{\partial}{\partial \eta}\left(\frac{\upsilon_t}{\sigma_\varepsilon}\frac{C_\xi}{C_\eta}\frac{\partial h\varepsilon}{\partial \eta}\right)\right] + h\left(C_{1\varepsilon}\frac{\varepsilon}{k}G - C_{2\varepsilon}\frac{\varepsilon^2}{k} + P_{kv}\right) \tag{6.7}$$

紊动动能产生项：

$$G = \sigma_{\varepsilon\varepsilon}\left(\frac{1}{C_\varepsilon}\frac{\partial u}{\partial \xi} + \frac{v}{C_\xi C_\eta}\frac{\partial C_\xi}{\partial \eta}\right) + \sigma_{\xi\eta}\left[\left(\frac{1}{C_\eta}\frac{\partial u}{\partial \eta} + \frac{1}{C_\xi}\frac{\partial v}{\partial \xi}\right) - \left(\frac{u}{C_\xi C_\eta}\frac{\partial C_\xi}{\partial \eta} + \frac{v}{C_\xi C_\eta}\frac{\partial C_\eta}{\partial \xi}\right)\right] +$$

$$\sigma_{\eta\eta}\left(\frac{1}{C_\eta}\frac{\partial v}{\partial \eta} + \frac{u}{C_\xi C_\eta}\frac{\partial C_\eta}{\partial \xi}\right)$$

其中 P_{kv}、$P_{\varepsilon v}$ 表示因床底切应力所引起的紊动效应，它们与摩阻流速 u_* 间的关系为：

$$P_{kv} = \frac{C_k u_*^3}{h}, P_{\varepsilon v} = \frac{C_\varepsilon u_*^4}{h^2}$$

$$C_k = \frac{h^{1/6}}{n\sqrt{g}}, C_\varepsilon = \frac{3.6 C_{2\varepsilon} C_\mu^{1/2}}{C_f^{1/4}}, C_f = \frac{n^2 g}{h^{1/3}}$$

其中 C_μ、σ_k、σ_ε、$C_{1\varepsilon}$、$C_{2\varepsilon}$ 为经验常数，采用 Rodi 建议的值：$C_\mu = 0.09$，$\sigma_k = 1.0$，$\sigma_\varepsilon = 1.3$，$C_{1\varepsilon} = 1.44$，$C_{2\varepsilon} = 1.92$，$\sigma_s = 1.0$。

6.1.3　悬沙不平衡输移方程

$$\frac{\partial hs_i}{\partial t} + \frac{1}{J}\frac{\partial C_\eta uhs_i}{\partial \xi} + \frac{1}{J}\frac{\partial C_\xi vhs_i}{\partial \eta} = \frac{1}{J}\varepsilon_s\left[\frac{\partial}{\partial \xi}\left(\frac{C_\eta}{C_\xi}\frac{\partial hs_i}{\partial \xi}\right) + \frac{\partial}{\partial \eta}\left(\frac{C_\xi}{C_\eta}\frac{\partial hs_i}{\partial \eta}\right)\right] - \alpha_i\omega_i(s_i - s_i^*) \tag{6.8}$$

其中 $J = C_\xi C_\eta$；下标 i 为悬移质泥沙粒径组编号；s_i 为第 i 组泥沙的含沙量；ε_s 为泥沙紊动扩散系数；s_i^* 为第 i 组泥沙的挟沙能力；α_i 为第 i 组泥沙的恢复饱和系数；ω_i 为第 i 组泥

沙的沉速。

6.1.4 推移质不平衡输移方程

$$\frac{\partial hs_{bj}}{\partial t}+\frac{1}{J}\frac{\partial C_\eta uhs_{bj}}{\partial \xi}+\frac{1}{J}\frac{\partial C_\xi vhs_{bj}}{\partial \eta}=\frac{1}{J}\varepsilon_s\left[\frac{\partial}{\partial \xi}\left(\frac{C_\eta}{C_\xi}\frac{\partial hs_{bj}}{\partial \xi}\right)+\frac{\partial}{\partial \eta}\left(\frac{C_\xi}{C_\eta}\frac{\partial hs_{bj}}{\partial \eta}\right)\right]-\alpha_j\omega_j(s_{bj}-s_{bj}^*) \tag{6.9}$$

其中 $J=C_\xi C_\eta$；下标 j 为推移质泥沙粒径组编号；s_{bj} 为第 j 组推移质输沙率折算为全水深的浓度；s_{bj}^* 为第 j 组推移质饱和输沙率折算为全水深的浓度。它们之间的关系为：

$$s_{bj}=\frac{g_{bj}}{h\sqrt{u^2+v^2}},\ s_{bj}^*=\frac{g_{bj}^*}{h\sqrt{u^2+v^2}}$$

其中 g_{bj}、g_{bj}^* 分别为推移质输沙率和饱和输沙率。

6.1.5 河床变形方程

$$\gamma_s'\frac{\partial Z_b}{\partial t}=\sum_{i=1}^{m+n}\alpha_i\cdot\omega_i(S_i-S_i^*) \tag{6.10}$$

其中：γ_s'为泥沙干重度；Z_b 为河床高程；m、n 分别为推移质和悬移质粒径组数；S_i、S_i^* 分别为分组含沙量和挟沙力。

通过比较式(6.3)～式(6.8)，拟合坐标系下平面二维 k-ε 紊流和悬移质泥沙运动表示成如下统一形式：

$$\frac{\partial(h_2Hu\varphi)}{\partial \xi}+\frac{\partial(h_1Hv\varphi)}{\partial \eta}=\frac{\partial}{\partial \xi}\left(\Gamma_\varphi H\frac{h_2}{h_1}\frac{\partial \varphi}{\partial \xi}\right)+\frac{\partial}{\partial \eta}\left(\Gamma_\varphi H\frac{h_1}{h_2}\frac{\partial \varphi}{\partial \eta}\right)+S_\varphi \tag{6.11}$$

6.1.6 非均匀沙不平衡输沙水流挟沙力

由于天然河流输沙的非均匀性以及床沙组成沿程的不一致性，因而一般存在着单向淤积、单向冲刷和淤粗冲细三种不平衡输沙状态。这三种状态恢复饱和的泥沙来源不同，挟沙力也不同[3-5]。

(1)单向淤积

当来沙处于过饱和而床沙又较粗的条件下，床沙和悬沙就总体而言不发生交换，悬沙发生单向淤积。挟沙力级配是由来沙决定的，与床沙无关。

判别条件：

$$S_b>\left(1-\frac{S_w}{S_w^*}\right)S_b^*,\ P_sS_c^*<S_b^*$$

式中：S_b——床沙质含沙量，$S_b=\sum_{i=k+1}^{n}P_iS$，$S_i=P_iS$，P_i 为悬沙级配；

S_w——冲泻质含沙量，$S_w=\sum_{i=1}^{k}S_i$；

P_s——床沙可悬百分数，$P_s=\sum_{i=k+1}^{n}P_{bi}$，$P_{bi}$为床沙级配；

S_w^*——冲泻质挟沙能力，$S_w^*=K\left(\frac{W^3}{H\omega_w}\right)^m$，$W=(u^2+v^2)^{1/2}$，$\omega^m=\sum_{i=1}^{k}P_i\omega_i^m/\sum_{i=1}^{k}P_i$；

S_b^*——床沙质挟沙能力，$S_b^*=K\left(\frac{W^3}{H\omega_b}\right)^m$，$\omega_b^m=\sum_{i=k+1}^{n}P_i\omega_i^m/\sum_{i=1}^{n}P_i$；

S_e^*——掀沙能力，$S_e^* = K\left(\frac{W^3}{H\omega_e}\right)^m$，$\omega_e^m = \sum_{i=k+1}^{n} P_{ei}\omega_i^m$；

P_{ei}——掀沙级配，$P_{ei} = \frac{P_{bi}/\omega_i^m}{\sum_{i=k+1}^{n}(P_{bi}/\omega_i^m)}$。

挟沙力：

$$S^* = S_\omega + \left(1 - \frac{S_\omega}{S_\omega^*}\right) S_b^*$$

$$S_i^* = S_\omega + \left(\frac{P_i}{\sum_i^k P_i}\right)_{i=1\to k} + \left(1 - \frac{S_\omega}{S_\omega^*}\right) S_b^* \left(\frac{P_i}{\sum_i^n P_i}\right)_{i=k+1\to n} \tag{6.12}$$

(2)单向冲刷

当来沙处于次饱和而床沙也较粗的条件下，由于挟沙力有富余，较细的悬沙难以下沉，似冲泻质，挟沙力亏缺部分由床沙补偿，此时为单纯冲刷。

判别条件：$S_b < (1 - S_\omega/S_w^*) S_b^*$，$P_s S_e^* < S_b^*$

挟沙力：

$$S^* = S_0 + \left(1 - \frac{S_0}{S_0^*}\right) P_s S_e^*, S_i^* = S_i + \left(1 - \frac{S_0}{S_0^*}\right) P_s P_{ei} S_e^* \tag{6.13}$$

式中：S_0^*——来沙级配所构成的挟沙力，即

$$S_0^* = K\left(\frac{W^3}{H\omega_0}\right)^m, \omega_0 = \left(\sum_{i=1}^{n} P_i \omega_i^m\right)^{1/m}$$

(3)淤粗冲细

不论来沙饱和与否，只要悬沙粗于掀沙级配，悬沙必为被掀起的床沙所替换，发生不等质不等量的交换。

判别条件：$\rho_* < \rho_b$

挟沙力：

$$S^* = S_\omega + \left(1 - \frac{S_\omega}{S_\omega^*}\right) S_e^*$$

$$S_i^* = S_\omega + \left(\frac{P_i}{\sum_i^k P_i}\right)_{i=1\to k} + \left(1 - \frac{S_\omega}{S_\omega^*}\right) S_e^* P_{ei(i=k+1\to n)} \tag{6.14}$$

6.1.7　方程的离散和求解

统一微分方程(6.11)在交错网格结点的控制体积内积分，并代入连续方程，可得到下列离散形式：

$$a_P \varphi_P = a_E H_e \varphi_E + a_w H_w \varphi_w + a_n H_n \varphi_N + a_s H_s \varphi_S + b \tag{6.15}$$

采用 SIMPLEC 计算程式——水深校正法进行求解。

6.1.8　初始条件

给定初始时刻 $t=0$ 时计算域内所有计算变量初值，并给出悬沙颗粒级配和分区床沙颗粒级配。

6.1.9　边界条件

①进口边界：由流量及含沙量过程控制。

②出口边界：由实测水位资料控制。

③岸边界：采用非滑移边界，其边壁流速给定为零。

④动边界：河道中的边滩和江心洲，以及河口滩地等随水位波动其边界位置也发生相应调整。在计算中精确地反映边界位置是比较困难的，因为计算网格间距往往达到数十米，为了体现不同流量下边界位置的变化，常采用"冻结"技术，即将露出单元的河床高程降至水面以下，并预留薄水层水深（一般取 0.005m），同时更改其单元的糙率（n 取 10^{30} 量级），使得露出单元 u、v 计算值自动为 0，水位冻结不变，这样就将复杂的移动边界问题处理成固定边界问题。

6.2 并行计算方法

近年来，随着芯片速度的进一步提升，计算机的处理能力也随之进一步得到提高，在可预见的将来，芯片业仍有能力继续在硅芯片上增加更多的晶体管，问题主要存在于晶体管所消耗的能量和散发的热量，这将限制处理器速度的提升。为此，业界开始研发新的计算机语言和能够自动分解任务的新方法。从最早的单核计算机到今天的多核计算机，8 核以上的处理器已经问世，而这将使个人电脑业发生革命性的变化。从种种迹象可以看出，我们已经进入多核时代，对于从事数值模拟研究工作的科研人员来说，计算机是科学研究的一个载体，人们无时无刻不在关心其发展，多核处理器的问世给计算机工业带来更强大的能力，也给软件产业带来更大的挑战。硬件的进步凸显了软件的滞后，如何利用多核处理器的强大计算能力，开发我们具有自主知识产权的行业软件，是迫在眉睫的任务。因此，并行程序的开发工作是非常必要的，同时也是顺应计算机行业发展的需求，迈向行业领先地位的重要一步[6-8]。

6.2.1 并行计算的意义和优势

从 20 世纪 40 年代开始的现代计算机发展历程可以分为两个明显的发展时代：串行计算时代、并行计算时代。

传统地，串行计算是指在单个计算机（具有单个中央处理单元）上执行软件写操作。CPU 逐个使用一系列指令解决问题，但其中只有一种指令可提供随时并及时的使用。并行计算是在串行计算的基础上演变而来的，它努力仿真自然世界中的事务状态：一个序列中众多同时发生的、复杂且相关的事件。

并行计算机是由一组处理单元组成的。这组处理单元通过相互之间的通信与协作，以更快的速度共同完成一项大规模的计算任务。因此，并行计算机的两个最主要的组成部分是计算节点和节点间的通信与协作机制。并行计算机体系结构的发展也主要体现在计算节点性能的提高以及节点间通信技术的改进两方面。

为利用并行计算，通常计算问题表现为以下特征：

①将工作分离成离散部分，有助于同时解决；

②随时并及时地执行多个程序指令；

③多计算资源下解决问题的耗时要少于单个计算资源下的耗时。

并行计算是相对于串行计算来说的，所谓并行计算分为时间上的并行和空间上的并行。

时间上的并行就是指流水线技术,而空间上的并行则是指用多个处理器并发的执行计算。

并行计算的优点是具有巨大的数值计算和数据处理能力,能够被广泛地应用于国民经济、国防建设和科技发展中具有深远影响的重大课题,如石油勘探、地震预测和预报、气候模拟和大范围数值天气预报、新型武器设计、核武器系统的研究模拟、航空航天飞行器、卫星图像处理、天体和地球科学、实时电影动画系统及虚拟现实系统等。

目前,并行计算已经成为计算机科学研究和应用中的热点,各种并行计算系统层出不穷,其中发展最快的当数基于 Linux 平台的并行计算环境。使用 Linux 来构建并行计算平台具有许多优点:廉价、开放、高效[9-10]。

6.2.2　并行方法介绍

由于采用的深腾 1800 高性能计算机是 cluster 架构的分布式存储系统并行机,在这种系统结构上最广泛采用的并行实现方法是基于消息传递的 MPI(Message Passing Interface)并行编程方法。

在基于消息传递方法的并行编程中,实现多个进程并行计算的程序实际是用标准串行语言书写的代码加上用于进程间消息接收和发送的库函数调用。MPI 就是实现了进程间消息接收和发送的一种消息传递接口。它实际上是一个消息传递函数库的标准说明,提供了对 FORTRAN 和 C 语言的支持,是目前国际上最流行的并行编程环境之一。

MPI 是一个库,而不是一门语言,但是可以把 Fortran/C+MPI 看作是一种在串行语言基础上扩展后得到的并行语言。MPI 库可以被 Fortran/C 调用,从语法上它遵守所有对库函数/过程的调用规则,与一般的函数/过程没有区别。

MPI 是一种标准或规范,而不特指某一个对它的具体实现。MPI 提供了一种与语言和平台无关可以被广泛使用的消息传递标准,所有的并行计算机制造商都提供了对 MPI 的支持,MPI 程序具有良好可移植性。

在基于 MPI 编程的模型中,计算是由一个或多个彼此通过调用库函数进行消息收、发通信的进程所组成的。一组固定的进程在程序初始化时生成,通常一个处理器生成一个进程。这些进程执行相同或不同的程序,每个进程用不同的编号进行区分。MPI 通过通信域(Communicator)来描述通信进程间的通信关系,包含进程组和通信上下文等内容。进程组是参与计算进程的有限、有序集合,进程的个数是有限的,按 0,1,…,$n-1$ 编号。通信上下文是系统指定的超级标签,每个通信域的上下文都不同,消息只能在相同的上下文中发送和接受,这样可以保证区分不同的通信。MPI 包括几个预定义的通信域,例如,MPI_COMM_WOLRD 是所有进程的集合,在执行了 MPI_Init 函数后自动产生,MPI_COMM_SELF 只包含使用它的进程。

MPI 是个复杂的系统,初期的 MPI-1 中包含有 129 个函数,而 1997 年修订的 MPI-2 标准中已超过 200 个,目前最常用的约为 30 个。MPI 可以只用 6 个最基本的函数就编写出完整的 MPI 程序求解问题,这 6 个函数包括启动和借宿计算,识别进程以及发送与接收消息。但是为了提高代码的编写效率和运行效率,也需要使用一些高级的编程接口,如非阻塞通信和组通信等。

MPI 的两种最基本的并行程序设计模式为对等模式和主从模式。对等模式中各进程的地位相同,功能和代码基本一致,只是处理的数据或对象不同。主从模式中,有一个进程处于主导地位,由它来控制协调其他进程完成计算。在本程序中将采用对等模式进行程序设计。

6.2.3 并行化方案设计

对现有串行算法进行并行化，根据现有串行算法的特点，检测和开拓其固有的并行性，将其改写为并行程序。从对 solve 和 setup2 子程序的分析特点来看，主要是对矩阵的数据进行处理计算。并行化开发可以通过对矩阵进行划分，然后指派给不同的处理器来实现并行。通常使用的划分方法为行列划分。

所谓行列划分，就是将矩阵整行或整列的分成若干组，每组指派给一个处理器。也可将若干行或若干列指派给一个处理器，而且这些行和列可以是连续的，也可以是等距相间的，前者称为块带状划分，后者称为循环带状划分。图 6.1 为按列划分示意图：图中共有八列，其中，1～4 列为 0 进程，5～8 列为 1 进程。

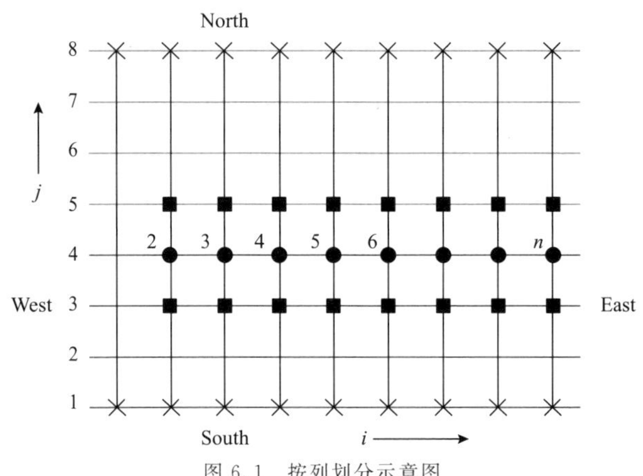

图 6.1 按列划分示意图

对于本程序，有两种并行化的方案可以选择：

①只对 solve 子程序进行并行化；

②对 solve 和 setup2 子程序都进行并行化。

这两种方法各有利弊，下面分别讨论：

只对 solve 子程序进行并行化，并行起来较为简单，可以将 solve 整个子程序段完全并行化，但是由于需要两次大数据量的 allgatherv 通信和 4 次 sendrecv 通信，通信开销比较大，通信时间过长可能会影响并行效率。另外，setup2 中占用了 21％左右的计算时间无法并行，同样会影响并行效率。

setup2 子程序中大部分的变量都是行相关，只有少数是列相关，所以 setup2 适合于采用按列划分的方式进行并行。

在对 setup2 进行并行化后，就无法对 solve 的 3、4 循环段按列划分进行并行化了，除非对 AP，AIM，AJM，AIP，AJP，CON 都进行通信量极大的全部处理器间的 allgatherv 全局通信，否则，solve 子程序只能是 1、2 循环段进行并行，3、4 循环段各处理器顺序执行。

solve 和 setup2 子程序都进行并行化的方式可以使 setup2 能够进行并行通信，并且整个的通信方式基本都是点对点的方式，通信量较少，有效地减少了计算过程中的通信时间，但是 solve 子程序只能一半并行，一半串行，还是难以获得理想的并行效率。

6.2.4 并行程序的编写及相关说明

①只对 solve 子程序进行并行化的代码编写。

②对 solve 和 setup2 子程序同时进行并行化的代码编写。

其中，同时对 solve 和 setup2 子程序进行并行化的关键在于如何处理两个子程序之间变量的联系，既要考虑两个子程序中相同变量之间的关系，又要避免大量的全局通信。

6.2.5　并行程序的纠错

当完成并行代码编写以后，接下来最重要的工作就是并行程序的纠错，包括并行算法设计的纠错、并行代码部分纠错、串行代码与并行代码之间的耦合纠错。

(1)并行算法的纠错

并行算法的纠错主要是结合编写后的并行代码，再次对并行算法进行并行性分析，确认其是否具有并行性，排除并行算法产生错误的可能性。

(2)并行代码部分纠错

并行代码部分纠错包括进程间通信是否合理、是否出现死锁、需要接收和发送的数据是否已经完成及各进程之间是否同步、并行代码的使用是否正确等。

(3)串行代码与并行代码之间的耦合纠错

串行代码与并行代码之间的耦合纠错主要包括并行代码在串行代码中插入的地方是否合理、是否达到了算法中要求的目的等。

6.2.6　并行代码测试

在测试并行程序的性能之前，必须清楚并行程序的执行时间是由哪些部分组成的。众所周知，独享处理器资源时，串行程序的执行时间近似等于程序指令执行花费的 CPU 时间。但是，并行程序相对复杂，其执行时间等于从并行程序开始执行，到所有进程执行完毕，墙上时钟走过的时间，也称为墙上时间。对各个进程，墙上时间可进一步分解为计算 CPU 时间、通信 CPU 时间、同步开销时间、同步导致的空闲时间。

显然，进程的计算 CPU 时间小于并行程序的墙上时间，而并行程序的墙上时间才是用户真正关心的时间，是评价一个并行程序执行速度的时间。

将并行程序的墙上时间分解为：

$$T_P = L_i + O_i + D_i \quad (i = 1,2,\cdots,P)$$

其中，L_i 为第 i 个进程数值计算指令执行花费的 CPU 时间，O_i 为第 i 个进程通信、同步花费的 CPU 时间，D_i 为第 i 个进程的空闲时间。进程指令数值计算时间与墙上时间的比值，即 $\gamma_i = \dfrac{L_i}{T_P}(i = 1,2,\cdots,P)$，称为并行计算粒度。$D_i + O_i$ 是由并行引入的额外非数值计算开销，称为非数值冗余。显然，为了缩短并行程序的墙上时间，应该极小化非数值冗余，极大化并行计算粒度，保证负载平衡。

6.2.7　串行程序并行化的方法及步骤

不同的串行程序具有不同的并行算法，即使相同的程序也有多种并行算法。但是，任何事物都有其规律性，通过分析、归纳，可以总结出串行程序改为消息传递模式的并行程序的一些固定的格式及步骤。串行程序进行并行化改造前，首先需要对原串行程序进行分析，找出程序中的热点，也就是程序中计算最集中，花费时间最长的地方；然后通过对热点区域的数据相关性、算法的可并行性进行分析，将热点区域进行并行化，以达到最好的并行化效果。

从一个串行程序得到一个并行程序的工作一般由下面几个步骤构成：

①对串行程序进行分析，找出其内在的可并行性，提出适合的并行算法，将计算分解为多个子任务。

②将任务分配给各个进程，一般一个处理器启动一个进程。

③在各个进程之间协调数据的访问、通信及同步。

④并行算法的实现：点对点通信和组通信是必不可少的。点对点通信是两个进程间的通信，组通信是各个进程都参与的通信。通信函数有很多种，同样的发送接收可以通过多种方式完成，下面介绍几个常用的、效率高的通信函数调用形式，在其他"串改并"程序中可以直接套用。

点对点之间的发送接收：call MPI_SENDRECV

数据求和：call mpi_reduce 或 call mpi_allreduce

数据的全收集：call mpi_allgatherv

进程间同步：call mpi_barrier

⑤退出并行环境：call MPI_FINALIZE(ierr)

⑥编写 Makefile 文件：通过 Makefile 程序对各个子程序进行统一编译管理。

以上这些都是"串改并"中必须用到的一些 MPI 函数调用，是被验证比较好用的、通信效率较高的一些调用方式。当然，针对具体的程序并行化，还要进行深入具体的分析。

6.2.8 并行性能分析

以深腾 1800 高性能计算服务器为平台，对并行程序进行了性能测试分析（测试环境如表 6.1 所示），测试段为长江中游戴家洲河段，网格规模为 1528×121，应用三峡工程运行后典型水文资料，对河段工程方案进行计算。程序计算 50 步时的测试结果如表 6.2 所示。

并行测试环境介绍 表 6.1

Computer components	Technical standard
Server Model	Lenovo SureServer R515
Server Number	4
CPU Model	Intel(R) Xeon(R) CPU E5430 @2.66GHz
CPU NO.	2 Socket (4 Core/Socket)
MEMORY	16GB/Server
Network	Infiniband
IB Switch	SilverStorm 9024
IB HCA	SilverStorm 7104
OS	RHEL AS 4U4
Compiler	Intel Fortran Compiler 10.1.015 for linux
MPI	MPICH for IB

并行程序测试结果 表 6.2

CPU Cores	1	2	4	8	16
50 steps(s)	17.44	10.84	4.89	3.50	4.46
solve/1 step(s)	0.0898	0.0586	0.0273	0.0195	0.0273
Speedup	1	1.61	3.57	4.98	3.91
Efficiency	100%	80.45%	89.23%	62.29%	24.46%

从并行加速比与进程间关系可以看出(图 6.2),随着进程数的增加,并行加速比逐渐增大,在进程数等于 8 时达到峰值 4.98,然后出现下降的趋势,说明进程间的数据交换和同步等待消耗时间逐渐增多,特别是进程数大于 8 时,其通信时间甚至大于每个进程计算时间。从并行效率与进程数关系图中可以看出(图 6.3),当进程数为 4 时,并行效率达到峰值 89.23%,此时加速比为 3.57,说明 4CPU 计算速度是单 CPU 计算速度的 3.57 倍。并行效率反映加速比随进程数目的增加而增加的比例,往往随着节点数的增加而降低。因此,在本例中,当进程数在 8 以内,计算效率是相当可观的,但是进程数超过 16,计算效率并不乐观,这和算法本身有很大关系。如果可以采用区域分解的算法,降低并行粒度,减少两进程间及多进程间的通信消耗,是提高程序并行效率的有效手段。

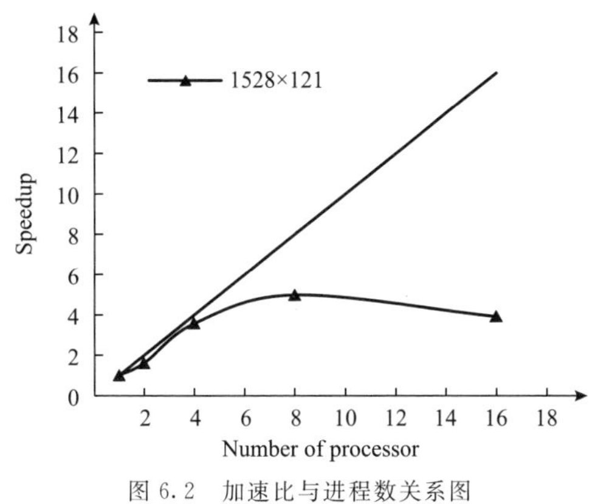

图 6.2　加速比与进程数关系图

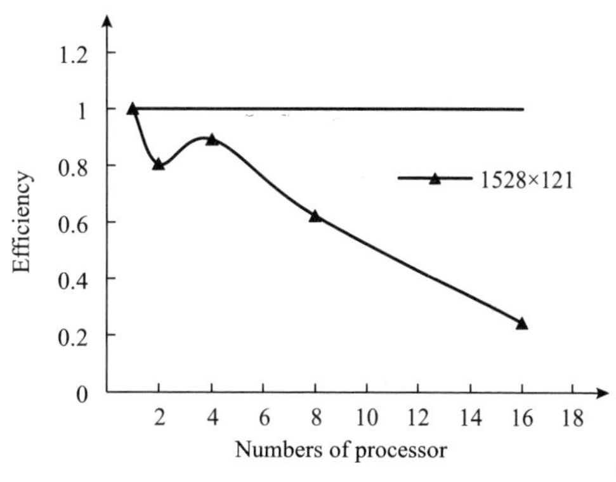

图 6.3　并行效率与进程数关系图

6.3　可视化技术

立体式水动力三维仿真系统是水动力数值模拟后处理软件,用于对三维流场进行仿真模拟。它运用 WPF 建立三维场景,基于拉格朗日法描述三维流场,首次提出用立体电影成像原理及制作方法,实现了对三维流场的仿真模拟,使三维场景可以有景深、分层次地进行呈现,突破了二维显示屏幕对三维场景显示的局限,使得流场的三维场景建立具有了实际意义,是一条行之有效的三维流场模拟途径[11]。

系统还实现了对三维表面流场、截面流场进行仿真模拟。截面流场模拟采用了将截面放置于三维场景中的方式表现,使得截面流场模拟更为直观。表面流场模拟不仅能够将流速质点漂浮于水面进行表层流场模拟,而且可以显示动态水面,当水位有剧烈变化时模拟更加形象,所以它还可以用来进行波浪场的仿真模拟。

系统对表面流场和三维流场的仿真模拟采用了高效的三维质点追踪算法、多线程编程技术和精简的三维图形处理平台 WPF,使得对数据量巨大的三维流场实时模拟在普通计算机上也可以很好地实现(显卡支持 DirectX)。系统中采用的图像处理方法、影像生成及压缩编码方式、多类型三维示踪质点生成算法、复杂地形及边界下的指定高程水平截面和任意走向垂直截面的生成算法,都是十分有效的,其灵活的显示控制方式和演示过程中的视角变换操作方式也非常实用。

采用立体成像技术对三维流场进行仿真是首次被应用,目前国内外尚没有相应技术应用的报道,其应用是具有创造性的,技术运用具有先进性。它在二维显示设备上有效地对三维流场进行表达，促进了三维数值模拟计算的应用，具有十分广阔的应用前景。另外，其立体显示方式可以被相近技术领域借鉴，促进三维图形显示技术发展，具有较好的社会效益。随三维立体显示技术进步及三维显示设备的不断更新，三维流体仿真显示将更为逼真，效果将更好，三维流场动态仿真技术将得到更广泛的应用。

立体式水动力三维仿真系统是首款以拉格朗日法仿真模拟非恒定三维流场的软件，它使三维流场内部流动细节可以被详细地描述，对三维流场计算结果进行直观的表达和真实的呈现，从而使三维计算结果不再抽象而具有实际应用价值。它将三维水动力仿真模拟技术推向了新的高度，使三维流场显示不再局限于截面流场显示方式，具有十分广阔的应用前景。对三维计算结果的仿真显示，将使其有效地促进三维模拟计算在水动力研究领域的应用，进而推动二维模拟计算的发展，这是良性的相互促进的过程，所以可以预见不久的将来三维水动力数值模拟技术将广泛地被用于水运工程领域。

6.3.1 三维场景的建立

三维流场显示必须基于三维地形，所以支持三维地形建立是选择三维场景建立的最基本条件。三维场景的建立需要慎重选择支持三维建模的软件平台，目前市场上有很多 GIS 平台产品支持三维建模，它们基本上侧重于地理信息系统的建设，在数据库支持、各种地形数据兼容上各有特色，但是它们都具有共同的缺点：为提高兼容性，平台过于庞大、运行效率低、价格昂贵，三维数据后处理只是需要能够建立三维场景即可，其他的功能可以通过开发自行完成，而不需要像数据库支持等附加功能，因为它们只能带来性能上的损失而对三维数据后处理没有任何帮助。基于以上分析，WPF 和 OpenGL 成为选择目标[12]。

(1)用 WPF 建立三维场景

WPF 三维图形处理功能提供了对三维的设计宗旨支持而不是提供功能齐全的游戏开发平台。通过 WPF 三维实现，开发人员可使用与该平台所提供给二维图形的相同的功能，对标记和过程代码中的三维图形进行绘制、转换和动画处理。WPF 中的三维图形内容封装在 Viewport3D 元素中，该元素可以参与二维元素结构，Viewport3D 充当三维场景中的一个窗口(视区)，更准确地说，它是三维场景所投影到的图面。

WPF 提供了标准的构建三维场景的函数：三维坐标空间变换、照相机和投影、模型和网格基元、向模型应用材质、照亮场景、变换模型、对模型进行动画处理等，利用它们，可以从底层构建所需要的三维处理系统，灵活处理特定需求。

(2)三维地形显示与波浪运动动态模拟

三维空间中，地形是以三维曲面方式表达的。利用 WPF 构建三维地形，首先要在程序界面的 xaml 窗口中加入 Viewport3D 控件，它是联系三维场景和二维平面上的投影显示的关键，所有三维空间几何体的显示需要通过人为定义赋值给它才能实现。

图 6.4 展示了某港口规划模型试验的三维地形，图中采用了单一的平行白光作为场景光源，透视投影照相机作为观察相机。图 6.5 显示了某时刻波浪模拟的三维场景截图。

6.3.2 三维质点运动的拉格朗日法描述

拉格朗日法[13]描述流场质点时，关注的是指定质点随时间的运动轨迹，需要对质点进行运动迹线追踪。二维运动质点具有 x、y 两个方向的速度分量 u、v，三维运动质点具有 x、y、z 三个方向速度分量 u、v、w。目前大都以平面非结构化、垂向分层方式构建三维立体网

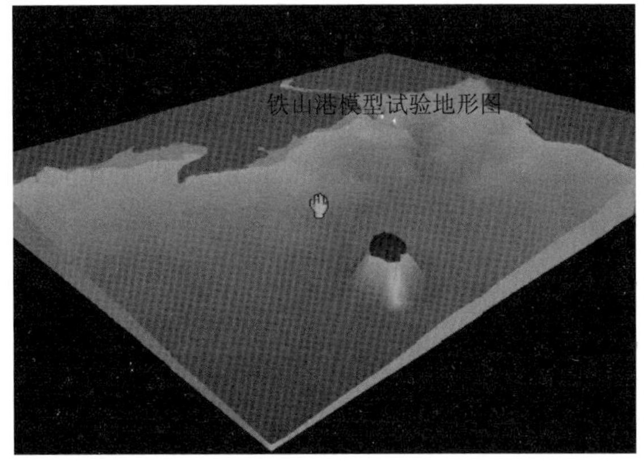

图 6.4　某港口建设模型试验地形图

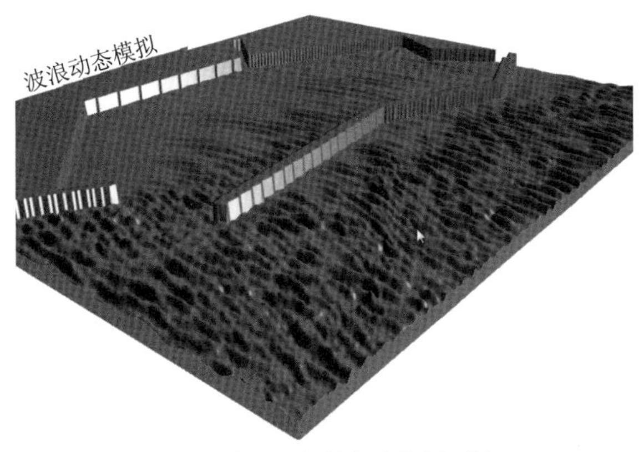

图 6.5　某港口规划建设波浪场模拟

格，所以在进行三维流场模拟时，可以采用水平方向二维拉格朗日流场模拟方式，增加垂向约束的方法。

平面离散网格一般采取三角单元，可采用方向追踪法控制质点在平面上的运动，后文将详细描述。三维质点运动增加了垂向分量，需要对质点在垂向进行额外控制，控制要素主要包括对运动质点的上下边界出界控制、垂向子区域出界控制等。

如上文所述，三维质点运动是在二维基础上完成的，所以首先对二维拉格朗日法流场模拟中的质点追踪进行描述，在此基础上完成三维情形的处理。

6.3.3　质点的三维表示

为能够形象地表达流速示踪质点，可以采用多种几何形状来表达。二维流场模拟中，经常会采用箭头方式对质点进行描述，由于三条短线表达的流场质点具有明显的二维特性，它不再适合对三维流场中的质点进行描绘[14]。

球质点具有明显的三维特性，很容易想到用以表达三维流场质点。箭头表示二维流场质点的时候，其长度用于表示所在点流速值的大小，箭头指向表示流速方向，即使对瞬间静止的流场，也可以表述出更多的流场信息，而球质点缺乏这种功能。

如果由指定数量的若干个由大逐渐缩小的球质点构成一个合成质点表示流场质点，各球体球心是质点走过的位置，新时刻位置的质点球半径为最大，每个球质点半径都会在下一时刻缩小一定比例，使得表示流场质点像彗星一样拉出其运动轨迹来，从而表示出质点运动的方向,因此称其为慧迹球。慧迹球长短代表了流速大小,球心连线描述除了流速方向。由于每个质点都由若干个球组成,大大增加了系统开销,直接影响到流场模拟连续性,不适于低性能计算机采用。

也可以考虑用圆柱体表示三维流场质点,那么,其长度代表当地流速大小,指向表示出流速方向。由此可以推广,以连续 $N+1$ 个时刻流速质点所经过的空间位置连线,将每段连线作为一个圆柱体的轴心,以同样的半径构造 N 个圆柱体,通过几何求解,得到相邻圆柱体曲面的交线,从而绘制出平滑连接的 N 段与主体表面,将它作为流场质点,可以更好地表示出某质点的运动特性。

如果将圆柱体截面上控制为四个节点,并且使四个节点两两对称于通过轴心的水平面,同时控制 z 向的距离远小于水平方向的长度,则圆柱体质点蜕化为丝带式质点,好处是减少了每个质点构成的节点数量,从而减少了对系统资源的开销。

图 6.6 是以球质点为示踪质点表示的三维流场某时刻的截图,能够比较清楚地区分不同质点。

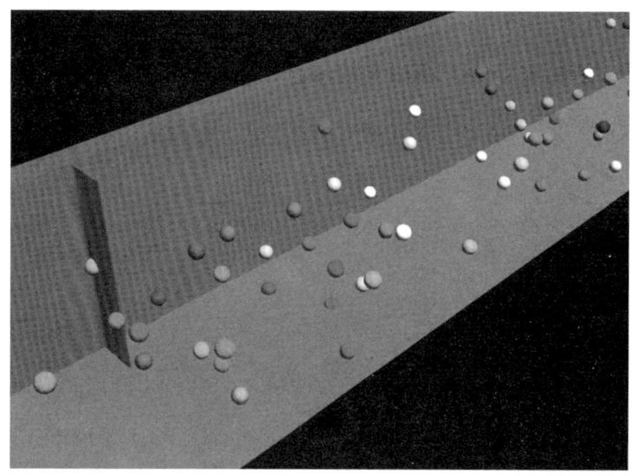

图 6.6 球质点表示的三维流场

图 6.7 是以慧迹球质点为示踪质点表示的三维流场某时刻的截图,从中可以看出质点的流动方向。

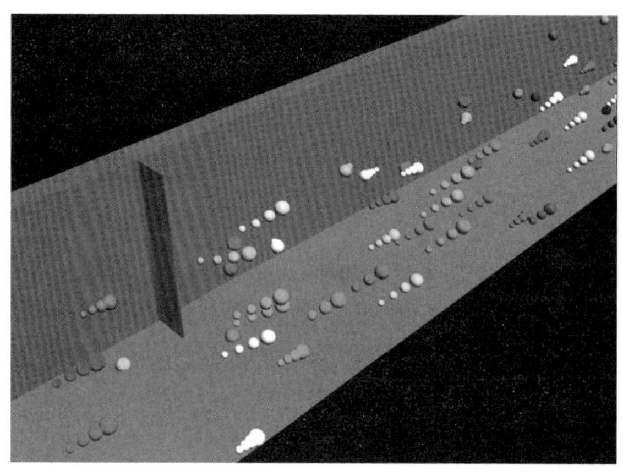

图 6.7 慧迹球质点表示的三维流场

图 6.8 为圆柱质点表示的三维流场质点,它适合于表达复杂的三维流场,并且可用于三维管线构造。

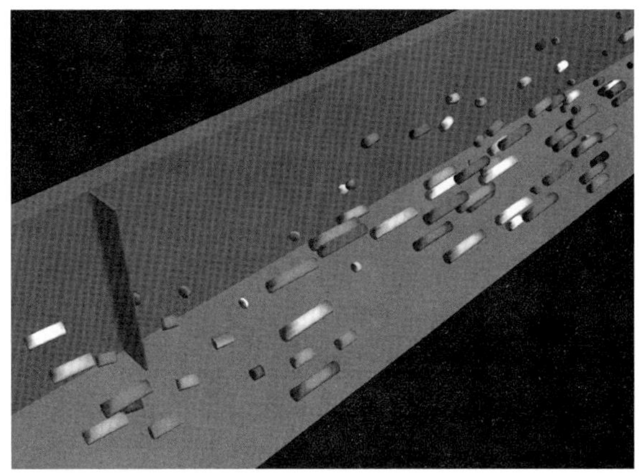

图 6.8　圆柱质点表示的三维流场

6.3.4　流场示踪质点布设及疏密控制

实践证明，流场中的质点总是有向大流速区域汇聚的趋向，如果不加以控制，在流场模拟过程中质点分布会越来越不均匀，影响美观。

与三维质点的拉格朗日法描述相似，三维示踪质点的疏密控制也是在二维基础上增加垂向的控制而完成的，因此有必要先讨论二维情况下的质点疏密控制。

动态流场演示开始时，同物理模型试验抛撒示踪球一样，需要在显示域内较为均匀地分布一定数量的示踪粒子。为使粒子分布较为自然，先将显示域根据用户指定的疏密尺度划分为若干长方形网格，如图 6.9 所示。由图可见，用矩形区域包络整个演示模型区后，根据模型边界走向和人为划分的网格线相交情况，网格区域划分为三大部分：A 区域（图中由 A_1、A_2、A_3 三部分组成）的所有矩形均不与模型区域相交叠，称为无效区；D 区域是模型边界围绕的区域，称模型区；B 区域是剩余部分的区域，它的矩形块或多或少地与模型区域相交叠，成为交界区。D 区和 B 区合称为有效区，在以后的模拟控制中，在它以内的所有小的矩形块（称为有效网格）将作为质点密度分布疏密的判断基本单元。在每个有效网格内采用随机方式分布质点，形成初始流场。图 6.10 显示了某表面流场的质点初始分布[15-16]。

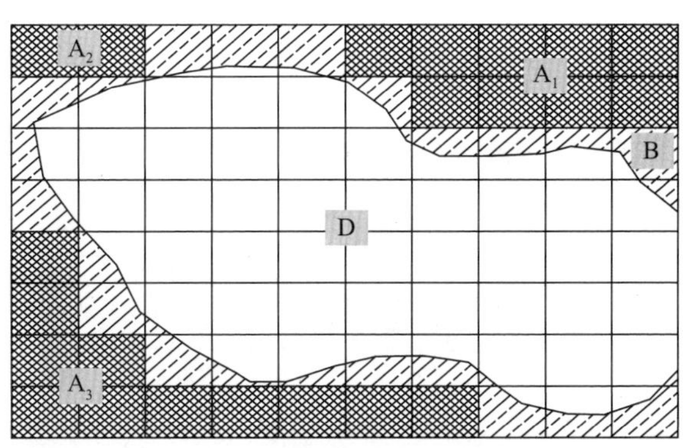

图 6.9　平面二维模型域疏密控制网格划分

由于流速分布的不均匀性，经过一段时间后，示踪粒子往往会在小流速区域尤其是有环流存在的区域堆积，使得流场内质点分布不再均匀，影响演示效果。

为使流场内示踪粒子始终保持较为均匀的分布特征，需要在流场动态演示过程中不断地检查粒子分布的密度，在过疏区域添加质点，在过密区域删除部分质点。

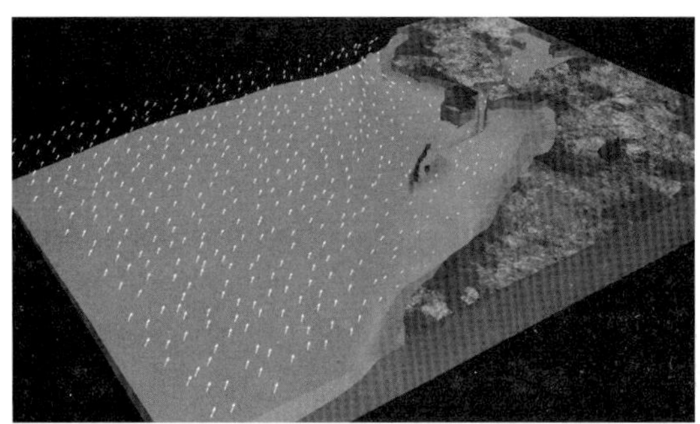

图 6.10　某港口初始流场质点布设

以上所述初始流场生成及流动质点的增加和删除，都需要有判断方法，称为示踪粒子疏密控制规则。根据控制目标的不同，可分为现场区域控制法和屏幕区域控制法。如图 6.11 所示，在程序中有相关的控制选项。

图 6.11　示踪粒子疏密控制方法

(1)方式一：现场尺度控制法

现场区域控制法是由用户指定计算域现场坐标子控制区域的尺度和每个子区域的最少、最多粒子数来控制整体显示区域示踪粒子疏密的方法。所谓子控制区域是指为了控制流场粒子疏密，预先将整个计算域划分而成的正方形网格，尺度指其边的长度（例如以 m 计）。当某子域内粒子数量小于指定数量时，自动向该子域增加位于本区域的位置随机的粒子，当子域内质点超过最多粒子数时，将删去超过数量的粒子。图 6.12 显示了该方式控制下某时刻的局部流场图。

图 6.12　采用现场区域控制法得到的局部流场

(2)方式二:屏幕尺度控制法

屏幕区域控制法是由用户指定屏幕子控制区域的像素尺度和每个屏幕子区域的最少、最多粒子数来控制整体显示区域示踪粒子疏密的方法。该方式关心屏幕上指定大小区域内的粒子数量,保证不受用户对显示区域的缩放而影响屏幕上显示的粒子密度,实际上它通过选择距离视点最近的区域的缩放比例,将指定的屏幕像素尺度通过坐标变换,转化为子域现场尺度,然后确定可包络屏幕显示区域的最小现场矩形域,最后以子域现场尺度分割现场矩形域,从而确定疏密控制网格。由于视角可随意变化,在屏幕上实际上看到的远处的质点会比较密。图 6.13 显示了该方式控制下某时刻的局部流场图。

图 6.13　采用屏幕区域控制法得到的局部流场

不管采用哪种方式控制粒子疏密,都需要以现场坐标为判断依据,就是说采用屏幕区域控制法时需要将屏幕尺度转换为现场坐标尺度进而进行粒子疏密判断,因为粒子坐标始终是以现场坐标来表示的,这样也可以保证判断精度。

6.3.5　立体电影法呈现三维流场

Tecplot 可以实现对三维恒定流场的模拟显示,它采用示踪球加迹线方式展示运动中的三维流场,粒子运动以拉格朗日法描述。真实的三维场景加上几条不算太密的流线和在流线上运动的球质点,三维模拟效果很好。

三维水动力模拟研究中,潮流场等非恒定流占大部分。往复运动的特点使得以 Tecplot 采用的流线加示踪质点的方式不再可行,否则随时间的推移,流线将变成"一团乱麻",没有了流线做参考,运动中的示踪质点也会不容易被分辨出其空间位置,使得流场三维特性不再明显,无法有效地表达流场模拟。必须探求有效的三维流场表现方式方能解决其模拟显示中的问题。

如果仍然以通常的屏幕显示方式,采用某种几何对象如圆球代表三维流速质点方式在二维显示器上表达三维流场,可以想象,一方面运动流场需要通过放置在其中的运动质点来描述,另一方面需要将三维场景中的运动质点向显示平面进行投影,这必然会造成运动质点前后和上下的遮盖,使得整体上混乱不堪,即使采用不同质点形状,也无法达到理想的显示效果。这也是真实三维流场模拟止步不前的关键所在。

立体电影最早出现于 1922 年,这种电影放映时将模拟左右眼拍摄的两幅画面重叠在银幕上,通过观众配戴的特制眼镜分离图像,使观众左眼看到模拟左眼拍摄的画面,右眼看到模拟右眼拍摄的画面，再通过双眼的会聚功能，合成为立体视觉影像，有身临其境的感觉。

由此可以设想，假如我们建立真实的三维流场场景，然后在其中设置两个隔开一定距离的摄像机模拟人的双眼，对所观察的流场同时进行拍摄，得到两幅图像，它们代表了这一时刻两只眼睛观察到的流场，将两个摄像机拍摄的图像序列分别生成影像文件，然后由两个投影机同时将两个影像文件在同一屏幕进行投影播放，在立体眼镜的帮助下就可以看到具有立体效果的仿真三维流场模拟。

有了用立体电影方式表现三维流场的方式后，剩下的问题就是在三维场景中，完全以三维拉格朗日法描述流体示踪质点的运动。

通过上述三步即可得到适用于红蓝（红绿）立体眼镜的立体图像，如图 6.14、图 6.15 所示。对每一时刻得到的图像进行操作后，用它们生成的影像文件就是红蓝（红绿）立体电影文件。

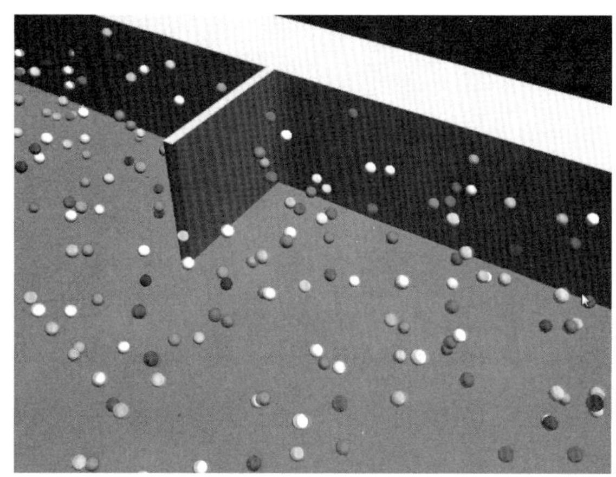

图 6.14　球质点表示的丁坝绕流局部流场

图 6.15　圆柱质点表示的桥墩绕流局部流场

6.4　模型计算实例

6.4.1　长江中游戴家洲河段航道整治工程

将 TK-2DC 软件应用于长河段大模型进行相关计算。计算范围上游起自沙洲水道，下游至武穴水位站，河段中包括戴家洲水道和牯牛沙水道两个碍航河段，模拟河段全长约 123km。网格布置以控制地形为原则，一般地形变化较大和工程区域网格加密，顺直河段适当变稀，网格均匀分布，沿水流方向网格平均间距（断面间距）80m，最小间距 15m；垂直于水流方向网格间距平均 25m，最小间距 5m，全河段共有网格节点近 19 万个。模型计算时上游开边界由实测流量控制，下游开边界由实测水位控制[2]。

利用 TK-2DC 软件进行了戴家洲河段整治方案的数学模型研究，包括一期工程方案（戴家洲洲头滩地修建 1 座鱼骨坝工程，含 1 道脊坝、7 道刺型建筑物、脊坝坝根护岸、1 道新洲头顶部窜沟护底带及左右岸岸脚加固工程）、右缘守护工程方案、二期工程方案（戴家洲直水道凸岸中上段 3 条潜丁坝工程，戴家洲右缘上、中段护岸工程）效果分析，为该河段整治工程方案的确立提供了依据。目前该河段航道整治一期工程、右缘守护工程及二期工程建设均已基本完成，工程效果与数学模型模拟结论一致。

戴家洲河段数学模型模拟范围及工程布置三维仿真图见图 6.16～图 6.19。

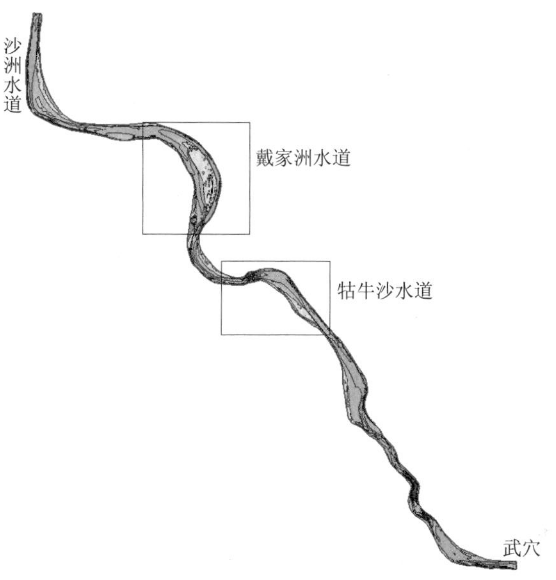

图 6.16 数学模型模拟范围示意图

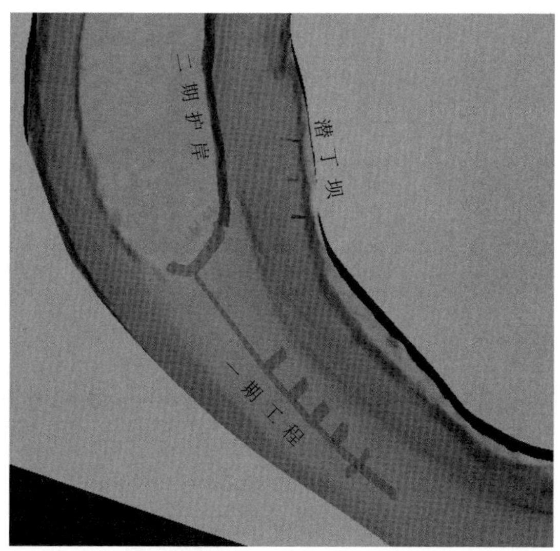

图 6.17 戴家洲河段一期工程三维仿真图

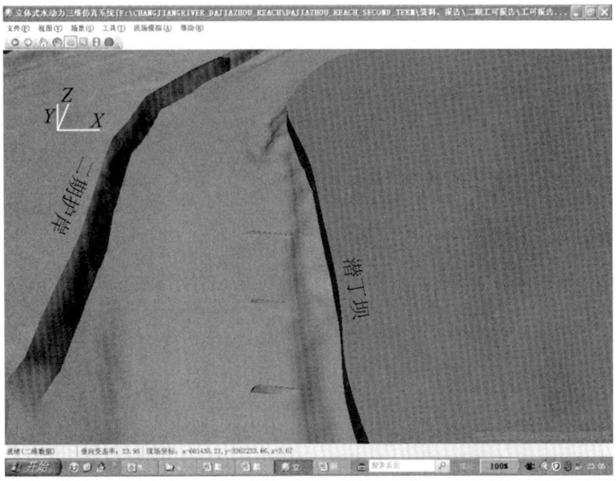

图 6.18　戴家洲河段二期工程三维仿真图

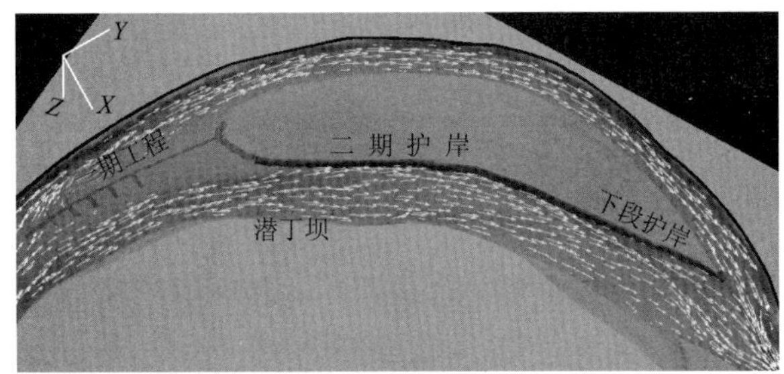

图 6.19　戴家洲河段流场图

6.4.2　长江下游口岸直水道航道整治工程

口岸直水道位于长江下游扬中河段左汊，上起五峰山，下至十四圩，全长约 46km 属微弯分汊型水道。该水道地处长江下游南京—浏河口段，上距南京约 100km，下距上海约 200km，是南通—南京段重点碍航水道之一。

利用数学模型对长江南京以下 12.5m 深水航道建设二期工程口岸直河段航道工程建设方案效果进行计算分析。

数学模型范围上起和畅洲两汊汇合口下游（长江下游航道里程约 245km），下至江阴河段鹅鼻咀（长江下游航道里程约 155km），模拟河段全长约 90km。模型采用贴体正交曲线网格。模型计算网格节点总数为 412×97＝39964 个，并对工程区域进行网格加密，工程区最小网格间距为 3m。河段数学模型模拟范围及工程布置三维仿真图见图 6.20～图 6.23。

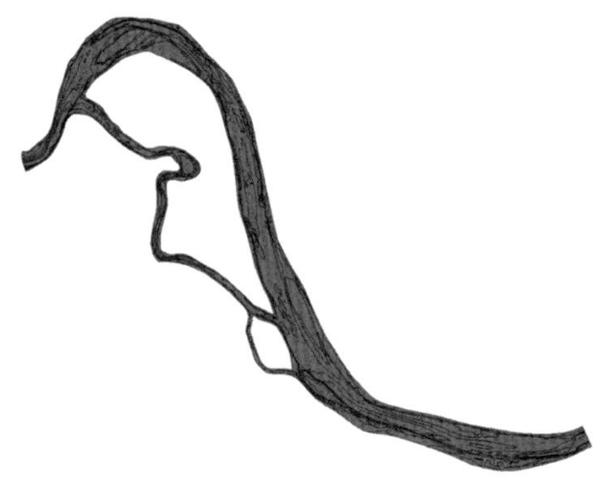

图 6.20　口岸直水道数学模型范围示意图

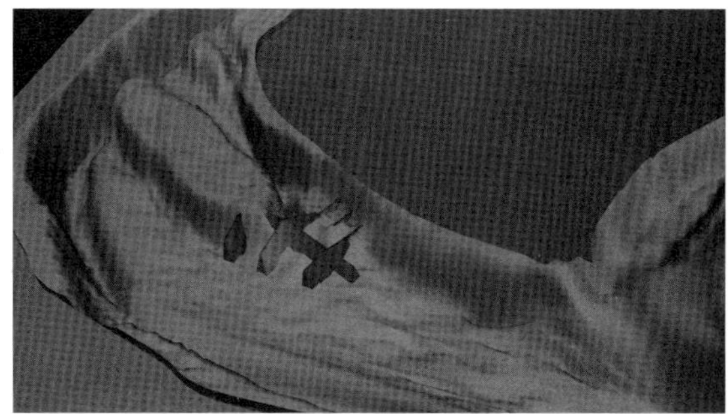

图 6.21　落成洲河段工程方案三维仿真图

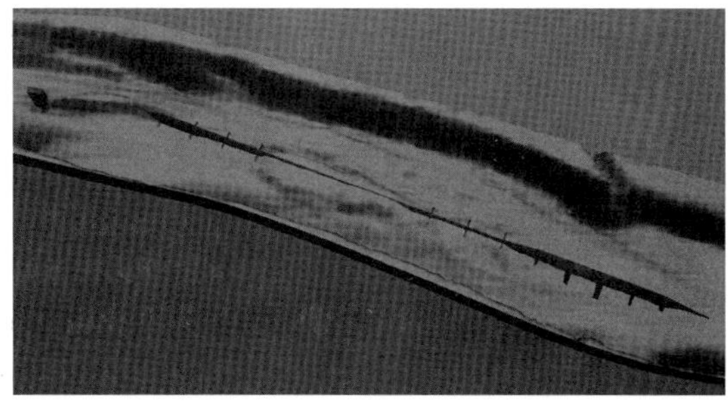

图 6.22　鳗鱼沙河段工程方案三维仿真图

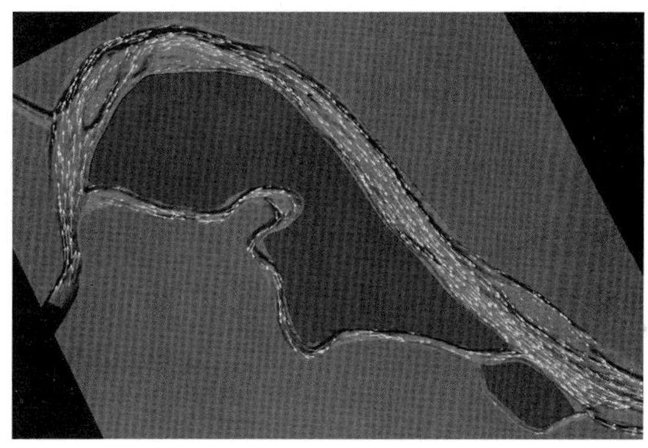

图 6.23　口岸直河段流场图

本章参考文献

[1] 张华庆.河道及河口海岸水流泥沙数学模型研究与应用[D].南京:河海大学,1998.

[2] 张明进.长江中游戴家洲河段航道治理工程数学模型研究报告[R].2007.

[3] 韩其为,何明民.论非均匀悬移质二维不平衡输沙方程及其边界条件[J].水利学报,1997(1):1-10.

[4] 谭维炎.计算浅水动力学——有限体积法的应用[M].北京:清华大学出版社,1998.

[5] 汪德爟.计算水力学理论与应用[M].南京:河海大学出版社,1989.

[6] 都志辉.高性能计算并行编程技术——MPI 并行程序设计[M].北京:清华大学出版社,2001.

[7] 孙世新,卢光辉,张艳,等.并行算法及其应用[M].北京:机械工业出版社,2005.

[8] 张林波.并行计算导论[M].北京:清华大学出版社,2006.

[9] 莫则尧,袁国兴.消息传递并行编程环境 MPI[M].北京:科学出版社,2001.

[10] 陈国良.并行计算——结构·算法·编程[M].北京:高等教育出版社,2003.

[11] 贾艾晨,苏江锋.基于OpenGL的河道地形实时仿真方法[J].计算机辅助工程,2007,16(2):20-23.

[12] Kang S H,Bai L H. Fast simulation technology to tidal current animation with Lagrange law[C]//IEEE Computer Society. 2009 WRI World Congress on Computer Science and Information Engineering. Los Angeles,California USA: IEEE Computer Society Conference Publishing Services(CPS),2009.

[13] 杨珺,王继成,刘然.立体图像对的生成[J].计算机应用,2007,27(9):2126-2109.

[14] Donald Hearn,M. Pauline Baker.计算机图形学[M].蔡士杰,等,译.北京:电子工业出版社,2005.

[15] Tobin Titus,Fabio Claudio Ferracchiati,et. al. C#线程参考手册[M].王敏,译.北京:清华大学出版社,2003.

[16] 张征,李蓓.大屏幕图形显示系统软件的开发与研究[J].水道港口,1993(4).